UNITEXT – La Matematica per il 3+2

Volume 80

http://www.springer.com/series/5418

Vito Michele Abrusci · Lorenzo Tortora de Falco

Logica

Volume 1
Dimostrazioni e modelli al primo ordine

 Springer

Vito Michele Abrusci
Dipartimento di Matematica e Fisica
Università Roma Tre
Roma, Italia

Lorenzo Tortora de Falco
Dipartimento di Matematica e Fisica
Università Roma Tre
Roma, Italia

UNITEXT – La Matematica per il 3+2
ISSN versione cartacea: 2038-5722   ISSN versione elettronica: 2038-5757

ISBN 978-88-470-5537-7   ISBN 978-88-470-5538-4 (eBook)
DOI 10.1007/978-88-470-5538-4
Springer Milan Heidelberg New York Dordrecht London

9 8 7 6 5 4 3 2 1

In copertina:
Ritratto di Aristotele, ii sec dc, tratto da mostra fotografica realizzata per il 450° anniversario della morte di Michelangelo, presso la Galleria degli Uffizi a Firenze.
Gerhard Gentzen, modificato da Wikipedia (http://en.wikipedia.org/wiki/Gerhard_Gentzen).
Kurt Gödel, modificato da Wikipedia (http://it.wikipedia.org/wiki/Kurt_G%C3%B6del).

Layout copertina: M. Pianta, Pavia (PV)
Impaginazione: PTP-Berlin, Protago TEX-Production GmbH, Germany (www.ptp-berlin.eu)

Springer fa parte di Springer Science+Business Media (www.springer.com)

Prefazione

Lo scopo di questa opera, in due volumi, è quello di aiutare il lettore a raggiungere una adeguata formazione universitaria a livello specialistico nella logica, una disciplina che è un naturale luogo di interazione tra filosofia, matematica e informatica. L'opera è largamente ispirata dalle novità introdotte dalla ricerca contemporanea, in particolare da quella che è stata promossa dalla *logica lineare*.

Supponiamo che il lettore abbia qualche dimestichezza con i temi e le nozioni principali della logica, quale quella che si può ottenere con un primo corso preliminare di logica (ad esempio, attraverso il volume [1]), o almeno una qualche familiarità con la pratica matematica quale quella che si può acquisire con un percorso universitario di primo livello in matematica o in informatica.

Le dimostrazioni dei teoremi nei due volumi dell'opera saranno "rigorose", nel senso che si cercherà di fornire tutti gli elementi tecnici necessari, evitando però l'eccesso di rigore, il "rigor mortis", ossia evitando di eccedere nei dettagli che d'altronde in buona parte possono essere trovati nella letteratura.

Approfondimenti ed esercizi sui temi trattati in questa opera potranno essere trovati sul sito web dedicato che potrà essere un luogo di dialogo tra gli autori ed i lettori: http://logica.uniroma3.it/~tortora/Libro.html

Roma, giugno 2014

Vito Michele Abrusci
Lorenzo Tortora de Falco

Indice

1

Introduzione

L'introduzione a ciascuno dei due volumi di questa opera ha lo scopo di presentare i principali problemi *sulla logica* (che provengono in larga parte dalla riflessione filosofica o dalla pratica scientifica) affrontati entro le ricerche tipiche della logica matematica nell'ottocento e nel novecento, e le risposte che sono state date a questi problemi attraverso i teoremi *sulla logica* stabiliti nella logica matematica.

I teoremi sulla logica sono le risposte – ottenute e accertate con metodi matematici – a problemi sulla logica, e la dimostrazione di un teorema sulla logica è l'accertamento – con metodi matematici – della risposta che quel teorema fornisce a un problema sulla logica.

E dunque per comprendere l'importanza di un teorema sulla logica, e per avere quindi motivazioni sufficienti per affrontare lo studio della sua dimostrazione, è utile comprendere il problema al quale il teorema fornisce una risposta.

Pertanto, l'introduzione a ciascuno dei due volumi può essere letta prima di cominciare lo studio dei capitoli successivi del volume al fine di comprendere preventivamente i problemi che saranno affrontati e i risultati che verranno dimostrati, o può essere letta dopo lo studio dei capitoli successivi al fine di comprendere il quadro generale entro il quale collocare ciò che si è appreso.

Nell'introduzione a questo primo volume ci occuperemo dei problemi che sono connessi con i teoremi che verranno stabiliti in questo stesso volume, ossia i problemi logici sulla dimostrabilità (e sulla refutabilità) delle proposizioni logiche e i problemi logici sulla soddisfacibilità (e sulla falsificabilità) delle formule logiche.

Nell'introduzione al secondo volume tratteremo invece i problemi connessi con i teoremi che verranno stabiliti in quel volume, ossia i problemi logici sulle classi e sugli insiemi, sulle macchine e sui programmi, sulle relazioni tra la logica e altre discipline (in particolare i rapporti tra la logica e l'aritmetica).

V.M. Abrusci, L. Tortora de Falco: *Logica. Volume 1 – Dimostrazioni e modelli al primo ordine*, UNITEXT – La Matematica per il 3+2 80, DOI 10.1007/978-88-470-5538-4_1,
© Springer-Verlag Italia 2014

1.1 Preliminari

Fissiamo alcune informazioni e alcune precisazioni preliminari sulle proposizioni e sulle formule, sulla dimostrabilità e refutabilità delle proposizioni, sulla soddisfacibilità e falsificabilità delle formule, e sulla connessione tra proposizioni logiche e formule logiche.

1.1.1 Proposizioni e formule

Una proposizione è qualunque espressione che possa essere oggetto di dimostrazione (qualcosa che permette di accertarla), di refutazione (qualcosa che permette di rigettarla), di dibattito.

Un semplice esempio di proposizione è "tutte le città sono collegate a Roma" che può essere espressa anche nella forma "per ogni x, x è collegata a Roma" o anche nella forma "$\forall x(x$ è collegata a Roma)", dove x è una variabile per città (ossia una variabile di tipo "città") ed è vincolata dal quantificatore universale.

In logica classica, una proposizione è identificata con il suo valore, un valore che è ritenuto immutabile e che può essere soltanto uno fra questi: il vero (1) o il falso (0); una proposizione il cui valore è 1 viene detta *vera*, e una proposizione il cui valore è 0 viene detta *falsa*.

Una proposizione può contenere concetti, che possono essere concetti specifici di una particolare branca della conoscenza o essere concetti logici ossia concetti comuni a tutte le branche della conoscenza.

Le *proposizioni del primo ordine* sono quelle proposizioni nelle quali la quantificazione universale o esistenziale è fatta solo su quelle che vengono chiamate *variabili individuali* ossia variabili il cui tipo è la classe di oggetti sulla quale la proposizione parla (e non si quantifica su variabili per proprietà o classi di tali oggetti, o su variabili per relazioni tra tali oggetti, o su variabili per operazioni su tali oggetti, o su variabili per proposizioni). Questa classe di proposizioni è importante: infatti, molte teorie in matematica e in altre discipline possono essere considerate come teorie costituite da proposizioni del primo ordine. Ma l'indubbia importanza delle proposizioni del primo ordine non deve portare a dire che ci si può limitare solo a tali proposizioni: in molte parti della scienza, in particolare in analisi matematica e in geometria, si fa uso abbondante di proposizioni che non sono del primo ordine.

La proposizione considerata nell'esempio è una proposizione del primo ordine.

Le *proposizioni logiche* sono quelle proposizioni che non contengono altro che concetti logici.

Un esempio semplice di proposizione logica è "ogni proposizione implica se stessa" nella quale tutti i concetti presenti sono concetti logici: essa può essere scritta nella forma "per ogni A, se A allora A" ossia nella forma "$\forall A\ (A \to A)$" (dove A è una variabile per proposizioni, una variabile di tipo "proposizione", ed è vincolata dal quantificatore universale). Tale proposizione logica non è del primo ordine, essendo presente una quantificazione universale su una variabile per proposizioni.

Data una proposizione A, la sua negazione (che in logica classica è rappresentata da $\neg A$) ha valore 0 quando A ha valore 1 e ha valore 1 quando A ha valore 0. In linea con una concezione che è diffusa in logica, e che è stata consolidata con le ricerche in logica lineare, noi considereremo semplicemente che, per ogni proposizione, esista una proposizione che è la sua negazione, senza richiedere che essa sia costituita linguisticamente dall'aggiunta di un simbolo quale ¬ o di una locuzione specifica per la negazione; abbiamo bisogno, in questo approccio alla negazione, di esigere che sui predicati – oltre che sui connettivi, sui quantificatori e in generale sugli operatori logici – ci sia una relazione simmetrica che chiamiamo *dualità*, ossia ciascun predicato e ciascun operatore logico ha un suo duale, ed è uguale al duale del suo duale.

Ad esempio, la negazione della proposizione "tutte le città sono collegate a Roma" ossia "$\forall x(x$ è collegata a Roma)" è la proposizione "qualche città è scollegata da Roma" ossia "$\exists x(x$ è scollegata da Roma)", dove compare il concetto di "scollegamento" che costituisce il duale del concetto di "collegamento". La negazione della proposizione "ogni proposizione implica se stessa" ossia "$\forall A(A \to A)$" è la proposizione "qualche proposizione non implica se stessa" ossia "$\exists A \neg (A \to A)$" ossia "$\exists A(A \wedge \neg A)$" (poiché il duale di una implicazione è la congiunzione dell'antecedente dell'implicazione con la negazione del conseguente dell'implicazione).

I concetti presenti in una proposizione e nella sua negazione sono gli stessi o sono duali fra loro. Pertanto, la negazione di una proposizione logica è una proposizione logica, e la negazione di una proposizione del primo ordine è una proposizione del primo ordine.

Le formule possono essere viste come ciò che si ottiene da una proposizione rimpiazzando alcuni concetti ivi presenti con variabili libere (ciascuna variabile ha il tipo del concetto che ha rimpiazzato). Una formula non ha un valore 0 o 1, ma ogni attribuzione di valori alle variabili libere presenti in una formula trasforma quella formula in una proposizione la quale ha il valore 0 o il valore 1.

Se A è una formula ottenuta da una proposizione B, la negazione $\neg A$ di A è la formula ottenuta dalla negazione $\neg B$ di B con lo stesso procedimento di rimpiazzamento di concetti con variabili libere. Pertanto, con una stessa attribuzione di valori alle variabili libere presenti nelle formule A e $\neg A$, una delle due diviene una proposizione vera e l'altra una proposizione falsa.

Ad esempio, dalla proposizione "tutte le città sono collegate a Roma" ossia "$\forall x(x$ è collegata a Roma)" si può ottenere la formula "$\forall x(x$ è collegata a $y)$" nella quale y è una variabile per città ed è libera; la negazione di questa formula si ottiene con lo stesso procedimento di rimpiazzamento dalla negazione di quella proposizione, ossia da "$\exists x(x$ è scollegata da Roma)", ed è la formula "$\exists x(x$ è scollegata da $y)$" nella quale y è una variabile per città ed è libera.

Le formule logiche sono importanti nella logica: ciascuna formula logica costituisce il risultato di un processo di astrazione logica su una una proposizione eventualmente extra-logica, il processo che rimpiazza ogni concetto extra-logico con una variabile logica (ossia variabili il cui tipo non contiene nient'altro che concetti logici e variabili di tipo logico). Le formule logiche appartengono interamente alla logica, poiché esse contengono solamente concetti logici e variabili logiche.

Ad esempio, dalla proposizione "tutte le città sono collegate a Roma" si ottiene la formula logica $\forall x P(x, y)$ dove x ed y sono variabili per individui di una classe arbitraria X e P è una variabile per predicati binari sulla stessa classe arbitraria X, e sono libere in tale formula le variabili X, P, y. Da una proposizione costituita dalla congiunzione di una proposizione con la sua negazione si può ottenere la formula logica $A \wedge \neg A$ dove A è una variabile libera per proposizioni, mentre da una proposizione costituita dalla disgiunzione di una proposizione con la sua negazione si può ottenere la formula logica $A \vee \neg A$ dove A è una variabile libera per proposizioni.

Le formule logiche impongono alla logica di occuparsi del linguaggio, ossia del linguaggio in cui esse sono scritte.

Le formule logiche, infatti, possono essere considerate come costruzioni logiche entro un particolare linguaggio contenente simboli per concetti logici e variabili (ciascuna con un tipo che non contiene altro che concetti logici e variabili di tipo logico). È bene notare che il linguaggio in cui sono scritte le formule logiche non appartiene alla logica (essendo comunque qualcosa di convenzionale), ma il linguaggio è in qualche modo indispensabile per la logica, è come un suo "vestito"; e fra tutto ciò che è esterno alla logica il linguaggio entro cui si scrivono le formule logiche è ciò che più è vicino alla logica stessa.

Il linguaggio con cui la logica si presenta o viene presentata è conseguente alla scelta di un particolare *formato* per i concetti, le definizioni, le proposizioni e le dimostrazioni: e spesso la scelta di un formato rispetto ad un altro è un importante momento nella comprensione dei temi della logica. Noi useremo largamente il formato che si è affermato nella logica matematica.

Il linguaggio entro cui si formano le formule logiche è potenzialmente infinito; se lo si considera come un insieme chiuso (i cui elementi sono le entità linguistiche che esso permette di costruire, ivi comprese le formule logiche), si tratta di un insieme infinito, ma comunque costituisce una infinità numerabile. Naturalmente, per certi fini tecnici si può ipotizzare e considerare anche "linguaggi" che danno luogo a infinità più che numerabili di enti linguistici, una idealizzazione utile per meglio affrontare alcune questioni anche logiche.

In una formula logica ottenuta da una proposizione del primo ordine bisogna distinguere, fra le variabili individuali, quelle che erano già presenti nella proposizione (e dunque erano vincolate da qualche quantificatore e restano vincolate) e quelle introdotte con l'astrazione (che sono libere). Le prime sono quelle che possono essere chiamate *variabili individuali vincolabili* e le seconde sono chiamate *variabili individuali speciali*.

Le formule logiche ottenute per astrazione da proposizioni del primo ordine sono chiamate *formule logiche del primo ordine*: in esse tutte le variabili individuali vincolabili sono vincolate, mentre restano libere le variabili individuali speciali e comunque tutte le variabili introdotte per astrazione. Tecnicamente, le formule logiche ottenute per astrazione da proposizioni logiche del primo ordine sono quelle particolari formule logiche del primo ordine che sono chiamate *chiuse*, ossia quelle formule nelle quali se compare una variabile vincolabile del primo ordine essa compare vincolata da un quantificatore.

Nell'esempio, dalla proposizione del primo ordine "tutte le città sono collegate a Roma" è stata ottenuta la formula logica chiusa del primo ordine $\forall x P(x, y)$ con variabili libere X, P, y; la variabile individuale x è una variabile individuale vincolabile ed è vincolata, mentre la variabile individuale *y* è una variabile speciale ed è libera. Nei capitoli successivi useremo notazioni diverse – nelle formule del primo ordine – per le variabili vincolabili e le variabili speciali, mentre in questo esempio abbiamo voluto sottolineare il fatto che in entrambi i casi le variabili sono usate come strumento nel processo di astrazione.

1.1.2 Dimostrabilità e refutabilità delle proposizioni

In logica classica una dimostrazione di una proposizione permette di scoprire che il suo valore è 1 (ossia che la proposizione è vera), e una refutazione di una proposizione permette di scoprire che il suo valore è 0 (ossia che la proposizione è falsa).

All'interno delle dimostrazioni e delle refutazioni, possono essere isolate quelle che vengono chiamate *dimostrazioni logiche* e *refutazioni logiche*, ossia dimostrazioni o refutazioni nelle quali vengono usati solo concetti logici. La logica nasce proprio dalla scoperta dell'esistenza di dimostrazioni logiche da parte di Aristotele, ossia dalla sua scoperta dei sillogismi: i sillogismi possono essere visti come dimostrazioni che producono una conclusione da due premesse senza far riferimento ad altro che a concetti universali, a concetti appunto propri della logica.

All'interno delle dimostrazioni e delle refutazioni, possono essere isolate quelle che vogliamo chiamare *dimostrazioni analitiche* e *refutazioni analitiche*: è analitica una dimostrazione o una refutazione nella quale si fa uso soltanto di concetti presenti nella sua conclusione, in altri termini quando ogni concetto presente nella dimostrazione o nella refutazione è presente anche nella conclusione della dimostrazione o della refutazione. Una dimostrazione o refutazione che non è analitica è detta *dimostrazione sintetica* o *refutazione sintetica*. Dunque, una dimostrazione sintetica è una dimostrazione nella quale compaiono concetti che sono assenti nella sua conclusione.

Data una proposizione *A*, la sua negazione ¬*A* ha come sue dimostrazioni le refutazioni di *A* e come sue refutazioni le dimostrazioni di *A*. Pertanto, mediante la negazione, possiamo usare sempre soltanto la nozione di dimostrazione: la refutazione di una proposizione *A* è la dimostrazione della sua negazione ¬*A*. E potremmo altresì usare sempre soltanto la nozione di refutazione: la dimostrazione di una proposizione *A* è la refutazione della sua negazione ¬*A*.

Si noti che, se una dimostrazione di una proposizione è logica (o analitica), essa è refutazione logica (o analitica) della sua negazione, e se una refutazione di una proposizione è logica (o analitica) essa è la dimostrazione logica (o analitica) della sua negazione.

Le nozioni di dimostrabilità e refutabilità, di dimostrabilità logica e refutabilità logica, di dimostrabilità analitica e refutabilità analitica, sono nozioni la cui definizione comincia sempre con una quantificazione esistenziale:

- $\vdash A$ (*A* è *dimostrabile*) se e soltanto se esiste una dimostrazione di *A*;
- $\vdash_l A$ (*A* è *dimostrabile logicamente*) se e soltanto se esiste una dimostrazione logica di *A*;

- $\vdash_a A$ (A è *dimostrabile analiticamente*) se e soltanto se esiste una dimostrazione analitica di A;
- $A \vdash$ (A è *refutabile*) se e soltanto se esiste una refutazione di A;
- $A \vdash_l$ (A è *refutabile logicamente*) se e soltanto se esiste una refutazione logica di A;
- $A \vdash_a$ (A è *refutabile analiticamente*) se e soltanto se esiste una refutazione analitica di A.

Il quantificatore esistenziale viene considerato (per il fatto che permette un atto irreversibile quale è quello dell'astrazione dai casi specifici) un operatore logico *positivo*; e pertanto possiamo chiamare *positive* le proprietà di dimostrabilità e di refutabilità poiché la loro definizione comincia con un operatore logico positivo.

Si osservi che una proposizione A è refutabile (refutabile logicamente, refutabile analiticamente) quando $\neg A$ è dimostrabile (rispettivamente: dimostrabile logicamente, dimostrabile analiticamente), ed è dimostrabile (dimostrabile logicamente, dimostrabile analiticamente) quando $\neg A$ è refutabile (rispettivamente: refutabile logicamente, refutabile analiticamente). In simboli:

- $A \vdash$ se soltanto se $\vdash \neg A$;
- $A \vdash_l$ se soltanto se $\vdash_l \neg A$;
- $A \vdash_a$ se soltanto se $\vdash_a \neg A$.

Così, mediante il riferimento alla negazione di una proposizione, possiamo fare a meno del concetto di refutabilità usando solo quello di dimostrabilità, o fare a meno del concetto di dimostrabilità usando solo quello di refutabilità.

Noi – in linea con la tradizione – useremo principalmente il concetto di dimostrabilità, il concetto di dimostrabilità logica e il concetto di dimostrabilità analitica.

Consideriamo ora anche la negazione di queste proprietà, ossia la negazione della dimostrabilità – la *indimostrabilità* – e la negazione della refutabilità – la *irrefutabilità* –, sia nella loro generalità che nelle due loro specificazioni (logica, analitica). Si tratta di proprietà che sono *negative* poiché la loro definizione comincia con un quantificatore universale, un operatore logico che possiamo chiamare *negativo* essendo il duale di un operatore positivo (il quantificatore esistenziale):

- $\nvdash A$ (A è *indimostrabile*) se e soltanto se non esiste una dimostrazione di A;
- $\nvdash_l A$ (A è *indimostrabile logicamente*) se e soltanto se non esiste una dimostrazione logica di A;
- $\nvdash_a A$ (A è *indimostrabile analiticamente*) se e soltanto se non esiste una dimostrazione analitica di A;
- $A \nvdash$ (A è *irrefutabile*) se e soltanto se non esiste una refutazione di A;
- $A \nvdash_l$ (A è *irrefutabile logicamente*) se e soltanto se non esiste una refutazione logica di A;
- $A \nvdash_a$ (A è *irrefutabile analiticamente*) se e soltanto se non esiste una refutazione analitica di A .

Pertanto sia la indimostrabilità di una proposizione che la irrefutabilità di una proposizione sono asserzioni che cominiciano con un quantificatore universale.

Poiché la refutabilità di una proposizione coincide con la dimostrabilità della sua negazione, l'irrefutabilità di una proposizione coincide con la indimostrabilità della sua negazione. Ossia valgono le seguenti equivalenze: $A \nvdash$ se e soltanto se $\nvdash \neg A$, $A \nvdash_l$ se e soltanto se $\nvdash_l \neg A$, $A \nvdash_a$ se e soltanto se $\nvdash_a \neg A$.

Enunciamo alcune proprietà evidenti di questi concetti, delle quali faremo uso nel seguito:

- se una proposizione A è dimostrabile (o è dimostrabile logicamente, o è dimostrabile analiticamente), allora A è vera (poiché la dimostrazione di A è la scoperta della verità di A). E ciò può essere riformulato dicendo che se una proposizione è falsa, allora è indimostrabile, indimostrabile logicamente e indimostrabile analiticamente. Dunque valgono le seguenti implicazioni:

$$\text{se } \vdash A \text{ allora } A \text{ , se } \vdash_l A \text{ allora } A, \text{ se } \vdash_a A \text{ allora } A;$$
$$\text{se } \neg A \text{ allora } \nvdash A, \text{ se } \neg A \text{ allora } \nvdash_l A, \text{ se } \neg A \text{ allora } \nvdash_a A.$$

Si tenga presente che, quando si definisce un formato per le dimostrazioni, bisogna assicurarsi che queste implicazioni valgano per la dimostrabilità intesa secondo quel formato: questo accertamento va sotto il nome di *teorema di correttezza* di quel formato dimostrativo;

- se una proposizione A è refutabile (o è refutabile logicamente, o è refutabile analiticamente), allora A è falsa (poiché la refutazione di A è la scoperta della falsità di A). E ciò può essere riformulato dicendo che se una proposizione è vera, allora è irrefutabile, irrefutabile logicamente e irrefutabile analiticamente. Dunque valgono le seguenti implicazioni:

$$\text{se } A \vdash \text{ allora } \neg A \text{ , se } A \vdash_l \text{ allora } \neg A, \text{ se } A \vdash_a \text{ allora } \neg A;$$
$$\text{se } A \text{ allora } A \nvdash, \text{ se } A \text{ allora } A \nvdash_l, \text{ se } A \text{ allora } A \nvdash_a.$$

Si tenga presente che, quando si definisce un formato per le refutazioni, bisogna assicurarsi che queste implicazioni valgano per la refutabilità intesa secondo quel formato;

- se una proposizione A è dimostrabile logicamente (o refutabile logicamente), allora essa è in sostanza una proposizione logica, o più precisamente la dimostrazione logica (o la refutazione logica) di A è dimostrazione (rispettivamente, refutazione) della proposizione che si ottiene da A rimpiazzando ciascuna componente extra logica con una variabile logica e poi quantificando universalmente tali variabili all'inizio della proposizione. Infatti, tutto ciò che in A è di natura extra-logica non ha avuto alcun ruolo nella sua dimostrazione logica (o nella sua refutazione logica), e dunque ha svolto il ruolo di una *variabile logica* su cui non è stata fatta alcuna ipotesi in quella dimostrazione logica, ossia il ruolo di una variabile che può essere quantificata universalmente;

- la dimostrabilità logica implica ovviamente la dimostrabilità, e analogamente la dimostrabilità analitica implica la dimostrabilità: se posso dimostrare qualcosa con mezzi limitati, lo posso comunque dimostrare. Ossia valgono le seguenti implicazioni:

$$\text{se } \vdash_l A \text{ allora } \vdash A, \text{ se } \vdash_a A \text{ allora } \vdash A;$$

- la dimostrabilità analitica di una proposizione logica implica la dimostrabilità logica della stessa proposizione, poiché ogni dimostrazione analitica di una proposizione logica usa solo concetti presenti in quella proposizione – ossia, concetti logici – e dunque è una dimostrazione logica. Dunque: se A è una proposizione logica e $\vdash_a A$ allora $\vdash_l A$.

La dimostrabilità e la irrefutabilità di una proposizione A – sia nella loro generalità che nelle loro specificazioni (logica, analitica) – possono essere viste come due maniere diverse di asserire intorno a quella attività cognitiva che possiamo chiamare *ricerca della verità* della proposizione A:

- la dimostrabilità di A asserisce la conclusione *positiva* di tale ricerca (si asserisce infatti l'esistenza di una dimostrazione di A, che consiste nella scoperta che il valore di A è 1), in accordo con il fatto che la dimostrabilità di una proposizione implica la verità di quella proposizione; la dimostrabilità di A, espressa con una proposizione positiva poiché comincia con un quantificatore esistenziale, può dunque essere chiamata *asserzione positiva sulla ricerca della verità* di A;
- la irrefutabilità di A asserisce la conclusione *negativa* della ricerca della falsità di A (si asserisce infatti che non ci possono essere refutazioni di A) e dunque che è fondata la ricerca della verità di A; la irrefutabilità di A, espressa con una proposizione negativa poiché comincia con un quantificatore universale, può dunque essere chiamata *asserzione negativa sulla ricerca della verità* di A.

La refutabilità e la indimostrabilità di una proposizione A – sia nella loro generalità che nelle loro specificazioni (logica, analitica) – possono invece essere viste come due maniere diverse di asserire intorno un'altra attività cognitiva, quella che possiamo chiamare *ricerca della falsità* della proposizione A:

- la refutabilità di A asserisce la conclusione *positiva* di tale ricerca (si asserisce infatti l'esistenza di una refutazione di A, che consiste nella scoperta che il valore di A è 0), in accordo con il fatto che la refutabilità di una proposizione implica la falsità di quella proposizione; la refutabilità di A, espressa con una proposizione postiva poiché comincia con un quantificatore esistenziale, può dunque essere chiamata *asserzione positiva sulla ricerca della falsità* di A;
- la indimostrabilità di A asserisce la conclusione *negativa* della ricerca della verità di A (si asserisce infatti che non ci possono essere dimostrazioni di A) e dunque che è fondata la ricerca della falsità di A; la indimostrabilità di A, espressa con una proposizione negativa poiché comincia con un quantificatore universale, può dunque essere chiamata *asserzione negativa sulla ricerca della falsità* di A.

Possiamo quindi dire:

- ci sono due asserzioni sulla *ricerca della verità*, una *positiva* (la *dimostrabilità*) e una *negativa* (la *irrefutabilità*);
- ci sono due asserzioni sulla *ricerca della falsità*, una *positiva* (la *refutabilità*) e una *negativa* (la *indimostrabilità*);
- ciascuna asserzione (positiva o negativa) sulla ricerca della verità o della falsità può essere specificata come logica o analitica.

1.1.3 Soddisfacibilità e refutabilità delle formule logiche

Ciascuna formula logica può avere modelli e può avere contromodelli:

- un *modello* di una formula è un'attribuzione di valori alle sue variabili libere con la quale la formula si trasforma in una proposizione vera;
- un *contromodello* di una formula è un'attribuzione di valori alle sue variabili libere con la quale la formula si trasforma in una proposizione falsa.

Ovviamente, ogni contromodello di una formula è modello della negazione di quella formula, ossia ogni contromodello di A è modello di $\neg A$.

Se consideriamo la formula logica del primo ordine $\forall x P(x, y)$, essa ha sia modelli che contromodelli.

Spesso (e anche nei capitoli successivi di questo volume) un'attribuzione di valori alle variabili libere di una formula logica viene chiamata anche *struttura*.

Sono oggetto di considerazione da parte della logica anche gli insiemi (finiti e infiniti) di formule logiche. In questa introduzione, per semplificare, considereremo sempre insiemi non vuoti di formule logiche; il caso dell'insieme vuoto sarà considerato nei capitoli successivi.

Conviene adottare le seguenti convenzioni a proposito degli insiemi di formule logiche:

- se M è un insieme di formule logiche, allora $\neg M = \{\neg B : B \in M\}$, ossia $\neg M$ (la *negazione* di M) è l'insieme delle negazioni delle formule di M;
- se M è un insieme finito di formule logiche, allora $\bigwedge(M)$ denota una formula ottenuta mediante la congiunzione di tutte le formule di M, e $\bigvee(M)$ denota una formula ottenuta mediante la disgiunzione di tutte le formule di M.

Anche gli insiemi di formule possono avere modelli e possono avere contromodelli. L'estensione della nozione di modello dal caso delle formule a quello degli insiemi finiti di formule è compiuta nel modo seguente:

- si chiama *modello* di un insieme finito M di formule logiche ogni modello della formula $\bigwedge(M)$; ossia, un *modello* di un insieme finito M di formule logiche è un'attribuzione di valori alle variabili libere presenti nelle formule di M con la quale tutte le formule di M si trasformano in proposizioni vere;
- si chiama *contromodello* di un insieme finito M di formule logiche ogni modello della negazione della formula $\bigwedge(M)$, cioè ogni modello della formula $\neg \bigwedge(M)$ che è la formula $\bigvee(\neg M)$; ossia, un *contromodello* di un insieme finito M di formule logiche è un'attribuzione di valori alle variabili libere presenti nelle formule di M con la quale almeno una di tali formule si trasforma in una proposizione falsa.

In questa maniera, si ha che ogni contromodello di un insieme finito di formule logiche è modello della negazione di almeno una formula di quell'insieme, e ogni modello di un insieme finito di formule logiche è contromodello di tutte le negazioni delle formule di quell'insieme.

Sulla base di quanto avviene nel caso finito, si generalizza la nozione di modello e di contromodello al caso di insiemi finiti o infiniti di formule:

- un *modello* di un insieme M di formule logiche è un'attribuzione di valori alle variabili libere presenti nelle formule di M con la quale tutte le formule di M si trasformano in proposizioni vere;
- un *contromodello* di un insieme M di formule logiche è un'attribuzione di valori alle variabili libere presenti nelle formule di M con la quale almeno una di tali formule si trasforma in una proposizione falsa.

E pertanto si continua ad avere, anche per gli insiemi infiniti di formule logiche, che ogni contromodello di un insieme di formule è modello della negazione di almeno una formula di quell'insieme, e ogni modello di un insieme di formule è contromodello di tutte le negazioni delle formule di quell'insieme.

La logica si occupa della esistenza di modelli (o di contromodelli) per le formule logiche e per gli insiemi (finiti o infiniti) di formule logiche.

Innanzitutto, la logica è interessata alle seguenti proprietà *positive* delle formule logiche e degli insiemi di formule logiche, ossia di proprietà espresse con asserzioni esistenziali:

- la *soddisfacibilità*: una formula logica è *soddisfacibile* se e soltanto se esiste un suo modello, un insieme di formule logiche è *soddisfacibile* se e soltanto se esiste un suo modello;
- la *falsificabilità*: una formula logica è *falsificabile* se e soltanto se esiste un suo contromodello, un insieme di formule logiche è *falsificabile* se e soltanto se esiste un suo contromodello.

Risulta evidente che una formula logica A è falsificabile se e soltanto se è soddisfacibile la formula logica $\neg A$, e che un insieme di formule logiche M è falsificabile se e soltanto se è soddisfacibile almeno una formula dell'insieme $\neg M$. Pertanto, ci si può limitare a considerare una sola di queste due proprietà, la soddisfacibilità o la falsificabilità: di solito, si considera la sola proprietà di soddisfacibilità.

La logica è interessata naturalmente anche alle negazioni di tali proprietà (che sono proprietà *negative* perché espresse con asserzioni universali).

La negazione della soddisfacibilità e della falsificabilità delle formule logiche è costituita dalle due seguenti proprietà negative delle formule logiche:

- la *verità logica* o *infalsificabilità*: una formula logica A è una verità logica se e soltanto se A non è falsificabile, ossia se e soltanto se non esiste un contromodello di A, ossia se e soltanto se ogni attribuzione di valori per le variabili libere di A trasforma A in una proposizione vera;
- la *falsità logica* o *insoddisfacibilità*: una formula logica A è una falsità logica se e soltanto se A non è soddisfacibile, ossia se e soltanto se non esiste un modello di A, ossia se e soltanto se ogni attribuzione di valori per le variabili libere di A trasforma A in una proposizione falsa.

La denominazione "verità logica" viene preferita rispetto a quella di "formula infalsificabile", e la denominazione "falsità logica" viene preferita rispetto a quella di "formula insoddisfacibile".

Ovviamente, si ha che una formula logica A è falsità logica se e soltanto se è verità logica la formula logica $\neg A$. Pertanto, ci si può limitare a considerare una sola di queste due proprietà delle formule: di solito, si considera la verità logica.

Si usa scrivere $\models A$, quando A è una formula logica, per abbreviare "A è una verità logica".

La negazione della soddisfacibilità e della falsificabilità degli insiemi di formule logiche è costituita dalla due seguenti proprietà negative degli insiemi di formule logiche:

- la *infalsificabilità*: un insieme di formule logiche M è *infalsificabile* se e soltanto se M non è falsificabile, ossia se e soltanto se per ogni attribuzione di valori per le variabili libere presenti nelle formule di M tutte le formule di M divengono proposizioni vere;
- la *insoddisfacibilità*: un insieme di formule logiche M è *insoddisfacibile* se e soltanto se M non è soddisfacibile, ossia se e soltanto se per ogni attribuzione di valori per le variabili libere presenti nelle formule di M almeno una delle formule di M diviene una proposizione falsa.

Si noti che, quando M è un insieme finito, la infalsificabilità di M è la verità logica di una formula, e la insoddisfacibilità di M è la verità logica di un'altra formula. Infatti:

- M è infalsificabile se e soltanto se la formula logica $\bigvee(\neg M)$ è una falsità logica, ossia se e soltanto se la formula logica $\bigwedge M$ è una verità logica;
- M è insoddisfacibile se e soltanto se la formula $\bigwedge M$ è una falsità logica, ossia se e soltanto se la formula $\bigvee(\neg M)$ è una verità logica.

Sulla base della proprietà di soddisfacibilità delle formule e degli insiemi (finiti o infiniti) di formule logiche, vengono considerate alcune importanti relazioni tra un insieme M (finito o infinito) di formule logiche e una formula logica A: due nozioni positive (la relazione di *compatibilità di A con M* e quella di *separabilità di A da M*) e le loro negazioni che sono nozioni negative.

Le due nozioni positive sono definite nel modo seguente:

- una formula logica A è *compatibile* con un insieme M di formule logiche se e soltanto se l'insieme $M \cup \{A\}$ è soddisfacibile, ossia se e soltanto se c'è un modello di M che è modello anche di A,
- una formula logica A è *separabile* da un insieme M di formule logiche quando l'insieme $M \cup \{\neg A\}$ è soddisfacibile, ossia se e soltanto se c'è un modello di M che è contromodello di A.

Le negazioni di queste nozioni sono definite nel modo seguente:

- una formula logica A è *incompatibile* con un insieme M di formule logiche se e soltanto se A non è compatibile con M, ossia quando ogni modello di M è un contromodello di A;
- una formula logica A è *inseparabile* da un insieme M di formule logiche – e si dice più comunemente che A è *conseguenza logica* di M – quando ogni modello di M è un modello di A.

Si usa scrivere $M \models A$, quando A è una formula logica e M è un insieme di formule logiche, per abbreviare "A è una conseguenza logica di M".

Si usa dire che una formula logica A è *indipendente* da un insieme di formule logiche M quando A è sia compatibile che separabile da M.

Si vede facilmente che:

- una formula logica A è separabile da un insieme M di formule logiche se e soltanto se $\neg A$ è compatibile con M;
- una formula logica A è incompatibile con un insieme M di formule se e soltanto se $\neg A$ è conseguenza logica di M.

Non deve sfuggire l'importanza di questi concetti. Infatti:

- una parte significativa della ricerca matematica, specialmente a partire dall'ottocento, è caratterizzata da ricerche per stabilire asserzioni di compatibilità, di incompatibilità e di indipendenza, riferite volta per volta a una particolare proposizione e a un particolare sistema di proposizioni (assiomi), trasformando implicitamente quelle proposizioni in formule logiche (ossia prescindendo dal contenuto dei concetti extra-logici presenti in quelle proposizioni);
- la logica sin dall'antichità si è interessata alla questione della conseguenza logica, che è proprio la negazione della separabilità.

1.1.4 Formule logiche e proposizioni logiche

L'asserzione della soddisfacibilità di una formula logica o di un insieme di formule logiche, quella della falsificabilità di una formula logica o di un insieme di formule logiche, quella della separabilià di una formula logica da un insieme di formule logiche, quella della compatibilità di una formula logica con un insieme di formule logiche, nonché le loro negazioni (tra le quali l'asserzione della verità logica di una formula logica, o quella che una formula logica è conseguenza logica di un insieme di formule logiche) costituiscono proposizioni logiche: infatti, in esse non compaiono se non concetti logici.

Conviene soffermarsi su queste proposizioni logiche, quando hanno a che fare con formule logiche del primo ordine e con insiemi di formule logiche del primo ordine.

Se A è una formula logica del primo ordine, la proposizione logica "A è soddisfacibile" sta asserendo – come abbiamo visto sopra – che ci sono valori per le variabili libere presenti in A con i quali la formula A diviene vera; e pertanto tale proposizione logica può essere espressa dalla *chiusura esistenziale* di A, ossia dalla proposizione ottenuta quantificando esistenzialmente ciascuna delle variabili presenti in A, e viene denotata da $\exists(A)$.

Ad esempio, se A è la formula logica del primo ordine $\forall x P(x,y)$ con variabili libere X, P, y la proposizione logica "A è soddisfacibile" viene espressa da $\exists(A)$ che è $\exists X \exists P \forall y \forall x P(x,y)$ che non è più una formula del primo ordine. Si noti che per trasformare la formula chiusa del primo ordine $\forall x P(x,y)$ in una proposizione, ossia in una formula "davvero chiusa" abbiamo quantificato anche sulle variabili speciali (che quindi sono state considerate anche esse come variabili "vincolabili"): nelle proposizioni logiche tutte le variabili devono essere vincolate.

Analogamente, se A è una formula logica del primo ordine, la proposizione logica "A è falsificabile" sta asserendo che ci sono valori per le variabili libere presenti in A con i quali la formula $\neg A$ diviene vera; e pertanto tale proposizione logica può essere espressa dalla *chiusura esistenziale* di $\neg A$, ossia dalla proposizione ottenuta quantificando esistenzialmente ciascuna delle variabili presenti in A, e viene denotata da $\underline{\exists}(\neg A)$.

La classe delle proposizioni logiche che sono la chiusura esistenziale di formule logiche del primo ordine viene indicata da Σ^1. Tali proposizioni logiche non sono del primo ordine.

L'esibizione di un modello di una formula logica A costituisce una dimostrazione della soddisfacibilità di A ossia della proposizione logica $\underline{\exists}(A)$, e l'esibizione di un contromodello di A costituisce una dimostrazione della falsificabilità di A ossia una dimostrazione della proposizione logica $\underline{\exists}(\neg A)$.

Se A è una formula logica del primo ordine, la proposizione logica "A è verità logica" (abbreviata da $\models A$) sta asserendo – come abbiamo visto sopra – che per qualsivoglia valore per le variabili libere presenti in A la formula A diviene vera; e pertanto tale proposizione logica può essere espressa dalla *chiusura universale* di A, ossia dalla proposizione ottenuta quantificando universalmente ciascuna delle variabili presenti in A, e viene denotata da $\underline{\forall}(A)$.

Ad esempio, se A è la formula logica del primo ordine $\forall x P(x,y)$ con variabili libere X, P, y la proposizione logica "A è verità logica" viene espressa da $\underline{\forall}(A)$ che è $\forall X \forall P \forall y \forall x P(x,y)$.

Analogamente, se A è una formula logica del primo ordine, la proposizione logica "A è falsità logica" (abbreviata da $\models \neg A$) sta asserendo – come abbiamo visto sopra – che per qualsivoglia valore per le variabili libere presenti in A la formula $\neg A$ diviene vera; e pertanto tale proposizione logica può essere espressa dalla *chiusura universale* di $\neg A$, ossia dalla proposizione ottenuta quantificando universalmente ciascuna delle variabili presenti in A, e viene denotata da $\underline{\forall}(\neg A)$.

La classe delle proposizioni logiche che sono la chiusura universale di formule logiche del primo ordine viene indicata da Π^1. Anche tali proposizioni non sono proposizioni del primo ordine.

Quando A è una formula logica del primo ordine, una dimostrazione logica della proposizione logica $\underline{\forall}(A)$ è sicuramente quella che consiste nel dimostrare la proposizione ottenuta da A mettendo al posto delle sue variabili oggetti su ciascuno dei quali nella dimostrazione non si fa alcuna ipotesi se non quella che appartiene al tipo della variabile che sta sostituendo: una tale dimostrazione logica di $\underline{\forall}(A)$ è per esempio quella che consiste nel dimostrare la formula A usando solo regole logiche, ossia una *dimostrazione logica* di A. Analogamente, quando A è una formula logica del primo ordine, una dimostrazione logica della formula $\neg A$ è una dimostrazione logica della falsità logica A ossia della proposizione logica $\underline{\forall}(\neg A)$.

Si osservi che, quando A è una formula del primo ordine, essendo $\neg(\underline{\forall}(A))$ la proposizione logica $\underline{\exists}(\neg A)$ e $\neg(\underline{\exists}(A))$ la proposizione logica $\underline{\forall}(\neg A)$, l'esibizione di un contromodello di A è una refutazione di $\underline{\vee}(A)$ e l'esibizione di una dimostrazione della formula $\neg A$ è una refutazione di $\underline{\exists}(A)$.

Nel Capitolo 3 di questo volume si considera la dimostrabilità logica e analitica delle formule logiche del primo ordine (ossia, la dimostrabilità logica e analitica delle proposizioni logiche appartenenti alla classe Π^1) e la soddisfacibilità delle formule logiche del primo ordine (ossia, proposizioni logiche appartenenti alla classe Σ^1).

Gli altri capitoli di questo volume considerano più da vicino le dimostrazioni logiche di formule logiche del primo ordine (dunque dimostrazioni logiche di proposizioni logiche appartenenti alla classe Π^1) e i modelli delle formule logiche del primo ordine (dunque dimostrazioni di proposizioni logiche appartenenti alla classe Σ^1).

Il Capitolo 4 si occupa della trasformazione di dimostrazioni logiche di formule logiche del primo ordine in dimostrazioni analitiche di quelle stesse formule, e dunque di trasformazioni di dimostrazioni logiche di proposizioni logiche in dimostrazioni analitiche di quelle stesse proposizioni.

Il Capitolo 5 si occupa di modelli delle formule logiche del primo ordine e degli insiemi di tali formule (chiamati anche *teorie*), delle relazioni tra tali modelli nonché delle relazioni tra classi di modelli e complessità logica delle teorie, con alcuni esempi di teorie e modelli provenienti dalla pratica matematica.

I motivi per privilegiare le formule logiche del primo ordine, considerare la dimostrabilità logica e la dimostrabilità analitica delle proposizioni logiche appartenenti alla classe Π^1, e considerare la dimostrabilità delle proposizioni logiche appartenenti alla classe Σ^1 emergeranno dalla presentazione dei problemi riguardanti la dimostrabilità delle proposizioni logiche.

1.2 Problemi sulla dimostrabilità e sulla refutabilità

Presentiamo ora alcuni gruppi di problemi sulla dimostrabilità logica e sulla dimostrabilità analitica (e dunque sulla refutabilità logica e sulla refutabilità analitica) delle proposizioni logiche, nonché sul rapporto tra dimostrazioni logiche e dimostrazioni analitiche delle proposizioni logiche. Si tratta di problemi che non richiedono (per la loro formulazione) una particolare analisi del concetto di dimostrabilità logica e di dimostrabilità analitica; la soluzione di tali problemi, invece, richiede una qualche analisi approfondita di quei concetti.

1.2.1 Dimostrabilità logica

Abbiamo già osservato che sono evidenti le seguenti inclusioni: tutte le proposizioni che sono dimostrabili logicamente sono vere, tutte le proposizioni che sono dimostrabili logicamente sono irrefutabili, tutte le proposizioni che sono dimostrabili logicamente sono dimostrabili.

Se ci interroghiamo sull'inverso di queste inclusioni, è naturale e doveroso limitare la nostra attenzione alle sole proposizioni logiche: infatti, ciò che viene dimostrato logicamente è in sostanza una proposizione logica (la proposizione otte-

nuta dalla conclusione della dimostrazione logica, rimpiazzando i concetti extra-
logici con variabili logiche, e facendo precedere la quantificazione universale di tutte
queste variabili).

Inoltre, l'inclusione "tutte le proposizioni logiche irrefutabili sono anche dimostrabili logicamente" permette di ricavare le altre due:

*   ogni proposizione logica vera è anche dimostrabile logicamente (poiché ogni
    proposizione logica vera è anche irrefutabile);
*   ogni proposizione logica dimostrabile è anche dimostrabile logicamente (poiché
    ogni proposizione logica dimostrabile è anche vera e dunque irrefutabile).

Il problema che esponiamo è dunque quello relativo alla validità di questa inclusione,
che permetterebbe di poter dichiarare – per le proposizioni logiche – l'equivalenza
tra verità, irrefutabilità, dimostrabilità e dimostrabilità logica.

Problema 1. *Le proposizioni logiche irrefutabili si possono dimostrare anche logicamente? Vale che "per ogni proposizione logica A, se A $\nvdash$ allora $\vdash_l A$"?*

Si osservi che, quando per una proposizione logica A vale che "se A è irrefutabile,
allora A è dimostrabile logicamente", la proposizione A equivale alla sua dimostrabilità logica. Infatti:

*   se A è vera, allora banalmente A è irrefutabile e dunque, per l'ipotesi A è dimo-
    strabile logicamente;
*   se A è dimostrabile logicamente, allora A è vera.

La risposta positiva al Problema 1 porterebbe a dire che ogni proposizione logica
equivale alla sua dimostrabilità logica.

Il Problema 1 ha una risposta negativa.

Teorema 1 (Teorema di incompletezza della logica). *Esistono proposizioni logiche che sono irrefutabili ma non possono essere dimostrate logicamente.*

Dimostrazione. La dimostrazione di questo teorema sarà fornita nel secondo volume, anche perché essa è particolarmente complessa e si basa su una profonda interazione tra logica e aritmetica e sul teorema di incompletezza dell'aritmetica del primo
ordine e delle sue estensioni, dimostrato da K. Gödel.   □

Il Teorema 1 costituisce uno dei principali risultati della logica matematica del
secolo ventesimo, dovuto sostanzialmente a K. Gödel.

La dimostrazione del Teorema 1 fornisce anche questo importante risultato su
una classe di proposizioni logiche dove possono essere trovati esempi di proposizioni che sono irrefutabili (perché dimostrabili) ma non possono essere dimostrate
logicamente.

Teorema 2 (Teorema di Σ^1-incompletezza). *Esistono proposizioni logiche che sono chiusura esistenziale di formule logiche del primo ordine (ossia appartengono
alla classe chiamata Σ^1), sono dimostrabili ma non sono dimostrabili logicamente.*

Dimostrazione. La dimostrazione sarà fornita nel secondo volume, insieme a quella del Teorema 1.   □

Data la risposta negativa al Problema 1, poiché essa ovviamente non esclude che – come peraltro è evidente – ci siano tante proposizioni logiche che sono dimostrabili logicamente, diventa naturale porsi il problema seguente.

Problema 2. *Per quali classi "interessanti" X di proposizioni logiche si può stabilire la seguente affermazione "Se una proposizione A appartiene ad X ed è irrefutabile, allora esiste una dimostrazione logica di A"? e dunque l'affermazione "Se A appartiene a X, allora A equivale alla sua dimostrabilità logica"?*

Se si elimina l'aggettivo "interessante", allora il Problema 2 ha una risposta banale immediata: si prenda una proposizione logica *A* che sia dimostrabile logicamente – e di queste proposizioni ce ne sono! –, e la classe costituita dalla sola proposizione logica *A* (certo non una classe "interessante"!) sarebbe una risposta positiva al problema.

Ma con l'aggettivo "interessante", se il Problema 2 diventa non banale, si apre o si può aprire un problema collaterale: quali classi di proposizioni logiche sono "interessanti"? Chiaramente, caso per caso possiamo convenire sul fatto che una certa classe è interessante, ma non abbiamo alcun criterio generale, almeno fino ad oggi, per stabilire quali classi siano "interessanti" e quali no.

Una classe sicuramente "interessante" è la classe Σ^1, la classe delle proposizioni logiche che sono la chiusura esistenziale di qualche formula logica del primo ordine: una classe che, però, non fornisce una risposta positiva al Problema 2 poiché è proprio entro questa classe che il Teorema 2 individua controesempi alla completezza della logica, ossia proposizioni logiche che sono irrefutabili ma non sono dimostrabili logicamente.

Fra le altre classi che possiamo sicuramente ritenere "interessanti" c'è la classe Π^1, la classe delle proposizioni logiche che sono la chiusura universale di qualche formula logica del primo ordine. La classe Π^1 delle proposizioni logiche che sono le chiusure universali delle formule del primo ordine è una classe interessante, data l'importanza (sottolineata con forza da tanti autori) che le proposizioni del primo ordine e quindi le formule logiche del primo ordine hanno nella pratica scientifica. Il Problema 2 trova una risposta positiva nella classe Π^1 delle proposizioni logiche, come viene stabilito dal teorema seguente, il teorema di completezza di Gödel per la logica del primo ordine, un altro dei principali teoremi della logica matematica del secolo ventesimo.

Teorema 3 (Teorema di completezza della logica del primo ordine; Gödel). *Se A è una proposizione logica appartenente a Π^1 (ossia, se A è la chiusura universale di una formula logica del primo ordine), ed è irrefutabile, allora A è anche dimostrabile logicamente.*

Dimostrazione. Questo teorema è equivalente a una parte del Teorema 16 del Capitolo 3, ove compare la sua dimostrazione che fa seguito ad una precisa definizione del linguaggio formale per la logica del primo ordine, delle strutture per un tale linguaggio e del calcolo dei sequenti per la logica del primo ordine.

Mostriamo l'equivalenza fra il Teorema 3 e l'asserzione "Se B è una formula logica del primo ordine e non è falsificabile, allora esiste una dimostrazione logica di B" che costituisce una parte del Teorema 16.

Supponiamo che valga "Se A è una proposizione logica appartenente a Π^1 (ossia, se A è la chiusura universale di una formula logica del primo ordine), ed è irrefutabile, allora A è anche dimostrabile logicamente". Sia B una formula logica del primo ordine e sia non falsificabile. Allora – poiché B non è falsificabile, è falsa la proposizione logica $\exists(\neg B)$ e dunque è vera e perciò irrefutabile la sua negazione che è la proposizione logica $\forall(B)$ che appartiene a Π^1; pertanto esiste una dimostrazione logica di $\forall(B)$ la quale fornisce anche una dimostrazione logica della formula B.

Supponiamo che valga "Se B è una formula logica del primo ordine e non è falsificabile, allora esiste una dimostrazione logica di B". Sia A una proposizione logica appartenente a Π^1 e irrefutabile. Allora, A si presenta nella forma $\forall(B)$ per qualche formula logica del primo ordine B; la formula B non può avere contromodelli (perché ogni contromodello di B sarebbe una refutazione di A), ossia B è non falsificabile, e pertanto esiste una dimostrazione logica di B e tale dimostrazione logica è anche una dimostrazione logica di A.   □

Pertanto, se A è una proposizione logica che è la chiusura universale di una formula del primo ordine, allora A equivale alla sua dimostrabilità logica.

Mettendo insieme questi due teoremi, il Teorema 2 di Σ^1-incompletezza e il Teorema 3 di completezza della logica del primo ordine, si osserva che:

- per il Teorema 2, la chiusura esistenziale di qualche formula del primo ordine costituisce una proposizione logica che è un controesempio alla identificazione tra irrefutabilità e dimostrabilità logica;
- per il Teorema 3 la chiusura universale di qualunque formula del primo ordine è un esempio della identificazione tra irrefutabilità e dimostrabilità logica.

Possiamo dunque dire che nella classe Σ^1 delle proposizioni logiche che sono la chiusura esistenziale di formule del primo ordine si trovano i controesempi alla equivalenza tra irrefutabilità e dimostrabilità logica, mentre la classe delle negazioni di tali proposizioni – la classe Π^1 delle proposizioni logiche che sono la chiusura universale di formule del primo ordine – è una classe priva di controesempi alla equivalenza tra irrefutabilità e dimostrabilità logica.

1.2.2 Dimostrabilità analitica

Sono evidenti anche le seguenti inclusioni: tutte le proposizioni che sono dimostrabili analiticamente sono vere, tutte le proposizioni che sono dimostrabili analiticamente sono irrefutabili, tutte le proposizioni che sono dimostrabili analiticamente sono dimostrabili.

Se ci interroghiamo anche sull'inverso di queste inclusioni, non abbiamo bisogno di limitarci alle proposizioni logiche.

Inoltre, l'inclusione "tutte le proposizioni irrefutabili sono anche dimostrabili analiticamente" permette di ricavare che altre due:

* ogni proposizione vera è anche dimostrabile analiticamente (poiché ogni proposizione vera è anche irrefutabile);
* ogni proposizione dimostrabile è anche dimostrabile analiticamente (poiché ogni proposizione dimostrabile è anche vera e dunque irrefutabile).

Il problema che esponiamo è dunque quello relativo alla validità di questa inclusione, che permetterebbe di poter dichiarare – per tutte le proposizioni – l'equivalenza tra verità, irrefutabilità, dimostrabilità e dimostrabilità analitica.

Problema 3. *Ciò che è irrefutabile, è dimostrabile anche in maniera analitica?*

Si osservi che, quando per una proposizione A vale che "se A è irrefutabile, allora A è dimostrabile analiticamente", la proposizione A equivale alla sua dimostrabilità analitica. Infatti:

* se A è vera, allora banalmente A è irrefutabile e dunque, per l'ipotesi A è dimostrabile analiticamente;
* se A è dimostrabile analiticamente, allora A è vera.

La risposta positiva al Problema 3 porterebbe a dire che ogni proposizione equivale alla sua dimostrabilità analitica.

Ma il Problema 3 ha una risposta negativa, come conseguenza del teorema di incompletezza della logica (Teorema 1).

Teorema 4 (Teorema di incompletezza analitica). *Esistono proposizioni che sono irrefutabili ma non possono essere dimostrate in maniera analitica.*

Dimostrazione. Per il Teorema 1 di incompletezza della logica, ci sono proposizioni logiche che sono irrefutabili ma non sono dimostrabili logicamente; dunque tali proposizioni logiche non possono essere dimostrate con dimostrazioni analitiche (che sarebbero ovviamente anche dimostrazioni logiche).   □

Esempi di proposizioni logiche irrefutabili (essendo dimostrabili) ma non dimostrabili analiticamente, si trovano nella classe Σ^1. Infatti, vale il teorema seguente, come conseguenza del teorema di Σ^1-incompletezza (Teorema 2).

Teorema 5 (Teorema di Σ^1-incompletezza analitica). *Ci sono proposizioni logiche appartenenti alla classe Σ^1 che sono dimostrabili ma non possono essere dimostrate in maniera analitica.*

Dimostrazione. Analoga alla dimostrazione del Teorema 4, applicando il Teorema 2 invece del Teorema 1.   □

Possiamo allora formulare il seguente problema:

Problema 4. *Per quali classi "interessanti" di proposizioni si può stabilire "ogni proposizione di questa classe che è irrefutabile è anche dimostrabile analiticamente" e dunque "ogni proposizione di questa classe è equivalente alla sua dimostrabilità analitica"?*

Una risposta a questo problema è data da un rafforzamento (ottenuto da G. Gentzen) del teorema di completezza della logica del primo ordine (Teorema 3):

Teorema 6 (Teorema di completezza analitica della logica del primo ordine; Gödel e Gentzen). *Per ogni proposizione logica A appartenente alla classe Π^1 (la classe delle proposizioni logiche che sono la chiusura universale di formule logiche del primo ordine), se A è irrefutabile allora A è dimostrabile analiticamente.*

Dimostrazione. La dimostrazione sarà fornita nel Teorema 16 del Capitolo 3 di questo volume, con una formulazione equivalente. La dimostrazione dell'equivalenza di questa formulazione con quella data nel Capitolo 3 è analoga a quella che è stata fornita nel caso del Teorema 3. □

Il Teorema 6 permette di dire che ogni proposizione logica che è la chiusura universale di una formula del primo ordine equivale non solo alla sua dimostrabilità logica ma anche alla sua dimostrabilità analitica.

Inoltre, lo stesso teorema permette di dire che nella logica classica del primo ordine tutte le proposizioni logiche che sono irrefutabili lo sono anche sia logicamente che analiticamente. Ossia, nella logica classica del primo ordine, la dimostrabilità logica equivale alla dimostrabilità analitica. Questa coincidenza potrebbe essere il segno di qualcosa di più generale, il cui studio richiede una approfondita comprensione della dimostrabilità logica e della dimostrabilità analitica.

1.2.3 Quadrati aristotelici della dimostrabilità e della refutabilità

Per ciascuna proposizione *A*, si possono formare i seguenti tre quadrati (di stile aristotelico):

- in un quadrato (il "quadrato della dimostrabilità e della refutabilità") collochiamo $\vdash A$, $A \vdash$, $A \nvdash$ e $\nvdash A$:

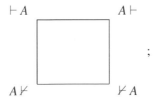

- in un secondo quadrato (il "quadrato della dimostrabilità logica e della refutabilità logica") collochiamo $\vdash_l A$, $A \vdash_l$, $A \nvdash_l$ e $\nvdash_l A$:

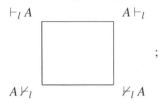

$$\vdash_l A \qquad\qquad A \vdash_l$$

$$A \nvdash_l \qquad\qquad \nvdash_l A$$

;

- in un terzo quadrato (il "quadrato della dimostrabilità analitica e della refutabilità analitica") collochiamo $\vdash_a A$, $A \vdash_a$, $A \nvdash_a$ e $\nvdash_a A$:

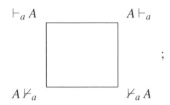

$$\vdash_a A \qquad\qquad A \vdash_a$$

$$A \nvdash_a \qquad\qquad \nvdash_a A$$

;

- in ciascuno dei tre quadrati, i due angoli superiori sono le due asserzioni *positive* (a sinistra la dimostrabilità e a destra la refutabilità), i due angoli inferiori sono le due asserzioni *negative* (a sinistra l'irrefutabilità e a destra l'indimostrabilità), in modo tale che a sinistra ci siano le asserzioni sulla *ricerca della verità* di A (dimostrabilità e irrefutabilità) e a destra le asserzioni sulla *ricerca della falsità* di A (refutabilità e indimostrabilità), e le diagonali colleghino ciascuna asserzione con la sua negazione.

Chiariamo ora le relazioni che intercorrono tra queste asserzioni di verità e di falsità, in ciascuno dei tre quadrati sopra considerati.

Per il principio di non-contraddizione (ossia il principio che asserisce che una proposizione e la sua negazione non possono essere entrambe vere, e non possono essere entrambe false), dobbiamo escludere la possibilità che esista la dimostrazione di una proposizione (la scoperta della verità di quella proposizione) insieme alla refutazione della stessa proposizione (ossia la scoperta della verità della negazione di quella proposizione). Questa osservazione permette di stabilire facilmente che per ogni proposizione A con riferimento ai suoi quadrati della dimostrabilità e della soddisfacibilità:

- l'asserzione positiva sulla ricerca della verità di A (la sua dimostrabilità) implica sempre l'asserzione negativa sulla ricerca della verità di A (la sua irrefutabilità): se $\vdash A$ allora $A \nvdash$, se $\vdash_l A$ allora $A \nvdash_l$, se $\vdash_a A$ allora $A \nvdash_a$;
- l'asserzione positiva sulla ricerca della falsità di A (la sua refutabilità) implica sempre l'asserzione negativa sulla ricerca della falsità di A (la sua indimostrabilità): se $A \vdash$ allora $\nvdash A$, se $A \vdash_l$ allora $\nvdash_l A$, se $A \vdash_a$ allora $\nvdash_a A$.

Infatti tutte queste implicazioni stanno semplicemente negando la possibilità dell'esistenza di una dimostrazione e di una refutazione della stessa proposizione.

Pertanto, in ciascuno dei tre quadrati sia a sinistra che a destra l'asserzione che è collocata in alto implica l'asserzione che è collocata in basso.

Cosa possiamo dire dell'inverso di queste implicazioni, ossia del passaggio dall'asserzione negativa all'asserzione positiva sulla ricerca della verità di una proposizione, e del passaggio dall'asserzione negativa all'asserzione positiva della ricerca della sua falsità? Se valesse anche l'implicazione dall'asserzione negativa all'asserzione positiva, si avrebbe l'equivalenza tra l'asserzione positiva (dimostrabilità) e quella negativa (irrefutabilità) sulla ricerca della verità e l'equivalenza tra l'asserzione positiva (refutabilità) e quella negativa (indimostrabilità) sulla ricerca della falsità: la coincidenza tra dimostrabilità e irrefutabilità e la coincidenza tra refutabilità e indimostrabilità. Ma è così?

Consideriamo la questione, riferendola alla dimostrabilità (e alla refutabilità) logica e alla dimostrabilità (e alla refutabilità) analitica: il caso della dimostrabilità e della irrefutabilità senza alcuna specificazione è troppo generale e troppo complesso, e potrà essere meglio trattato – anche a livello filosofico – proprio dall'esame di ciò che avviene a proposito della dimostrabilità e refutabilità logica e a proposito della dimostrabilità e della refutabilità analitica.

Si noti che le due implicazioni "se $A \nvdash_l$ allora $\vdash_l A$" e "se $\nvdash_l A$ allora $A \vdash_l$", che darebbero l'equivalenza tra irrefutabilità logica e dimostrabilità logica e l'equivalenza tra indimostrabilità logica e refutabilità logica, possono essere entrambe rappresentate dalla sola disgiunzione: "$A \vdash_l$ oppure $\vdash_l A$". Analogamente, le due implicazioni "se $A \nvdash_a$ allora $\vdash_a A$" e "se $\nvdash_a A$ allora $A \vdash_a$", che darebbero l'equivalenza tra irrefutabilità analitica e dimostrabilità analitica e l'equivalenza tra indimostrabilità analitica e refutabilità analitica, possono essere entrambe rappresentate dalla sola disgiunzione: "$A \vdash_a$ oppure $\vdash_a A$".

Quindi una risposta positiva al problema seguente stabilirebbe l'equivalenza tra irrefutabilità logica e dimostrabilità logica e l'equivalenza tra indimostrabilità logica e refutabilità logica.

Problema 5. *Vale che "per ogni proposizione logica A, $A \vdash_l$ o $\vdash_l A$"?*

La risposta a questo problema è negativa, e costituisce una formulazione equivalente del teorema di incompletezza della logica (Teorema 1).

Teorema 7 (Formulazione equivalente del teorema di incompletezza della logica). *Esistono proposizioni logiche A tali che $A \nvdash_l$ e $\nvdash_l A$. Pertanto, l'irrefutabilità logica non implica la dimostrabilità logica e l'indimostrabilità logica non implica la refutabilità logica.*

Dimostrazione. Per il teorema di incompletezza della logica (Teorema 1), ci sono proposizioni logiche A tali che $A \nvdash$ e $\nvdash_l A$, e per tali proposizioni A vale anche $A \nvdash_l$.

Viceversa, se esiste una proposizione logica A tale che $A \nvdash_l$ e $\nvdash_l A$, allora esiste una proposizione logica irrefutabile che non è dimostrabile logicamente: essa è la proposizione A (quando A è dimostrabile) o la sua negazione (quando A è indimostrabile ossia quando $\neg A$ è irrefutabile).   □

Dal Teorema 2 si ricava immediatamente che esempi di proposizioni logiche A tali che $A \nvdash_l$ e $\nvdash_l A$ esistono nella classe Σ^1.

Mostriamo ora che esempi di proposizioni logiche A tali che $A \nvdash_l$ e $\nvdash_l A$ esistono anche nella classe Π^1. Sia A una proposizione logica appartenente alla classe Π^1 tale che per la sua negazione $\neg A$ (che appartiene necessariamente a Σ^1) valga $\vdash \neg A$ e $\nvdash_l \neg A$: tali proposizioni esistono, per il Teorema 2. Allora, per tale proposizione A si ha $A \vdash$ e $A \nvdash_l$, e vale anche $\nvdash_l A$ perché altrimenti ci sarebbe una dimostrazione (logica) di A e una refutazione di A.

La questione della equivalenza tra irrefutabilità analitica e dimostrabilità analitica e l'equivalenza tra indimostrabilità analitica e refutabilità analitica è espressa dal seguente problema.

Problema 6. *Vale che "per ogni proposizione A, $A \vdash_a$ o $\vdash_a A$"?*

Anche la risposta a questo problema è negativa, ed essa costituisce una formulazione equivalente del teorema di incompletezza analitica della logica (Teorema 4).

Teorema 8 (Formulazione equivalente del teorema di incompletezza analitica della logica). *Esistono proposizioni logiche A tali che $A \nvdash_a$ e $\nvdash_a A$. Pertanto, l'irrefutabilità analitica non implica la dimostrabilità analitica e l'indimostrabilità analitica non implica la refutabilità analitica.*

Dimostrazione. La dimostrazione si ottiene in modo analogo a quella del Teorema 7. □

Dal Teorema 5 si ricava immediatamente che esempi di proposizioni logiche A tali che $A \nvdash_a$ e $\nvdash_a A$ esistono nella classe Σ^1.

Mostriamo ora che esistono proposizioni logiche A appartenenti alla classe Π^1 tali che $A \nvdash_a$ e $\nvdash_a A$. Sia A una proposizione logica appartenente alla classe Π^1 tale che per la sua negazione $\neg A$ (che appartiene necessariamente a Σ^1) valga $\vdash \neg A$ e $\nvdash_a \neg A$: tali proposizioni esistono, per il Teorema 5. Allora, per tale proposizione A si ha $A \vdash$ e $A \nvdash_a$, e vale anche $\nvdash_a A$ perché altrimenti ci sarebbe una dimostrazione (analitica) di A e una refutazione di A.

1.2.4 Dimostrazioni logiche analitiche e sintetiche, regole di trasformazione delle dimostrazioni

Abbiamo già introdotto la nozione di dimostrazione analitica e di dimostrazione sintetica, nonché la nozione di dimostrazione logica, e abbiamo già chiarito che:

- ogni dimostrazione analitica di una proposizione logica è ovviamente una dimostrazione logica (poiché ogni concetto presente nella proposizione logica è un concetto logico);
- ci possono essere, e ci sono, dimostrazioni logiche non analitiche – cioè sintetiche – di una proposizione logica.

È bene osservare, inoltre, due caratteristiche interessanti del modo con cui sono definite le nozioni di *dimostrazione analitica* e di *dimostrazione sintetica*:

- le due proprietà (*analitica, sintetica*) sono accertate facendo riferimento non solo alla dimostrazione stessa, ma anche (e essenzialmente) alla sua specifica, alla sua conclusione, e sono in sostanza proprietà che nascono dal confronto tra ciò che è nella specifica di una dimostrazione e ciò che è nella dimostrazione stessa;
- la definizione di *dimostrazione analitica* è *negativa* in quanto essa inizia con una quantificazione universale: si tratta della proposizione "ogni concetto presente nella dimostrazione compare anche nella conclusione della dimostrazione" che nella tradizione logica viene chiamata *proposizione categorica universale*;
- invece, la definizione di *dimostrazione sintetica* è *positiva* in quanto essa comincia con una quantificazione esistenziale: si tratta della proposizione "qualche concetto presente nella dimostrazione non compare nella conclusione della dimostrazione" che nella tradizione logica viene chiamata *proposizione categorica particolare*.

Le regole logiche di trasformazione delle dimostrazioni sono state scoperte per la prima volta da G. Gentzen nel 1934, e corrispondono a naturali procedure che sono largamente usate nella pratica delle dimostrazioni: le procedure che – quando si ha la comunicazione tra una dimostrazione di una proposizione A e una dimostrazione che parte dall'ipotesi A, ossia quando si è applicata la regola logica del *taglio* che ha un ruolo centrale nella logica, e della quale ci occuperemo nei Capitoli 2 e 3 di questo volume – trasformano la dimostrazione ottenuta mediante la regola del taglio permettendo di usare la dimostrazione di A nella dimostrazione che parte dall'ipotesi A.

Le regole logiche di trasformazione possono pertanto "ridurre" il grado di non-analiticità di una dimostrazione sintetica, e in taluni casi permettono di trasformare una dimostrazione logica sintetica in una dimostrazione logica analitica.

Consideriamo due proprietà sulle classi di proposizioni logiche:

- per una classe X di proposizioni logiche vale *l'eliminabilità delle dimostrazioni logiche sintetiche* quando si ha che che, per ogni proposizione A appartenente a X, se esiste una dimostrazione logica sintetica di A allora esiste una dimostrazione logica analitica di A;
- per una classe X di proposizioni logiche vale *l'eliminazione del sintetico dalle dimostrazioni logiche* quando c'è una procedura che permette in un numero finito di passi, data una qualunque dimostrazione logica sintetica di una qualunque di proposizione A appartenente a X, di trasformare quella dimostrazione in una dimostrazione analitica di A.

La prima proprietà concerne la possibilità di dimostrare analiticamente le proposizioni dimostrabili logicamente, mentre la seconda concerne la possibilità di trasformare dimostrazioni logiche sintetiche in dimostrazioni analitiche.

Ovviamente se per una classe X di proposizioni vale l'eliminazione del sintetico dalle dimostrazioni logiche, allora per essa vale anche l'eliminabilità delle dimostrazioni logiche sintetiche. Invece l'eliminabilità delle dimostrazioni logiche sintetiche per una classe di proposizioni logiche non comporta di per sé necessariamente l'eliminazione del sintetico dalle dimostrazioni logiche per quella stessa classe di proposizioni logiche.

Esaminiamo la prima proprietà, *l'eliminabilità delle dimostrazioni logiche sintetiche*. I problemi e i teoremi logici riguardanti questa proprietà sono stati già trattati.

- Per il teorema di Σ^1-incompletezza analitica (Teorema 4), sappiamo che per la classe di tutte le proposizioni logiche non vale l'eliminabilità delle dimostrazioni logiche sintetiche. Infatti, se valesse l'eliminabilità delle dimostrazioni logiche sintetiche, ogni proposizione logica dimostrabile sarebbe dimostrabile con una dimostrazione analitica, e in particolare lo sarebbero le proposizioni appartenenti alla classe Σ^1 (contrariamente a quanto stabilito dal Teorema 5).

- Il teorema di completezza analitica della logica del primo ordine (Teorema 6) stabilisce che le proposizioni logiche irrefutabili e appartenenti alla classe Π^1 sono anche dimostrabili analiticamente. Come conseguenza del Teorema 6, si ottiene che se esiste una dimostrazione logica sintetica di una proposizione logica appartenente alla classe Π^1 allora esiste anche una dimostrazione logica analitica di quella stessa proposizione: infatti tale proposizione è anche irrefutabile e dunque è dimostrabile analiticamente. Dunque, per la classe Π^1 (la classe delle proposizioni logiche che sono chiusura universale di formule del primo ordine) vale l'eliminabilità delle dimostrazioni logiche sintetiche.

Esaminiamo ora la seconda proprietà, *l'eliminazione del sintetico dalle dimostrazioni logiche*. E a questo proposito formuliamo il seguente problema.

Problema 7. *Per quali classi "interessanti" di proposizioni logiche vale l'eliminazione del sintetico dalle dimostrazioni logiche? Ossia, per quali classi "interessanti" di proposizioni logiche si può stabilire che esiste una trasformazione G che associa ad ogni dimostrazione logica π di una proposizione A di quella classe una dimostrazione analitica $G(\pi)$ di A?*

Una risposta positiva a questo problema è data dal seguente teorema:

Teorema 9 (Teorema di eliminazione dei tagli per la logica del primo ordine; Gentzen). *Ogni dimostrazione sintetica di una proposizione logica appartenente alla classe Π^1 (chiusura universale di formule logiche del primo ordine) può essere trasformata – in un numero finito di passi – in una dimostrazione logica analitica con la stessa conclusione. Ossia: esiste una trasformazione effettiva H che data una dimostrazione logica π di una proposizione logica appartenente a Π^1 produce in un numero finito di passi una dimostrazione analitica $H(\pi)$ con la stessa conclusione di π.*

Dimostrazione.   La dimostrazione sarà data nel Capitolo 4 di questo volume (Teorema 21).   □

Dunque, la stessa classe di proposizioni logiche (le chiusure universali delle formule del primo ordine) costituisce un esempio davvero interessante di una classe per la quale vale la completezza (ogni proposizione irrefutabile è dimostrabile logicamente), l'eliminabilità delle dimostrazioni logiche sintetiche (ogni proposizione logica dimostrabile è dimostrabile analiticamente) e l'eliminazione del sintetico dalle dimostrazioni logiche (ogni dimostrazione logica sintetica può essere trasformata effettivamente in una dimostrazione analitica della stessa proposizione).

Il teorema di eliminazione del taglio è alla base di una branca della logica denominata *teoria della dimostrazione* e ha permesso alla logica di offrire potenti prospettive all'informatica nello studio dei programmi e della loro esecuzione.

1.3 Problemi sulle formule logiche e sugli insiemi di formule logiche

I problemi sulle formule logiche e sugli insiemi di formule logiche verranno trattati solo in riferimento al caso del primo ordine, quello davvero considerato nella logica del secolo XX; dunque ci limiteremo alle formule logiche del primo ordine e agli insiemi di formule logiche del primo ordine. Osserviamo, comunque, che almeno alcuni di questi problemi potrebbero essere riformulati anche per formule logiche che non sono del primo ordine.

Abbiamo già spiegato che la soddisfacibilità, così come la falsificabilità, di una formula logica del primo ordine è una proposizione logica appartenente alla classe Σ^1, quella classe nella quale si trovano – per il Teorema 2 – proposizioni logiche che sono irrefutabili ma non sono dimostrabili logicamente. E viceversa, ogni proposizione appartenente alla classe Σ^1, essendo la chiusura esistenziale di una formula del primo ordine, sta asserendo la soddisfacibilità di quella formula e la falsificabilità della negazione di quella formula.

Il Teorema 2 può dunque essere riformulato dicendo che non sempre si può dimostrare logicamente la soddisfacibilità delle formule logiche del primo ordine, ossia dicendo che ci sono delle formule del primo ordine che sono soddisfacibili ma la cui soddisfacibilità non può essere dimostrata logicamente.

Sulle formule logiche del primo ordine e sugli insiemi di formule logiche del primo ordine, in riferimento a queste proprietà e alle loro negazioni, possono essere individuate alcune classi di problemi logici che saranno presentate nei paragrafi seguenti:

- i problemi relativi alla soddisfacibilità di formule logiche o di insiemi di formule logiche con modelli provenienti dal linguaggio in cui le formule sono scritte;
- i problemi relativi al quadrato aristotelico della soddisfacibilità e refutabilità di formule logiche;
- i problemi relativi al quadrato aristotelico della compatibilità e della separabilità di una formula logica rispetto a un insieme di formule logiche;
- i problemi relativi alla compattezza degli insiemi di formule logiche rispetto alla soddisfacibilità.

1.3.1 Soddisfacibilità e soddisfacibilità linguistica

Entro la classe delle formule logiche del primo ordine soddisfacibili, ed entro la classe degli insiemi soddisfacibili di formule logiche del primo ordine, possiamo considerare una classe di formule soddisfacibili e una classe di insiemi soddisfacibili di formule logiche limitandoci a considerare solo i modelli che che sono vicini alla logica poiché appartengono al linguaggio della logica in cui le formule logiche vengono scritte:

- una formula logica A è *linguisticamente soddisfacibile* se e soltanto se A ha un modello *linguistico*, ossia un modello costruito esclusivamente con il linguaggio della logica in cui la formula viene scritta;
- un insieme M di formule logiche è *linguisticamente soddisfacibile* se e soltanto se c'è un modello *linguistico* (ossia un modello costruito esclusivamente con il linguaggio della logica in cui le formule sono scritte) per tutte le formule di quell'insieme M.

Osserviamo che, quando una formula logica o un insieme di formule logiche è linguisticamente soddisfacibile, allora ha un modello la cui cardinalità non è superiore a quella del linguaggio, intendendo per cardinalità di un linguaggio quella dell'insieme dei simboli usati in quel linguaggio.

Pertanto, quando una formula logica o un insieme di formule logiche di un linguaggio numerabile è linguisticamente soddisfacibile, allora ha un *modello numerabile*.

È ovvio che ogni formula logica (ed ogni insieme di formule logiche), quando è linguisticamente soddisfacibile, è anche soddisfacibile. Vale l'inverso?

Per il teorema di incompletezza della logica, e più precisamente per il Teorema 2, sappiamo che la soddisfacibilità non sempre può essere dimostrata entro la logica. E ci possiamo domandare se la soddisfacibilità può essere stabilita entro il linguaggio in cui le formule logiche sono scritte. Si presenta allora naturale il seguente problema:

Problema 8. *Tutte le formule logiche del primo ordine che sono soddisfacibili sono anche linguisticamente soddisfacibili, e dunque hanno un modello pari alla cardinalità del loro linguaggio? Tutti gli insiemi di formule logiche del primo ordine che sono soddisfacibili sono anche linguisticamente soddisfacibili e dunque hanno un modello pari alla cardinalità del loro linguaggio?*

Tale problema ha una risposta affermativa, stabilita molto prima della dimostrazione del teorema di incompletezza della logica.

Teorema 10 (Teorema di Löwenheim-Skolem). *Ogni formula logica del primo ordine soddisfacibile è anche linguisticamente soddisfacibile, ossia ha un modello costruito nel suo linguaggio (e pertanto – quando il linguaggio è numerabile – ha un modello numerabile). E, in generale, ogni insieme di formule logiche del primo ordine, se è soddisfacibile, è anche linguisticamente soddisfacibile (e pertanto – quando il linguaggio è numerabile – ha un modello numerabile).*

Dimostrazione. La dimostrazione sarà data nel Capitolo 3 di questo volume. Si tratta della dimostrazione del Teorema 20.   □

Si osservi che questo importante teorema comporta che, se si considera una teoria assiomatica in cui si parla – entro un linguaggio numerabile – di un insieme che deve essere obbligatoriamente di cardinalità più che numerabile, gli assiomi di quella teoria non possono essere intesi come proposizioni del primo ordine: altrimenti, quegli stessi assiomi (espressi come formule logiche del primo ordine, mediante l'astrazione da ogni concetto extra-logico) avrebbero un modello costruito nel linguaggio, dunque un modello numerabile. Un esempio di una siffatta teoria è ovviamente la teoria dei numeri reali.

1.3.2 Quadrato aristotelico della soddisfacibilità e della falsificabilità

Per ciascuna formula logica A, si può costruire il quadrato aristotelico della soddisfacibilità e della falsificabilità di quella formula collocando ai quattro angoli del quadrato le asserzioni relative alla soddisfacibilità e falsificabilità di quella formula e le negazioni di tali asserzioni:

- in alto le due asserzioni positive (esistenziali), e precisamente in alto a sinistra la soddisfacibilità di A e in alto a destra la falsificabilità di A;
- in basso le due asserzioni negative (universali), e precisamente in basso a sinistra la infalsificabilità (ossia la verità logica di A) e in basso a destra la insoddisfacibilità di A (ossia la falsità logica di A).

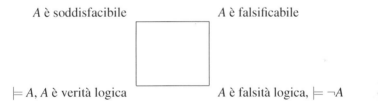

A è soddisfacibile A è falsificabile

$\models A$, A è verità logica A è falsità logica, $\models \neg A$

Così, nel quadrato aristotelico della soddisfacibilità e della falsificabilità di una formula A a sinistra compaiono l'asserzione di soddisfacibilità e quella di verità logica, a destra compaiono l'asserzione di falsificabilità e quella di falsità logica, e le diagonali uniscono ciascuna asserzione con la sua negazione.

Nel caso di una formula logica del primo ordine il quadrato può essere espresso come un quadrato nel quale le due asserzioni positive (quelle che stanno in alto) sono due proposizioni logiche appartenenti alla classe Σ^1 e le due asserzioni negative (quelle che stanno in basso) sono due proposizioni logiche appartenenti alla classe Π^1.

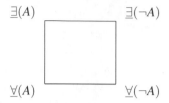

$$\exists(A) \qquad\qquad\qquad \exists(\neg A)$$

$$\underline{\forall}(A) \qquad\qquad\qquad \underline{\forall}(\neg A)$$

Infatti:

- la soddisfacibilità di una formula logica del primo ordine A equivale alla sua chiusura esistenziale $\exists(A)$;
- la falsificabilità di una formula logica del primo ordine A equivale alla chiusura esistenziale della sua negazione $\exists(\neg A)$;
- la verità logica di una formula logica del primo ordine A, essendo la negazione della sua falsificabilità, equivale alla proposizione logica $\underline{\forall}(A)$;
- la falsità logica di una formula logica del primo ordine A, essendo la negazione della sua soddisfacibilità, equivale alla proposizione logica $\underline{\forall}(\neg A)$.

Poiché, per ciascuna formula logica A del primo ordine, la soddisfacibilità di A e la falsificabilità di A, e dunque le loro negazioni, sono proposizioni logiche, possiamo considerare – relativamente a questo quadrato – il seguente problema. Si ricordi che una proposizione logica A equivale alla sua dimostrabilità logica quando vale che, se A è irrefutabile, allora A è dimostrabile logicamente. E analogamente una proposizione logica A equivale alla sua dimostrabilità analitica quando vale che, se A è irrefutabile, allora A è dimostrabile analiticamente.

Problema 9. *Data una formula logica del primo ordine, le quattro proposizioni logiche che compaiono nel quadrato aristotelico della soddisfacibilità e della falsificabilità di quella formula sono equivalenti alla loro dimostrabilità logica? E sono equivalenti alla loro dimostrabilità analitica?*

La risposta a questo problema è data dai teoremi di completezza e di completezza analitica della logica del primo ordine, (ossia dal Teorema 3 e dal Teorema 6) e dal teorema di incompletezza della logica (come specificato nel Teorema 2).

Teorema 11 (Dimostrabilità logica ed analitica, e quadrato della soddisfacibilità e falsificabilità). *Valgono le seguenti asserzioni:*

- *per ogni formula logica del primo ordine A, la proposizione logica $\underline{\forall}(A)$ (la verità logica di A) è equivalente alla sua dimostrabilità logica e alla sua dimostrabilità analitica, e la proposizione logica $\forall(\neg A)$ (la falsità logica di A) è equivalente alla sua dimostrabilità logica e alla sua dimostrabilità analitica;*
- *per qualche formula logica del primo ordine A, la proposizione logica $\exists(A)$ (la soddisfacibilità di A) non è equivalente alla sua dimostrabilità logica (e quindi nemmeno alla sua dimostrabilità analitica), e per qualche formula logica del primo ordine A la proposizione logica $\exists(\neg A)$ (la falsificabilità di A) non è equivalente alla sua dimostrabilità logica (e quindi nemmeno alla sua dimostrabilità analitica).*

Dimostrazione.   La prima parte dell'enunciato del teorema è il teorema di completezza e di completezza analitica della logica del primo ordine (Teorema 3 e Teorema 6). La seconda parte dell'enunciato del teorema è il teorema di incompletezza della logica (come specificato dal Teorema 2): le proposizioni logiche Σ^1 che sono dimostrabili ma non sono dimostrabili logicamente, non sono infatti equivalenti alla loro dimostrabilità logica.   □

Si osservi che:

- la prima parte dell'enunciato del Teorema 11 stabilisce una equivalenza tra un concetto positivo (la dimostrabilità logica o analitica di una proposizione) e un concetto negativo (la verità logica o la falsità logica di una formula logica del primo ordine), equivalenza che ha come parte non banale il passaggio dal negativo al positivo;
- la seconda parte dell'enunciato dello stesso teorema stabilisce la non equivalenza tra due proposizioni positive (e dunque anche tra le loro negazioni, ossia tra due proposizioni negative).

1.3.3 Quadrato aristotelico della compatibilità e della separabilità

Per ciascun insieme M di formule logiche e per ciascuna formula logica A, si può costruire il quadrato aristotelico della compatibilità e della separabilità riferite all'insieme M e alla formula A, collocando ai quattro angoli del quadrato le asserzioni relative alla soddisfacibilità e falsificabilità e le negazioni di tali asserzioni:

- in alto le due asserzioni positive, e precisamente in alto a sinistra la compatibilità di A con M e in alto a destra la separabilità di A da M;
- in basso le due asserzioni negative, e precisamente in basso a sinistra la inseparabilità di A da M (A è conseguenza logica di M) e in basso a destra la incompatibilità di A con M ($\neg A$ è conseguenza logica di M).

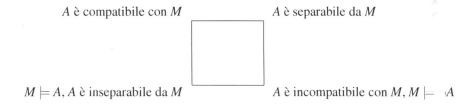

Così, nel quadrato aristotelico della compatibilità e della separabilità a sinistra compaiono l'asserzione di compatibilità e quella di inseparabilità logica, a destra compaiono l'asserzione di separabilità e quella di incompatibilità, e le diagonali uniscono ciascuna asserzione con la sua negazione.

Le asserzioni che compaiono nel quadrato aristotelico della compatibilità e della separabilità di un insieme di formule logiche e di una formula logica sono proposizioni logiche.

Nel quadrato aristotelico della compatibilità e della separabilità di un insieme finito di formule logiche del primo ordine e di una formula logica del primo ordine, le due asserzioni positive (quelle che stanno in alto) sono proposizioni logiche appartenenti a Σ^1 mentre le due asserzioni negative (quelle che stanno in basso) sono proposizioni logiche appartenenti a Π^1.

$$\exists(\bigwedge(M \cup \{A\})) \qquad\qquad \exists(\bigwedge(M \cup \{\neg A\}))$$

$$\underline{\forall}(\bigvee(\neg M \cup \{A\})) \qquad\qquad \underline{\forall}(\bigvee(\neg M \cup \{\neg A\}))$$

Infatti:

- la compatibilità di una formula logica A del primo ordine con un insieme M di formule logiche del primo ordine è espressa proprio dalla proposizione logica $\exists(\bigwedge(M \cup \{A\}))$ che è la chiusura esistenziale di una formula logica del primo ordine;
- la separabilità di una formula logica A del primo ordine da un insieme M finito di formule del primo ordine è espressa proprio dalla proposizione logica $\exists(\bigwedge(M \cup \{\neg A\}))$ che è la chiusura esistenziale di una formula logica del primo ordine;
- la proposizione logica $M \models A$ – ossia la proposizione "A è conseguenza logica di M" o "A è inseparabile da M" – equivale alla proposizione logica $\underline{\forall}(\bigvee(\neg M \cup \{A\})) = \underline{\forall}(\bigwedge M \to A)$, proposizione che è la chiusura universale di una formula logica del primo ordine;
- la proposizione logica $M \models \neg A$ – ossia la proposizione "A è incompatibile con M" – equivale alla proposizione logica $\underline{\forall}(\bigvee(\neg M \cup \{\neg A\})) = \underline{\forall}(\bigwedge M \to \neg A)$, proposizione che è la chiusura universale di una formula logica del primo ordine.

Pertanto, quando M è un insieme finito di formule del primo ordine e A è una formula del primo ordine, il quadrato aristotelico della compatibilità e della separabilità di A in riferimento a M è un quadrato costituito da proposizioni logiche appartenenti a Σ^1 e a Π^1.

Se M è un insieme finito di formule logiche del primo ordine, e A è una formula logica del primo ordine, possiamo allora applicare il Teorema 11 e concludere che nel quadrato aristotelico della compatibilità e della separabilità di A in riferimento a M:

- le proposizioni logiche negative sono equivalenti alla loro dimostrabilità logica, per il teorema di completezza della logica del primo ordine (Teorema 3), ossia:
  - la proposizione $M \models A$ equivale a $\underline{\forall}(\bigwedge M \to A)$ e dunque equivale all'esistenza di una dimostrazione logica di A da M;
  - la proposizione $M \models \neg A$ equivale a $\underline{\forall}(\bigwedge M \to \neg A)$ e dunque equivale all'esistenza di una dimostrazione logica di $\neg A$ da M;

- non sempre le proposizioni logiche positive sono equivalenti alla loro dimostrabilità logica, per il teorema di incompletezza della logica come specificato dal Teorema 2.

È naturale domandarci se relazioni che valgono per insiemi finiti di formule del primo ordine continuano a valere anche per il caso di insiemi infiniti di formule del primo ordine, e in particolare possiamo domandarci se l'equivalenza tra $M \models A$ e la dimostrabilità logica di A da M vale anche quando M è un insieme infinito di formule logiche del primo ordine. E pertanto possiamo porre il seguente problema.

Problema 10. *Quando una formula A del primo ordine è conseguenza logica di un insieme (anche infinito) M di formule del primo ordine, è anche dimostrabile logicamente da quell'insieme di formule?*

La risposta positiva a questo problema è data dal seguente teorema.

Teorema 12 (Teorema di completezza forte della logica del primo ordine; Gödel). *Per ogni insieme (anche infinito) M di formule del primo ordine, e per ogni formula A del primo ordine, se $M \models A$ allora esiste una dimostrazione logica (ma non sempre analitica) di A da M.*

Dimostrazione.   La dimostrazione sarà fornita nel Capitolo 3 di questo volume. Si tratta della dimostrazione del Teorema 18.   □

Pertanto, anche nel caso di un insieme infinito M di formule logiche del primo ordine, per la proposizione logica "A è conseguenza logica di M" vale che, se essa è irrefutabile, allora essa è dimostrabile logicamente. Infatti, se tale proposizione logica è irrefutabile, non si potrà dare un modello di M che sia anche un contromodello di A (perché si avrebbe allora una refutazione di quella proposizione logica), e dunque per il Teorema 12 esiste una dimostrazione logica di A da M, e questa dimostrazione logica fornisce anche (per il Teorema 14 di correttezza del Capitolo 3) una dimostrazione della proposizione logica "A è conseguenza logica di M".

Possiamo dire dunque che le proposizioni che esprimono che una formula logica del primo ordine è conseguenza logica di un insieme di formule del primo ordine e le proposizioni che esprimono che una formula logica del primo ordine è incompatibile con un insieme di formule del primo ordine sono sempre equivalenti alla loro dimostrabilità logica anche nel caso di insiemi infiniti di formule logiche del primo ordine.

1.3.4 Compattezza

Abbiamo notato come, quando M è un insieme finito di formule logiche del primo ordine ed A è una formula logica del primo ordine:

- $\bigwedge(M)$ è una formula logica del primo ordine e $\exists(\bigwedge(M))$ esprime la proposizione logica "M è soddisfacibile" ossia "esiste una struttura (una attribuzione di valori alle variabili libere) che rende vere tutte le formule di M";

- $\bigvee(\neg M)$ è una formula logica del primo ordine e $\underline{\forall}(\bigvee(\neg M))$ esprime la proposizione logica "M non è soddisfacibile" ossia "ogni struttura (ogni attribuzione di valori alle variabili libere) rende falsa qualche formula di M";
- $\bigwedge(M \cup \{A\})$ è una formula logica del primo ordine e $\underline{\exists}(\bigwedge(M \cup \{A\}))$ esprime la proposizione logica "A è compatibile con M" ossia "esiste una struttura (una attribuzione di valori alle variabili libere) che rende vera sia la formula A che tutte le formule di M";
- $\bigwedge(M \cup \{\neg A\})$ è una formula logica del primo ordine e $\underline{\exists}(\bigwedge(M \cup \{\neg A\}))$ esprime la proposizione logica "A è separabile da M" ossia "esiste una struttura (una attribuzione di valori alle variabili libere) che rende vere tutte le formule di M e rende falsa la formula A";
- $\bigvee(\neg M \cup \{A\})$ è una formula logica del primo ordine e $\underline{\forall}(\bigvee(\neg M \cup \{A\}))$ esprime la proposizione logica "A è conseguenza logica di M" ossia "A è inseparabile da M" ossia "ogni struttura (ogni attribuzione di valori alle variabili libere) che rende vere tutte le formule di M rende vera anche la formula A";
- $\bigvee(\neg M \cup \{\neg A\})$ è una formula logica del primo ordine e $\underline{\forall}(\bigvee(\neg M \cup \{\neg A\}))$ esprime la proposizione logica "$\neg A$ è conseguenza logica di M" ossia "A è incompatibile con M" ossia "ogni struttura (ogni attribuzione di valori alle variabili libere) che rende vere tutte le formule di M rende falsa la formula A".

Adottiamo, per semplicità e per uniformità, le seguenti convenzioni anche per insiemi infiniti M di formule logiche del primo ordine, avvertendo che nel caso di insiemi infiniti di formule le notazioni non sono la chiusura universale o esistenziale di formule del primo ordine:

- $\underline{\exists}(\bigwedge(M))$ è una convenzione per rappresentare la proposizione logica "M è soddisfacibile" ossia "esiste una struttura (una attribuzione di valori alle variabili libere) che rende vere tutte le formule di M";
- $\underline{\forall}(\bigvee(\neg M))$ è una convenzione per rappresentare la proposizione logica "M non è soddisfacibile" ossia "ogni struttura (ogni attribuzione di valori alle variabili libere) rende falsa qualche formula di M".

Ne discende che:

- $\underline{\exists}(\bigwedge(M \cup \{A\}))$ è una convenzione per rappresentare la proposizione logica "A è compatibile con M" ossia "esiste una struttura (una attribuzione di valori alle variabili libere) che rende vera sia la formula A che tutte le formule di M";
- $\underline{\exists}(\bigwedge(M \cup \{\neg A\}))$ è una convenzione per rappresentare la proposizione logica "A è separabile da M" ossia "esiste una struttura (una attribuzione di valori alle variabili libere) che rende vere tutte le formule di M e rende falsa la formula A";
- $\underline{\forall}(\bigvee(\neg M \cup \{A\}))$ è una convenzione per rappresentare la proposizione logica "A è conseguenza logica di M" ossia "A è inseparabile da M" ossia "ogni struttura (ogni attribuzione di valori alle variabili libere) che rende vere tutte le formule di M rende vera anche la formula A";
- $\underline{\forall}(\bigvee(\neg M \cup \{\neg A\}))$ è una convenzione per rappresentare la proposizione logica "$\neg A$ è conseguenza logica di M" ossia "A è incompatibile con M" ossia "ogni

struttura (ogni attribuzione di valori alle variabili libere) che rende vere tutte le formule di M rende falsa la formula A".

Ciascuna delle proposizioni logiche positive (esistenziali) sopra considerate implica abbastanza facilmente una proposizione negativa (universale) nella quale si fa riferimento a congiunzioni, disgiunzioni e implicazioni di un numero finito di formule logiche.

La proposizione positiva (esistenziale) $\exists(\bigwedge(M))$ (che esprime la soddisfacibilità di M, ossia "qualche attribuzione di valori per le variabili libere di M trasforma ogni formula di M in una proposizione vera") implica la seguente proposizione negativa (poiché comincia con un quantificatore universale) $\forall M' \subseteq_{fin} M \exists(\bigwedge(M'))$ (che asserisce che ogni sottoinsieme finito di M è soddisfacibile, ossia per ogni sottoinsieme finito M' di M, qualche attribuzione di valori per le variabili libere di M' trasforma ogni proposizione di M' in una proposizione vera): infatti, ogni attribuzione di valori per le variabili libere di M è una attribuzione di valori per le variabili libere delle formule presenti in ciascun sottoinsieme finito di M e quindi – se trasforma tutte le formule di M in proposizioni vere – trasforma ogni formula di un qualunque sottoinsieme finito di M in una proposizione vera.

Analogamente, la proposizione negativa (universale) $\underline{\forall}(\bigvee(\neg M))$ (che esprime la insoddisfacibilità di M, ossia "ogni attribuzione di valori per le variabili libere di M trasforma qualche formula di M in una proposizione falsa") è implicata dalla seguente proposizione positiva (poiché comincia con un quantificatore esistenziale) $\exists M' \subseteq_{fin} M \underline{\forall}(\bigvee(\neg M'))$ (che asserisce che esiste un sottoinsieme finito di M insoddisfacibile, ossia asserisce che per qualche sottoinsieme finito M' di M ogni attribuzione di valori per le variabili libere di M' trasforma qualche proposizione di M' in una proposizione falsa): infatti, ogni attribuzione di valori per le variabili libere di M è una estensione di un'attribuzione di valori per le variabili libere delle formule presenti in un sottoinsieme finito di M e quindi, se per una attribuzione di valori per le variabili libere di un sottoinsieme finito M' di M qualche proposizione è falsa, si può estendere tale attribuzione ad un'attribuzione di valori a tutte le variabili libere di M e ottenere ancora che almeno una proposizione di M è trasformata in una proposizione falsa.

Dunque, sono vere le seguenti proposizioni:

1. $\exists(\bigwedge(M)) \to \forall M' \subseteq_{fin} M \exists(\bigwedge(M'))$.
2. $\exists M' \subseteq_{fin} M \underline{\forall}(\bigvee(\neg M')) \to \underline{\forall}(\bigvee(\neg M))$.
3. $\exists(\bigwedge(M \cup \{A\})) \to \forall M' \subseteq_{fin} M \exists(\bigwedge(M' \cup \{A\}))$.
4. $\exists(\bigwedge(M \cup \{\neg A\})) \to \forall M' \subseteq_{fin} M \exists(\bigwedge(M' \cup \{\neg A\}))$.
5. $\exists M' \subseteq_{fin} M \underline{\forall}(\bigvee(\neg M' \cup \{A\})) \to \underline{\forall}(\bigvee(\neg M \cup \{A\}))$.
6. $\exists M' \subseteq_{fin} M \underline{\forall}(\bigvee(\neg M' \cup \{\neg A\})) \to \underline{\forall}(\bigvee(\neg M \cup \{\neg A\}))$.

Le prime due proposizioni sono quelle sopra mostrate e ciascuna si ottiene facilmente dall'altra (semplicemente passando dalla falsità della conclusione alla falsità dell'ipotesi di quella proposizione), la terza proposizione e la quarta proposizione si ottengono facilmente dalla prima, e la quinta e sesta proposizione si ottengono facilmente dalla seconda proposizione.

Queste proposizioni asseriscono:

1. Se un insieme M di formule logiche del primo ordine è soddisfacibile, allora anche ogni sottoinsieme finito di M è soddisfacibile.
2. Se un insieme M di formule logiche del primo ordine contiene un sottoinsieme finito insoddisfacibile, allora anche M è insoddisfacibile.
3. Se una formula logica A del primo ordine è compatibile con un insieme M di formule del primo ordine, allora A è compatibile anche con ogni sottoinsieme finito di M.
4. Se una formula logica A del primo ordine è separabile da un insieme M di formule del primo ordine, allora A è separabile anche da ogni sottoinsieme finito di M.
5. Se una formula logica A del primo ordine è conseguenza logica di un sottoinsieme finito di un insieme M di formule del primo ordine, allora A è anche conseguenza logica dell'insieme M.
6. Se una formula logica A del primo ordine è incompatibile con un sottoinsieme finito di un insieme M di formule del primo ordine, allora A è anche incompatibile con l'insieme M.

Se di queste sei proposizioni, che sono implicazioni, valesse anche il loro inverso, ossia se valesse che il conseguente implica l'antecedente, si otterrebbe la possibilità di esprimere la proposizione logica $\exists(\bigwedge(M))$ e la proposizione logica $\forall(\bigvee(M))$ – anche nel caso di M infinito – mediante una proposizione logica equivalente in cui si fa ricorso soltanto a congiunzioni finite di formule di M e a disgiunzioni finite di formule di M e si quantifica sui soli sottoinsiemi finiti di M. Si può vedere in tale possibilità quella di esprimere in qualche modo l'infinito mediante il finito, o quella di controllare il comportamento di un insieme infinito mediante ciò che avviene nei suoi sottoinsiemi finiti. In matematica, quando il comportamento di qualcosa di infinito è determinato dal suo comportamento nel finito si usa parlare di *compattezza*.
Pertanto è naturale porre il seguente problema.

Problema 11. *Valgono gli inversi delle proposizioni sopra elencate? Ovvero sono* compatti *i concetti di soddisfacibilità, di insoddisfacibilità di insiemi di formule logiche del primo ordine, e sono* compatte *le relazioni di compatibilità, separabilità, conseguenza logica (inseparabilità) e incompatibilità tra formule logiche del primo ordine e insiemi di formule logiche del primo ordine?*

La risposta positiva è data dal seguente teorema.

Teorema 13 (Teorema di compattezza della logica del primo ordine). *Per ogni insieme M di formule logiche del primo ordine, valgono le seguenti proposizioni tra loro equivalenti:*

- $\exists(\bigwedge(M)) \leftrightarrow \forall M' \subseteq_{fin} M \exists(\bigwedge(M'))$;
- $\forall(\bigvee(\neg M)) \leftrightarrow \exists M' \subseteq_{fin} M \forall(\bigvee(\neg M'))$;
- $\exists(\bigwedge(M \cup \{A\})) \leftrightarrow \forall M' \subseteq_{fin} M \exists(\bigwedge(M' \cup \{A\}))$;
- $\exists(\bigwedge(M \cup \{\neg A\})) \leftrightarrow \forall M' \subseteq_{fin} M \exists(\bigwedge(M' \cup \{\neg A\}))$;

- $\underline{\forall}(\bigvee(\neg M \cup \{A\})) \leftrightarrow \exists M' \subseteq_{fin} M \underline{\forall}(\bigvee(\neg M' \cup \{A\}));$
- $\underline{\forall}(\bigvee(\neg M \cup \{\neg A\})) \leftrightarrow \exists M' \subseteq_{fin} M \underline{\forall}(\bigvee(\neg M' \cup \{\neg A\})).$

Dimostrazione. L'equivalenza tra queste proposizioni è immediata. E in ciascuna proposizione è stata già dimostrata sopra (facilmente) l'implicazione dell'asserzione universale (negativa) da quella esistenziale (positiva).

Dunque la dimostrazione del teorema consiste nello stabilire in una di quelle proposizioni l'implicazione dell'asserzione positiva da quella negativa.

La dimostrazione verrà data nel Capitolo 3 di questo volume (Teorema 19) come conseguenza di un teorema generale riguardante la soddisfacibilità e la dimostrabilità nella logica del primo ordine, e nel Capitolo 5 di questo volume in modo autonomo.   □

Pertanto, in forza del teorema di compattezza, si ha nella logica del primo ordine:

1. Un insieme M di formule logiche del primo ordine è soddisfacibile se e soltanto se ogni suo sottoinsieme finito è soddisfacibile.
2. Un insieme M di formule logiche del primo ordine è insoddisfacibile se e soltanto se contiene un sottoinsieme finito insoddisfacibile.
3. Una formula logica A del primo ordine è compatibile con un insieme M di formule del primo ordine se e soltanto se A è compatibile con ogni sottoinsieme finito di M.
4. Una formula logica A del primo ordine è separabile da un insieme M di formule del primo ordine se e soltanto se A è separabile da ogni sottoinsieme finito di M.
5. Una formula logica A del primo ordine è conseguenza logica di un insieme M di formule del primo ordine se e soltanto se A è anche conseguenza logica di qualche sottoinsieme finito di M.
6. Una formula logica A del primo ordine è incompatibile con un insieme M di formule del primo ordine se e soltanto se A è incompatibile con qualche sottoinsieme finito di M.

Il teorema di compattezza è alla base di una branca della logica matematica, denominata *teoria dei modelli*, con notevoli applicazioni nell'algebra.

2

Alcune nozioni preliminari

In questo capitolo introduciamo alcune nozioni specifiche (alberi, induzione lessico-grafica,...) di cui faremo ampio uso nel seguito e che non sempre fanno parte del bagaglio matematico di una formazione di base, richiamiamo la struttura generale delle definizioni e delle dimostrazioni per induzione, ed accenniamo ad un importante lemma sugli alberi (il lemma di König) ed alle sue relazioni con l'assioma di scelta.

Nel Paragrafo 2.1, richiamiamo alcune definizioni basilari sulle relazioni di ordine cd introduciamo la nozione di albero ed alcune sue proprietà: in particolare presentiamo una costruzione sugli alberi finiti di cui faremo uso nel Capitolo 3.

Nel Paragrafo 2.2, ci occupiamo della struttura generale di una definizione induttiva finitaria di un insieme: si tratta di un caso particolare di definizione per induzione che useremo spessissimo nel volume, ed abbiamo pertanto ritenuto di soffermarci su alcune delle sue caratteristiche salienti.

Nel Paragrafo 2.3, presentiamo la forma generale delle strategie che useremo per dimostrare una determinata proprietà degli elementi di un insieme definito per induzione, richiamiamo la forma generale delle dimostrazioni per induzione sugli interi, e la estendiamo alle coppie ordinate di interi (munite di un'opportuna relazione d'ordine).

Il Paragrafo 2.4 ha uno statuto un pò diverso dai precedenti: il lettore potrebbe anche in un primo tempo saltare questo paragrafo senza che questo nuoccia ad una ragionevole comprensione dei risultati esposti. Non si tratta in questo caso di richiamare o introdurre nozioni essenziali nel seguito della trattazione ma piuttosto di avviare la discussione su di una questione metodologica: l'uso dell'assioma di scelta in logica ed in matematica. Avendo deciso di non nascondere le questioni metodologicamente delicate, abbiamo ritenuto di mettere chiaramente in evidenza le relazioni tra i risultati di base sulla logica del primo ordine (tutti contenuti nel Paragrafo 3.5 del Capitolo 3) e l'assioma di scelta, cosa non molto diffusa nei manuali di logica. Per fare questo, presentiamo alcune versioni dell'assioma di scelta che useremo nel seguito del testo, mostrando in particolare come il lemma di König discenda dall'as-

V.M. Abrusci, L. Tortora de Falco: *Logica. Volume 1 – Dimostrazioni e modelli al primo ordine*, UNITEXT – La Matematica per il 3+2 80, DOI 10.1007/978-88-470-5538-4_2,
© Springer-Verlag Italia 2014

sioma di scelta[1]. Diciamo subito che mostreremo nel Capitolo 3 come fintanto che ci si restringe al caso dei linguaggi numerabili, i risultati basilari sulla logica del primo ordine possono essere stabiliti senza far uso dell'assioma di scelta.

2.1 Relazioni d'ordine, alberi

Prima di definire la nozione di albero, che verrà spesso utilizzata nel seguito, facciamo qualche richiamo sulle relazioni di ordine.

Definizione 1 (Relazioni d'ordine). *Una relazione d'ordine (parziale) su di un insieme X è un sottoinsieme $\leqslant$ del prodotto cartesiano $X \times X$ (diremo anche che $(X, \leqslant)$ è un insieme ordinato) tale che:*

- *per ogni $a \in X$, $a \leqslant a$*   *(riflessività);*
- *per ogni $a,b \in X$, se $a \leqslant b$ e $b \leqslant a$ allora $a = b$*   *(antisimmetria);*
- *per ogni $a,b,c \in X$, se $a \leqslant b$ e $b \leqslant c$ allora $a \leqslant c$*   *(transitività).*

La relazione $\leqslant$ induce una relazione di ordine stretto su X: $x < y$ sse $x \leqslant y$ e $x \neq y$. Sia $(X, \leqslant)$ un insieme ordinato. Se $Y \subseteq X$, $x \in X$ è un maggiorante *(risp.* maggiorante stretto*) di Y se per ogni $y \in Y$, vale $y \leqslant x$ (risp. $y < x$). Se $Y \subseteq X$, $x \in X$ è un* minorante *(risp.* minorante stretto*) di Y se per ogni $y \in Y$, vale $y \geqslant x$ (risp. $y > x$).*

Se $Y \subseteq X$, l'elemento $y_0 \in Y$ è il minimo *(risp. il* massimo*) di Y se per ogni $y \in Y$ vale $y_0 \leqslant y$ (risp. $y_0 \geqslant y$). Un elemento $x \in X$ è* massimale*, se $\{x\}$ non ammette alcun maggiorante stretto. Un elemento $x \in X$ è* minimale*, se $\{x\}$ non ammette alcun minorante stretto.*

Un elemento $x \in X$ è estremo superiore *(risp.* estremo inferiore*) di $Y \subseteq X$ quando x è il minimo (risp. il massimo) dell'insieme dei maggioranti (risp. minoranti) di Y.*

Una relazione d'ordine $\leqslant$ su di un insieme X è ben fondata *quando non esiste alcuna catena discendente infinita di elementi di X: non esiste cioè alcun sottoinsieme $\{x_i : i \in \mathbb{N}\}$ di X tale che per ogni $i \in \mathbb{N}$ vale $x_i > x_{i+1}$.*

Un insieme ordinato $(X, \leqslant)$ è bene ordinato *quando ogni sottoinsieme non vuoto di X ha un minimo.*

Osservazione 1. (i) *Se $(X, \leqslant)$ è bene ordinato, allora la relazione $\leqslant$ è ben fondata su X: un insieme $\{x_i : i \in \mathbb{N}\}$ di X tale che per ogni $i \in \mathbb{N}$ vale $x_i > x_{i+1}$ non ha un minimo.*

(ii) *Se $(X, \leqslant)$ è bene ordinato, allora $(X, \leqslant)$ è anche* totalmente ordinato *(a volte si dice* linearmente ordinato*): per ogni $x,y \in X$ vale $x \leqslant y$ oppure $y \leqslant x$.*

(iii) *L'insieme $\mathbb{N}$ degli interi naturali, munito della consueta relazione d'ordine, è bene ordinato; in particolare non esiste alcuna catena discendente infinita di interi naturali.*

Osservazione 2. *Non bisogna confondere la buona fondatezza di una relazione d'ordine con la seguente proprietà dell'ordine sugli interi naturali: per ogni intero*

---

[1] Per dimostrare il lemma di König è sufficiente la versione debole dell'assioma di scelta nota come "assioma della scelta dipendente", ma non ci sembra questo il luogo per distinzioni tanto sottili: ci basta istigare la curiosità del lettore sul ruolo dell'assioma di scelta.

naturale x, esiste solo un numero finito di interi naturali y tali che $y < x$. Esistono infatti relazioni che sono ben fondate, per le quali non vale la proprietà appena menzionata dei numeri interi: si veda l'Osservazione 8.

In termini di teoria dei grafi, un albero si può definire come un grafo aciclico e connesso: se di questo grafo scegliamo un nodo e lo "tiriamo verso l'alto", otteniamo un albero "radicato", cioè un grafo aciclico e connesso in cui uno dei nodi ha uno statuto particolare e viene chiamato radice. Questa struttura si può allora naturalmente presentare come un particolare insieme ordinato, di cui la radice è il massimo:

Definizione 2 (Albero). *Un albero $\mathscr{A}$ è una coppia $(A, \leqslant)$ tale che:*

(A1) A è un insieme non vuoto e $\leqslant$ è una relazione di ordine su A;
(A2) per ogni $x, y \in A$ esiste l'estremo superiore dell'insieme $\{x, y\}$;
(A3) per ogni $x \in A$, l'insieme $\{y \in A : y \geqslant x\}$ è finito;
(A4) per ogni $x \in A$, l'insieme $\{y \in A : y \geqslant x\}$ è totalmente ordinato.

Osservazione 3. (i) *Ogni albero ammette un massimo, chiamato* radice *dell'albero. Infatti, fissiamo un elemento $x_0 \in A$, e consideriamo l'insieme $\{y \in A : y \geqslant x_0\}$. Per (A3) tale insieme è finito e per (A4) è totalmente ordinato: possiamo dunque prendere il suo massimo, che chiamiamo m. Tale elemento m è il massimo di A: fissiamo un elemento qualsiasi $z \in A$, e consideriamo l'estremo superiore s dell'insieme $\{z, m\}$ (che esiste per (A2)). Certamente $s \geqslant m \geqslant x_0$, e dunque (per definizione di m) $s = m$, da cui segue che $m \geqslant z$.*

(ii) *Se due elementi x ed y di un albero non sono paragonabili (cioè non vale né $x \leqslant y$ né $y \leqslant x$), allora non esiste alcun elemento $z \in A$ tale che $z \leqslant x$ e $z \leqslant y$ (conseguenza immediata di (A4)). Intuitivamente, questo corrisponde al fatto che non ci sono "cicli" in un albero.*

Definizione 3 (Cammini, rami, alberi ben fondati, alberi a ramificazione finita). *Sia $\mathscr{A} = (A, \leqslant)$ un albero.*

$\mathscr{A}$ si dice ben fondato *quando la relazione d'ordine $\leqslant$ è ben fondata su A.*

Dato $x \in A$, si dice che $y \in A$ è un figlio *di x e che x è il* padre[2] *di y quando $x > y$ e per ogni $z \in A$, se $x \geqslant z \geqslant y$ allora $x = z$ oppure $z = y$.*

$\mathscr{A}$ si dice a ramificazione finita *quando ogni elemento di A ha un numero finito di figli.*

Un cammino *su $\mathscr{A}$ è un sottoinsieme totalmente ordinato Φ di A tale che per ogni $x, y \in \Phi$ e per ogni $z \in A$ se $x \leqslant z \leqslant y$ allora $z \in \Phi$. Un* ramo *di $\mathscr{A}$ è un cammino massimale, cioè un cammino che non è contenuto strettamente in alcun altro cammino.*

Un elemento di A senza figli[3] si chiama foglia *di $\mathscr{A}$.*

Osservazione 4. (i) *Se a è una foglia dell'albero $\mathscr{A} = (A, \leqslant)$, allora $\{y \in A : y \geqslant a\}$ è un ramo di $\mathscr{A}$ (finito per (A3)). Viceversa, se R è un ramo finito di $\mathscr{A}$, allora R ha un minimo che è anche una foglia di $\mathscr{A}$.*

---

[2] Si noti che ogni nodo diverso dalla radice ha uno ed un solo padre per (A3) ed (A4).

[3] Cioè un elemento di A minimale rispetto all'ordine.

(ii) *Dato un ramo R dell'albero $\mathscr{A} = (A, \leqslant)$, se esiste una foglia a di $\mathscr{A}$ tale che $a \in R$, allora a è il minimo di R ed R è finito: infatti $R = \{y \in A : y \geqslant a\}$ e per $(\Lambda 3)$ tale insieme è finito.*

(iii) *Ogni ramo di un albero è al più numerabile[4]: è una conseguenza di (A3). La definizione non dice nulla invece sulla cardinalità delle ramificazioni dell'albero (cioè sulla cardinalità dell'insieme dei figli degli elementi dell'albero): in presenza dell'assioma di scelta[5], perché un albero sia più che numerabile è dunque necessario (e ovviamente sufficiente) che almeno una delle sue ramificazioni sia infinita e più che numerabile.*

Osservazione 5. *Un cammino infinito Φ di un albero $\mathscr{A}$ che contenga la radice di $\mathscr{A}$ è un ramo di $\mathscr{A}$. Se infatti Φ non è massimale, allora esiste un cammino Φ' contenente strettamente Φ: sia dunque $a \in \Phi' \backslash \Phi$. Poiché Φ è un cammino e la radice r di $\mathscr{A}$ è elemento di Φ, non esiste alcun $x \in \Phi$ tale che $x \leqslant a$ (altrimenti $x \leqslant a \leqslant r$ e dunque $a \in \Phi$). Ne consegue, essendo Φ' totalmente ordinato, che per ogni $x \in \Phi$ vale $a < x$, ma allora per (A3) Φ è finito.*

Osservazione 6. *Un albero $\mathscr{A} = (A, \leqslant)$ che contiene un ramo infinito non è ben fondato: qualunque cammino infinito di $\mathscr{A}$ è una catena discendente infinita.*

Viceversa, un albero $\mathscr{A} = (A, \leqslant)$ che non è ben fondato ha un ramo infinito. Sia infatti $\{a_i : i \in \mathbb{N}\}$ un sottoinsieme di A tale che per ogni $i \in \mathbb{N}$ vale $a_i > a_{i+1}$, e consideriamo l'insieme $\Phi = \{x \in A : x \geqslant a_i$ per qualche $i \in \mathbb{N}\}$. Si può verificare facilmente che Φ è un cammino che contiene la radice di $\mathscr{A}$, ed è ovviamente infinito, pertanto per l'Osservazione 5 il cammino Φ è un ramo infinito.

Concludiamo il paragrafo presentando una semplice costruzione sugli alberi finiti[6] che ci sarà utile nel Paragrafo 3.4 per definire l'analisi canonica. Intuitivamente, $\mathscr{A} \sqsubset_1 \mathscr{B}$ quando l'albero $\mathscr{B}$ è ottenuto dall'albero $\mathscr{A}$ allungando di esattamente un nodo uno dei rami di $\mathscr{A}$, mentre $\mathscr{A} \sqsubseteq \mathscr{B}$ quando l'albero $\mathscr{B}$ è ottenuto prolungando (in modo finito) l'albero $\mathscr{A}$. Data una "catena non decrescente" di alberi finiti, se ne può facilmente definire l'"estremo superiore", che è anch'esso un albero (questa volta potenzialmente infinito).

---

[4] Un insieme è numerabile quando si può mettere in corrispondenza biunivoca con l'insieme $\mathbb{N}$ dei numeri interi, ed è più che numerabile quando è infinito e non esiste tra di esso ed $\mathbb{N}$ alcuna corrispondenza biunivoca.

[5] Si veda il Paragrafo 2.4 ed il Volume 2 per maggiori dettagli. Se le diramazioni dell'albero sono tutte finite o numerabili, allora sarà finito o numerabile anche l'albero perché l'unione numerabile di insiemi numerabili è ancora numerabile, fatto che stabiliremo nel Volume 2 usando l'assioma di scelta (basterebbe la versione "numerabile" dell'assioma di scelta).

[6] Un albero $\mathscr{A} = (A, \leqslant_A)$ è finito quando l'insieme A è finito.

Definizione 4. *Siano $\mathscr{A} = (A, \leqslant_A)$ e $\mathscr{B} = (B, \leqslant_B)$ due alberi finiti. Scriveremo $\mathscr{A} \sqsubset_1$ $\mathscr{B}$ quando:*

- *esiste $x \in B$ tale che $x \notin A$ e $B = A \cup \{x\}$;*
- *per ogni $a \in A$ e per ogni $a' \in A$, vale l'equivalenza $a \leqslant_A a' \iff a \leqslant_B a'$;*
- *esiste una foglia a_0 di $\mathscr{A}$ tale che $x <_B a_0$.*

Scriveremo $\mathscr{A} \sqsubseteq \mathscr{B}$ quando esiste $n \in \mathbb{N}$, $n \geqslant 1$, ed un insieme $\{\mathscr{A}_i : i \in \{1,\ldots,n\}\}$ di alberi finiti tali che $\mathscr{A} = \mathscr{A}_1$, $\mathscr{B} = \mathscr{A}_n$ e per ogni $i \in \{1,\ldots,n-1\}$ vale $\mathscr{A}_i \sqsubset_1 \mathscr{A}_{i+1}$[7].

Dato un insieme $\{\mathscr{A}_n : n \in \mathbb{N}\}$ di alberi finiti tali che per ogni $n \in \mathbb{N}$ valga $\mathscr{A}_n \sqsubseteq \mathscr{A}_{n+1}$, denotiamo $Sup\{\mathscr{A}_n : n \in \mathbb{N}\}$ l'albero $\mathscr{A} = (A, \leqslant)$ così definito:

- $A = \bigcup_{n \in \mathbb{N}} A_n$;
- *per ogni $x \in A$ e per ogni $y \in A$, vale l'equivalenza $x \leqslant y \iff \exists i \in \mathbb{N}(x \leqslant_{A_i} y)$[8].*

Osservazione 7. *Ad un albero finito $\mathscr{A}$ risulta naturalmente associato un intero chiamato* altezza *di $\mathscr{A}$: si tratta della lunghezza massima dei rami di $\mathscr{A}$, dove s'intende che la lunghezza di un ramo è pari al numero dei suoi nodi meno uno (in particolare un albero che sia ridotto alla sua sola radice ha altezza nulla).*

2.2 Definizioni induttive

La possibilità di definire un insieme per induzione verrà dimostrata, nell'ambito della teoria assiomatica degli insiemi, nel Volume 2 (si dimostrerà più generalmente la correttezza della definizione per induzione di una funzione su di un ordinale). Incontreremo però moltissimi esempi di definizioni per induzione anche in questo primo volume, e pertanto mostriamo qui di seguito la struttura generale delle *definizioni induttive finitarie* di un insieme **X**: si tratta di un caso di definizione per induzione di una funzione su $\mathbb{N}$ (che può essere visto come un caso particolare di ordinale, l'ordinale ω).

Una definizione induttiva finitaria di un insieme **X** consiste nel definire l'insieme **X** come l'insieme di tutti e soli quegli oggetti che o appartengono ad un certo insieme detto l'insieme degli atomi (base della definizione) o si ottengono dagli atomi mediante un numero finito di applicazioni di procedure generative finitarie[9] (passo induttivo della definizione), ossia di operazioni che permettono di ottenere un nuovo elemento di **X** a partire da un numero finito di elementi di **X**. Una definizione induttiva finitaria di un insieme **X** si presenta dunque in tre parti:

1. la base, nella quale viene detto quali sono gli *atomi* della definizione induttiva di **X**;

---

[7] Si noti che per $n = 1$ avremo $\mathscr{A} \sqsubseteq \mathscr{A}$, ed infatti la relazione $\sqsubseteq$ è ottenuta applicando alla relazione $\sqsubset_1$ un'operazione canonica e ben nota in letteratura: si dice che $\sqsubseteq$ è *la chiusura riflessiva e transitiva* della relazione $\sqsubset_1$.

[8] Per costruzione, dire che esiste $i \in \mathbb{N}$ tale che $x \leqslant_{A_i} y$ equivale a dire che per ogni $i \in \mathbb{N}$ per il quale $x, y \in A_i$ vale $x \leqslant_{A_i} y$.

[9] Queste procedure generative possono essere infinite, si veda in merito l'Osservazione 14.

2. il passo induttivo, dove vengono indicate quali sono le *procedure generative finitarie* della definizione induttiva di **X**;
3. la *clausola finale*, che afferma "nient'altro appartiene a **X**", ossia che **X** è costituito soltanto dagli atomi e da ciò che si ottiene dagli atomi mediante un numero finito di applicazioni delle procedure generative.

Si tratta effettivamente della definizione di una funzione su $\mathbb{N}$: all'intero 0 viene associato l'insieme $\mathbf{X}_0$ degli atomi, ed all'intero $i+1$ viene associato l'insieme degli elementi ottenuti applicando ad elementi di $\bigcup_{0 \leqslant j \leqslant i} \mathbf{X}_j$ una delle procedure generative. L'immagine della funzione così costruita è allora l'insieme di insiemi $\{\mathbf{X}_i : i \in \mathbb{N}\}$, e sarà per definizione $\mathbf{X} = \bigcup_{n \in \mathbb{N}} \mathbf{X}_n$. Questo permette di associare naturalmente un intero ad ogni elemento di **X**: l'*altezza* di $x \in \mathbf{X}$ è il più piccolo intero n tale che $x \in \mathbf{X}_n$.

Quando si ha una definizione induttiva finitaria di un insieme **X**, essa determina le nozioni di

- *successione generativa;*
- *albero generativo.*

Una *successione generativa* indotta dalla definizione induttiva di **X** è una successione finita tale che ogni elemento della successione:

- è un atomo della definizione induttiva;
- si può ottenere da un certo numero di elementi precedenti della successione mediante una delle procedure generative della definizione induttiva.

Un *albero generativo* indotto dalla definizione induttiva di **X** è un albero finito tale che:

- ogni foglia è un atomo della definizione induttiva;
- ogni nodo che non è foglia è ottenuto dall'insieme (necessariamente finito) dei suoi figli mediante l'applicazione di una delle procedure generative della definizione induttiva.

È immediato verificare che:

- tutti gli elementi di una successione generativa indotta dalla definizione induttiva di **X** sono elementi di **X**;
- tutti gli elementi di un albero generativo indotto dalla definizione induttiva di **X** sono elementi di **X**.

L'ultimo elemento della successione, in una successione generativa indotta dalla definizione induttiva di **X**, è chiamato *elemento generato dalla successione generativa*. La radice di un albero generativo indotto dalla definizione induttiva di **X** è detto *elemento generato dall'albero generativo*.

Si può dimostrare che ogni elemento di **X** o è un atomo o è ottenuto dagli atomi mediante un numero finito di applicazioni delle procedure generative. Da ciò segue che:

- per ogni elemento di **X**, esiste una successione generativa che è indotta dalla definizione induttiva di **X** e che termina con quell'elemento di **X**;
- per ogni elemento di **X**, esiste un albero generativo che è indotto dalla definizione induttiva di **X** e che ha come radice quell'elemento di **X**.

In talune definizioni induttive può verificarsi che per ogni elemento di **X** esista *una e una sola* successione generativa che è indotta dalla definizione induttiva di **X** e che termina con quell'elemento di **X**: in tal caso, l'unica successione generativa che termina con un dato elemento di **X** verrà chiamata *la successione generativa di quell'elemento, indotta dalla definizione induttiva di* **X**.

In talune definizioni induttive può verificarsi che per ogni elemento di **X** esista *uno e un solo* albero generativo che è indotto dalla definizione induttiva di **X** e che ha come radice quell'elemento di **X**: in tal caso, l'unico albero generativo che ha come radice un dato elemento di **X** verrà chiamato *l'albero generativo di quell'elemento, indotto dalla definizione induttiva di* **X**.

Quando l'insieme **X** è definito induttivamente, l'altezza di $x \in$ **X** coincide con l'altezza minima degli alberi generativi di x (Osservazione 7).

Esempio: gli interi naturali

Gli oggetti di base del linguaggio logico (termini e formule) sono definiti mediante definizioni induttive finitarie, come vedremo nel Capitolo 3. Ma anche l'insieme (intuitivo) dei numeri naturali si può definire mediante una definizione induttiva finitaria. Siamo abituati a pensare l'insieme dei numeri naturali come l'insieme contenente come elementi $0, 1, 2, \ldots$, cioè

$$\mathbb{N} = \{0, 1, 2, \ldots\}.$$

Ogni elemento di $\mathbb{N}$ (cioè ogni numero intero) può essere anche pensato come un insieme, come segue:

$$0 = \emptyset$$
$$1 = 0 \cup \{0\} = \emptyset \cup \{\emptyset\} = \{\emptyset\}$$
$$2 = 1 \cup \{1\} = \{\emptyset\} \cup \{\{\emptyset\}\} = \{\emptyset, \{\emptyset\}\}$$
$$3 = 2 \cup \{2\} = \{\emptyset, \{\emptyset\}\} \cup \{\{\emptyset, \{\emptyset\}\}\} = \{\emptyset, \{\emptyset\}, \{\emptyset, \{\emptyset\}\}\}$$

$$\vdots$$

In questa maniera, ogni numero intero (naturale) n è concepito come un insieme di n elementi, e precisamente come l'insieme i cui elementi sono tutti e soli i numeri minori di esso. Ad esempio, $1 = \{0\}$, $2 = \{0, 1\}$, $3 = \{0, 1, 2\}$; in generale l'insieme $x \cup \{x\}$ rappresenta dunque $x + 1$ e viene spesso chiamato il successore di x. La definizione induttiva finitaria di **X** = $\mathbb{N}$ procede allora come segue[10]:

---

[10] Vedremo nel Volume 2 che, nell'ambito della teoria assiomatica degli insiemi di Zermelo-

base: l'unico atomo di IN è ∅;
passo: l'unica procedura generativa finitaria è quella che permette di passare da x a $x \cup \{x\}$: se $x \in$ IN, allora $x \cup \{x\}$ appartiene ad IN;
clausola finale: nient'altro appartiene ad IN.

Una successione generativa indotta dalla definizione induttiva di IN è ad esempio $0,1,1,0,0,0,2,1,1,2,3,2,3,4$. La successione $1,2,3,4$ invece non è una successione generativa indotta dalla definizione induttiva di IN.

Nel caso della definizione induttiva data di IN, per ogni elemento di IN esistono più successioni generative aventi tale elemento come ultimo elemento: ad esempio per l'intero 3 abbiamo $0,1,2,3$, ma anche $0,1,0,0,2,1,3$, ecc...

Un albero generativo indotto dalla definizione induttiva di IN è ad esempio $0,1,2,3,4$, dove 4 è la radice dell'albero e 0 è l'unica foglia: siamo in presenza di un ordine totale che è un caso molto particolare di albero.

Nel caso della definizione induttiva data di IN, per ogni elemento n di IN esiste un'unico albero generativo avente n come radice (cioè un unico albero che genera n): è l'ordine totale avente come massimo l'intero n.

Esempi di definizioni induttive di insiemi che producono oggetti generati da diversi alberi generativi sono la definizione dell'insieme dei sequenti derivabili logicamente (vedi Paragrafo 3.3.2.1) e la definizione dell'insieme delle funzioni ricorsive primitive (che incontreremo nel Volume 2).

2.3 Dimostrazioni per induzione

Nel Paragrafo 2.3.1, presentiamo la forma generale delle strategie che useremo nel seguito per dimostrare che ogni elemento di un insieme **X** definito induttivamente gode di una certa proprietà. Nel Paragrafo 2.3.2 introduciamo una generalizzazione del principio di induzione, nota come "induzione lessicografica", che verrà usata nel Capitolo 4.

2.3.1 Dimostrazione per induzione e definizioni induttive

In presenza di una definizione induttiva finitaria di **X**, per dimostrare che "tutti gli elementi di **X** hanno la proprietà P", si può procedere per induzione sull'altezza di $x \in$ **X**. Più precisamente, si potrà dimostrare:

1. che tutti gli atomi di **X** (cioè gli elementi di altezza nulla) hanno la proprietà P (*base della dimostrazione per induzione*);
2. che, per ciascuna procedura generativa, quando questa viene applicata ad elementi di **X** che godono della proprietà P, anche l'elemento ottenuto gode della proprietà P (*passo della dimostrazione per induzione*).

Fraenkel, questa definizione di IN è problematica: l'insieme corrispondente ad IN nella teoria assiomatica può contenere anche elementi che *non sono* interi "in senso intuitivo".

Esiste una piccola variante della strategia appena descritta. Basterà dimostrare, per qualche insieme[11] A_P i cui elementi soddisfano tutti la proprietà P, che:

1. l'insieme degli atomi di $\mathbf{X}$ è contenuto in A_P;
2. A_P è chiuso rispetto alle procedure generative di $\mathbf{X}$: per ciascuna procedura generativa, quando questa viene applicata ad elementi di A_P anche l'elemento ottenuto applicando la procedura è un elemento di A_P.

Ne seguirà infatti (per induzione su n) che per ogni $n \in \mathbb{N}$ vale $\mathbf{X}_n \subseteq A_P$, quindi che $\mathbf{X} \subseteq A_P$, e dunque che ogni elemento di $\mathbf{X}$ soddisfa la proprietà P.

2.3.2 Dimostrazione per induzione ed ordine lessicografico

Informalmente, se indichiamo con $P(x)$ il fatto che x soddisfi una certa proprietà P (dove x sta per un generico numero intero), siamo abituati a formulare il principio di induzione sugli interi come segue:

$$(P(0) \wedge \forall z(P(z) \to P(z+1))) \to \forall x P(x).$$

È ben noto che una versione alternativa ed equivalente è la seguente:

$$(\forall y(\forall z(z < y \to P(z)) \to P(y))) \to \forall x P(x).$$

Vedremo nel Volume 2 come questa seconda formulazione possa essere generalizzata a qualunque ordinale. Limitiamoci per ora ad osservare che essa mette maggiormente in evidenza lo stretto legame tra il principio di induzione e la buona fondatezza della relazione di ordine "$<$" sugli interi naturali (non esiste alcuna catena discendente infinita di numeri interi). Proprio questa caratteristica permette una prima generalizzazione del principio di induzione, che viene comunemente chiamata *induzione lessicografica*, e che useremo nel Capitolo 4 (per l'esattezza nella dimostrazione delle Proposizioni 9 e 10).

Definizione 5. *Definiamo sull'insieme* $\mathbb{N} \times \mathbb{N}$ *la relazione* $<_{lex}$, *ponendo per ogni* $a, b, a', b' \in \mathbb{N}$
$(a,b) <_{lex} (a',b')$ *sse vale una (ed una sola) delle due seguenti proprietà:*

- $a < a'$;
- $a = a'$ e $b < b'$.

Scriveremo $(a,b) \leqslant_{lex} (a',b')$ *quando* $(a,b) <_{lex} (a',b')$ *oppure* $(a,b) = (a',b')$.

Osservazione 8. *Si dimostra facilmente che la relazione* $\leqslant_{lex}$ *è una relazione di buon ordine sull'insieme* $\mathbb{N} \times \mathbb{N}$, *e quindi in particolare che è ben fondata (Osservazione 1): non esiste alcuna catena discendente infinita di coppie di interi naturali. Si noti però che il numero di coppie strettamente minori della coppia* $(k+1, n)$ *(cioè*

---

[11] Il candidato naturale per fare le veci dell'insieme A_P è l'aggregato di oggetti costituito da tutti e soli quegli oggetti che soddisfano la proprietà P, ma si noti che -almeno nella teoria assiomatica degli insiemi- tale aggregato non corrisponde necessariamente ad un insieme!

una coppia qualunque la cui prima componente non sia nulla) è infinito: infatti per qualunque coppia (k, i) *per* $i \in \mathbb{N}$ *vale* $(k, i) <_{lex} (k+1, n)$. *Questa differenza con il caso dell'ordine* $\leqslant$ *su* $\mathbb{N}$ *("sotto" un intero naturale c'è sempre un numero finito di interi) non impedisce alla relazione* $\leqslant_{lex}$ *di essere ben fondata.*

Il fatto che $\leqslant_{lex}$ *sia una relazione di buon ordine su* $\mathbb{N} \times \mathbb{N}$ *(e più precisamente la buona fondatezza di* $\leqslant_{lex}$*) permette di applicare il principio di induzione: se dal fatto che vale P su tutte le coppie strettamente minori (lessicograficamente) di una data coppia* (a, b) *segue che vale P anche su* (a, b)*, allora P vale su tutte le coppie ordinate di interi. Dimostreremo nel Volume 2 la validità del principio di induzione su qualunque ordinale, come conseguenza del fatto che ogni ordinale è ben ordinato (in particolare ben fondato).*

2.4 Assioma di scelta e lemma di König

L'assioma di scelta (AS) è spesso usato in matematica, ed è un esempio di assioma "non costruttivo": afferma l'esistenza di un ente senza mostrare come sia possibile costruirlo. Non pensiamo che questo sia un aspetto "positivo" o "negativo" di AS e delle dimostrazioni che usano AS, ma ci pare che sia senz'altro un aspetto rilevante. Tanto più che una delle questioni importanti della teoria degli insiemi era quella di determinare la relazione tra gli assiomi della teoria assiomatica degli insiemi di Zermelo-Fraenkel (ZF) e l'assioma di scelta. Fu dimostrato che AS è *indipendente* da ZF: da ZF non si può dimostrare AS e neanche dimostrare la sua negazione. Nel seguito cercheremo dunque di prestare attenzione all'uso che faremo di quest'assioma.

Vogliamo dare tre formulazioni famose dell'assioma di scelta[12], una delle quali sarà usata nella dimostrazione del Teorema 19 di compattezza per i linguaggi più che numerabili (si veda in merito il Paragrafo 5.1): il lemma di Zorn, il teorema del buon ordinamento, e l'esistenza di una funzione di scelta. Daremo anche una formulazione più debole di AS, che porta il nome di lemma di König. La versione numerabile del lemma di König è invece dimostrabile senza far uso dell'assioma di scelta: la useremo per dimostrare il teorema principale del Capitolo 3 (Teorema 15), dal quale discenderanno tutti i risultati principali sulla logica del primo ordine (si veda il Paragrafo 3.5).

Formulazione 1 (Assioma di scelta-buon ordinamento). *Ogni insieme può essere bene ordinato.*

Formulazione 2 (Assioma di scelta-Lemma di Zorn). *Sia* $(X, \leqslant)$ *un insieme ordinato tale che ogni sottoinsieme bene ordinato di X ammetta un maggiorante[13]. Allora esiste in X un elemento massimale.*

Formulazione 3 (Assioma di scelta-funzione di scelta). *Il prodotto di una famiglia di insiemi non vuoti è non vuoto.*

---

[12] Per l'equivalenza delle tre formulazioni all'interno della teoria assiomatica di Zermelo-Fraenkel, si rimanda al Volume 2.

[13] Si noti che questo implica che $X \neq \emptyset$, visto che $\emptyset \subseteq X$ è bene ordinato.

In altri termini, se I è un insieme e per ogni i ∈ I, l'insieme A_i è non vuoto, allora esiste una funzione f di dominio I e codominio $\bigcup_{i \in I} A_i$ che ad ogni i ∈ I associa un elemento $f(i)$ di A_i.

Osservazione 9. *Si noti che se possiamo affermare (senza usare l'assioma di scelta!) che X è un insieme numerabile, allora non c'è bisogno dell'assioma di scelta per bene ordinare X: ogni corrispondenza biunivoca f di X in* ℕ *induce un buon ordine su X. Basta definire la relazione ⩽ su X come segue: per ogni x,y ∈ X, poniamo $x \leqslant y \iff f(x) \leqslant f(y)$.*

Questo non è vero per gli insiemi più che numerabili: non c'è modo, ad esempio, di bene ordinare l'insieme dei numeri reali senza far uso dell'assioma di scelta.

È questa possibilità di bene ordinare un insieme numerabile che permetterà di dimostrare il teorema fondamentale dell'analisi canonica (Teorema 15) e le sue conseguenze senza usare l'assioma di scelta. Nel caso dei linguaggi più che numerabili, invece, non essendo possibile in generale bene ordinare un insieme più che numerabile senza far uso dell'assioma di scelta, quest'ultimo sarà necessario per dimostrare (ad esempio) il teorema di compattezza nel caso generale (si veda in merito il Paragrafo 5.1).

Passiamo ora al lemma di König. La versione generale del lemma di König è la seguente:

Proposizione 1 (Lemma di König, con *AS*). *Se $\mathscr{A} = (A, \leqslant)$ è un albero ben fondato e a ramificazione finita, allora A è un insieme finito.*

O, equivalentemente:

Se $\mathscr{A} = (A, \leqslant)$ è un albero a ramificazione finita, e se A è un insieme infinito, allora $\mathscr{A}$ non è ben fondato (cioè esiste un ramo infinito in $\mathscr{A}$)[14].

Come vedremo, nel caso numerabile il lemma di König si può dimostrare senza far uso dell'assioma di scelta. La dimostrazione che segue dimostra entrambi gli enunciati (Proposizioni 1 e 2), in quanto usa l'assioma di scelta (nella formulazione di Zermelo) solo nel caso in cui l'albero $\mathscr{A}$ è più che numerabile.

Proposizione 2 (Lemma di König numerabile, senza *AS*). *Se $\mathscr{A} = (A, \leqslant)$ è un albero* al più numerabile *ben fondato e a ramificazione finita, allora A è un insieme finito.*

O, equivalentemente:

Se $\mathscr{A} = (A, \leqslant)$ è un albero al più numerabile *a ramificazione finita, e se A è un insieme infinito, allora $\mathscr{A}$ non è ben fondato (cioè esiste un ramo infinito in $\mathscr{A}$)*[15].

---

[14] Stiamo sfruttando l'Osservazione 6.

[15] Vedi Nota 14.

Dimostrazione.   Sia $h : A \to card(A)$ una corrispondenza biunivoca tra A ed il suo cardinale[16]. Questo è l'unico punto in cui usiamo l'assioma di scelta, e solo nel caso in cui è A più che numerabile: pertanto questa dimostrazione permetterà di affermare che nel caso numerabile il lemma di König è dimostrabile senza bisogno di usare l'assioma di scelta.

Supponiamo che sia A un insieme infinito, e per ogni elemento $a \in A$ poniamo

$$X_a := \{b \in A : b \text{ è figlio di } a \text{ e } \{c \in A : c < b\} \text{ è infinito}\}.$$

L'insieme X_a è l'insieme dei figli di a che hanno infiniti "discendenti". Sia inoltre $F(A) := \{a \in A : \{c \in A : c < a\} \text{ è infinito}\}$: $F(A)$ è l'insieme degli elementi di A che hanno infiniti discendenti. Osserviamo che per ogni $a \in F(A)$, si ha che $X_a \subseteq F(A)$ (per definizione) e $X_a \neq \emptyset$ (perché $\mathscr{A}$ dirama finitamente, e quindi se a ha infiniti discendenti, avendo a solo un numero finito di figli, necessariamente uno almeno di essi deve avere infiniti discendenti).

Usando h possiamo definire una funzione "di scelta" sull'insieme $F(A)$: per ogni $a \in F(A)$ poniamo $f(a) = h^{-1}(min\{h(x) : x \in X_a\})$: $f(a)$ è l'immagine inversa (tramite h) del più piccolo elemento di $card(A)$ che è nell'immagine (tramite h) di X_a, elemento che esiste sempre perché $card(A)$ è bene ordinato[17] e per $a \in F(A)$ l'insieme $\{h(x) : x \in X_a\}$ è non vuoto (essendo $X_a \neq \emptyset$ e h biunivoca)[18]. Osserviamo che per ogni $a \in F(A)$ risulta $f(a) \in X_a$ (per definizione di f). Possiamo allora definire una successione (infinita) di elementi di A come segue: a_0 è la radice di $\mathscr{A}$ e $a_{i+1} = f(a_i)$: la definizione è corretta perché $a_0 \in F(A)$ (essendo A infinito), e se $a_i \in F(A)$ allora $X_{a_i} \neq \emptyset$ e $a_{i+1} = f(a_i) \in X_{a_i} \subseteq F(A)$. Per costruzione sarà $a_0 > \dots > a_n > \dots$, pertanto $\mathscr{A}$ non è ben fondato.   □

---

[16] Per la definizione di cardinale di un insieme (il più piccolo ordinale equipotente all'insieme) si rimanda al Volume 2. Nel caso A più che numerabile, il cardinale di A esiste per l'assioma di scelta nella versione di Zermelo: si può bene ordinare A. Nel caso in cui è A numerabile, si può prendere semplicemente $\mathbb{N}$ come $card(A)$, e l'ipotesi di numerabilità ci garantisce l'esistenza della corrispondenza biunivoca h.

[17] Si noti che stiamo semplicemente applicando quanto detto nell'Osservazione 9 per gli insiemi numerabili ad insiemi di cui conosciamo l'esistenza di una corrispondenza biunivoca con un insieme bene ordinato (il loro cardinale).

[18] Intuitivamente, f sta scegliendo uno dei figli di a che hanno infiniti discendenti: precisamente quello di "numero" più piccolo, il numero essendo stato attribuito ad ogni nodo di $\mathscr{A}$ una volta per tutte da h.

3

Dimostrabilità e soddisfacibilità

Questo capitolo è dedicato allo studio di due nozioni centrali del pensiero, e del pensiero matematico in particolare: la dimostrabilità e la soddisfacibilità. In matematica, si dimostrano i teoremi, e si soddisfano (ad esempio) le equazioni: l'esistenza di una soluzione di un'equazione può ben essere vista come un caso particolare di soddisfacibilità.

Il nostro approccio è quello caratteristico della logica, e ci interessiamo dunque del concetto generale di soddisfacibilità, del concetto generale di dimostrabilità, e delle relazioni tra di essi. Lo faremo nell'ambito della logica del primo ordine, per la quale tali nozioni sono ben codificate e le relazioni tra di esse ben stabilite.

La particolarità del nostro approccio a temi del tutto tradizionali risiede nel tentativo di mettere in evidenza quanto è comune alle due nozioni di struttura e di dimostrazione logica. Solitamente esse vengono presentate come appartenenti a due mondi totalmente separati: da un lato la "sintassi" (il linguaggio, le formule, le dimostrazioni, in definitiva tutto ciò che è finito) e dall'altro la "semantica" (le strutture per il linguaggio, d'abitudine infinite, che sono modelli o contromodelli delle formule). Introdurremo un oggetto logico (che chiameremo "analisi canonica"), che è esso stesso una dimostrazione logica oppure una struttura, a seconda dei casi. Ne viene fuori un punto di vista leggermente diverso: per farsi un'opinione su qualcosa (nella logica del primo ordine questo qualcosa sarà una formula chiusa), possiamo farne l'analisi canonica, e dalle proprietà della sua analisi canonica potremo poi trarne conclusioni quanto alla sua dimostrabilità logica oppure alla sua soddisfacibilità.

Nel Paragrafo 3.1, definiamo il linguaggio formale della logica del primo ordine, attraverso la definizione di alfabeto logico, e le parole logicamente corrette del linguaggio (termini e formule). La nozione di formula logica del primo ordine[1] riceve così una caratterizzazione precisa entro il linguaggio formale della logica del primo ordine.

Nel Paragrafo 3.2, definiamo il concetto generale di struttura per un linguaggio, che permette di dare una forma precisa alla nozione di sistema di valori che realizza

---

[1] Scriveremo spesso nel seguito "formula del primo ordine" (omettendo l'aggettivo "logica") o ancora più brevemente "formula".

V.M. Abrusci, L. Tortora de Falco: *Logica. Volume 1 – Dimostrazioni e modelli al primo ordine,* UNITEXT – La Matematica per il 3+2 80, DOI 10.1007/978-88-470-5538-4_3,
© Springer-Verlag Italia 2014

una formula del primo ordine, e quindi alla nozione di soddisfacibilità di una formula del primo ordine. Rinvieremo invece al Capitolo 5 i primi passi nello studio di tali strutture, oggetto della branca della logica che prende il nome di *teoria dei modelli*.

Nel Paragrafo 3.3, definiamo il concetto generale di derivazione logica, che permette di dare una forma precisa alla nozione di dimostrazione logica di una formula logica del primo ordine, e quindi alla nozione di dimostrabilità logica di una formula del primo ordine. Rinvieremo invece al Capitolo 4 i primi passi nello studio delle dimostrazioni logiche, oggetto della branca della logica che prende il nome di *teoria della dimostrazione*.

Nel Paragrafo 3.4 introduciamo l'analisi canonica (con e senza tagli): si tratta di uno strumento chiave, che permette di stabilire la relazione che intercorre tra le due nozioni di soddisfacibilità e dimostrabilità logica attraverso il teorema fondamentale dell'analisi canonica (Teorema 15), senz'altro il risultato principale del capitolo.

Nel Paragrafo 3.5, concludiamo il capitolo dimostrando tutti i risultati di base sulla logica del primo ordine come conseguenze immediate del teorema fondamentale dell'analisi canonica: teorema di completezza, teorema di eliminabilità del taglio, teorema di completezza forte, teorema di compattezza, teorema di Löwenheim-Skolem.

3.1 Linguaggio formale del primo ordine

Un linguaggio formale per la logica del primo ordine (o linguaggio formale del primo ordine) è interamente determinato da un alfabeto del primo ordine. Il motivo risiede nel fatto che, una volta specificato l'alfabeto di un linguaggio formale del primo ordine, sono univocamente determinati, mediante regole di formazione comuni a tutti i linguaggi, gli insiemi delle "parole" corrette di quel linguaggio: i termini (Paragrafo 3.1.2) e le formule (Paragrafo 3.1.3). Due linguaggi diversi differiscono dunque solo per il loro alfabeto, il che giustifica l'uso corrente (che seguiremo anche noi dopo la presentazione dell'alfabeto) di identificare ogni linguaggio formale del primo ordine con il suo alfabeto.

3.1.1 Alfabeto

L'alfabeto di un linguaggio formale del primo ordine può essere definito in modo tradizionale, mediante una definizione che si trova in buona parte dei libri di logica, ma si può anche cercare (come faremo qui) di mettere maggiormente in evidenza la natura di variabile o di costante degli oggetti considerati.

Definizione 6 (Alfabeto, prima versione). *Un* alfabeto del primo ordine $\mathscr{L}$ *è un insieme di simboli che è l'unione dei seguenti insiemi (tutti due a due disgiunti):*

- *l'insieme dei simboli logici, costituito dai connettivi logici ($\wedge$, $\vee$), dai quantificatori ($\forall$, $\exists$), dal vero e dal falso (**V** ed **F**);*
- *l'insieme dei simboli detti "ausiliari", costituito dalle parentesi (i due simboli "(" e ")");*

- *l'insieme numerabile e decidibile[2] $\mathcal{V} = \{v_0, v_1, \ldots\}$ i cui elementi vengono chiamati variabili individuali (o più semplicemente variabili);*
- *un insieme $\mathscr{C}$ di costanti individuali, un insieme $\mathscr{P}$ di costanti proposizionali, e per ogni intero $n \geqslant 1$ due insiemi $\mathscr{R}_n$ e $\mathscr{F}_n$, di costanti di predicato e di funzione di arietà n. Si chiede agli insiemi $\mathscr{P}$ ed $\mathscr{R}_n$ di soddisfare le seguenti condizioni:*
  - *esiste una relazione binaria simmetrica NOT sull'insieme delle costanti proposizionali $\mathscr{P}$ tale che $\mathscr{P}$ è l'unione disgiunta di $\mathscr{P}^1$ e $\mathscr{P}^2$ e per ogni $i \in \{1,2\}$, per ogni costante proposizionale P di $\mathscr{P}^i$, esiste un'unica costante proposizionale Q di $\mathscr{P}^j$ $(i \neq j)$ tale che $(P,Q) \in NOT$. Scriveremo $P = \neg Q$ e $Q = \neg P$;*
  - *per ogni intero $n \geqslant 1$ esiste una relazione binaria simmetrica NOT sull'insieme delle costanti di predicato n-arie $\mathscr{R}_n$ tale che $\mathscr{R}_n$ è l'unione disgiunta di $\mathscr{R}_n^1$ e $\mathscr{R}_n^2$ e per ogni $i \in \{1,2\}$, per ogni costante di predicato n-aria P di $\mathscr{R}_n^i$, esiste un'unica costante di predicato n-aria Q di $\mathscr{R}_n^j$ $(i \neq j)$ tale che $(P,Q) \in NOT$. Scriveremo $P = \neg Q$ e $Q = \neg P$.*

Mentre i primi tre insiemi sono comuni a qualsiasi alfabeto del primo ordine, l'insieme delle costanti individuali, quello delle costanti proposizionali, quello delle costanti di funzione, quello delle costanti di predicato sono caratteristici dell'alfabeto volta per volta considerato. Pertanto, un alfabeto del primo ordine è definito indicando soltanto le sue costanti individuali, proposizionali, di predicato e di funzione.

Nel seguito saranno di capitale importanza le formule *chiuse*: sono quelle tramite le quali si esprimono i teoremi di una qualsiasi branca della matematica. In logica pura, una formula è chiusa quando in essa *ogni* simbolo soggetto a quantificazione è effettivamente quantificato. Appare pertanto improprio chiamare "costanti" (predicative, funzionali) dei simboli che sono suscettibili di assumere valori diversi. Nella seconda definizione di alfabeto, parleremo dunque solo di variabili, distinguendo le variabili *speciali* (che pur potendo essere in linea di principio oggetto di quantificazione non lo sono per nostra scelta) dalle variabili *vincolabili* (che possono essere soggette a quantificazione). Nel seguito useremo senza remore anche la nomenclatura più correntemente diffusa della Definizione 6, consapevoli però di commettere (per comodità) un piccolo abuso.

Definizione 7 (Variabili speciali). *Sia V un insieme di variabili, tale che esiste in V una variabile per insiemi X e ogni altra variabile in V ha uno dei tipi[3] seguenti:*

- *il tipo X; in tal caso è detta* variabile speciale individuale di tipo X*;*
- *il tipo $X^{(X^n)}$, per un numero naturale $n \geqslant 1$; in tal caso è detta* variabile speciale per funzioni n-arie *su X;*

---

[2] La nozione matematica che corrisponde alla nozione intuitiva di insieme decidibile è quella di insieme ricorsivo, per la quale si rimanda al Volume 2. Intuitivamente, un insieme è decidibile quando esiste un procedimento che permette di stabilire in un numero finito di passi se un dato oggetto appartiene o meno all'insieme.

[3] Il "tipo" di una variabile va pensato come un'etichetta che permette di individuare i possibili valori della variabile.

- *il tipo 2; in tal caso è detta* variabile speciale proposizionale *o* lettera proposizionale;
- *il tipo* $2^{(X^n)}$, *per un numero naturale* $n \geqslant 1$; *in tal caso è detta* variabile speciale per predicati *n-ari* su X *(e* variabile speciale per proprietà su X *quando* $n = 1$, variabile speciale per relazioni *n-arie* su X *quando* $n > 1$*).*

Un insieme di variabili con queste proprietà è detto insieme di variabili speciali su X, *quando le variabili speciali proposizionali e le variabili speciali per predicati soddisfano le seguenti condizioni:*

- *esiste una relazione binaria simmetrica NOT sull'insieme delle variabili speciali proposizionali $\mathscr{P}$ tale che $\mathscr{P}$ è l'unione disgiunta di $\mathscr{P}^1$ e $\mathscr{P}^2$ e per ogni $i \in \{1,2\}$, per ogni variabile speciale proposizionale P di $\mathscr{P}^i$, esiste un'unica variabile speciale proposizionale Q di $\mathscr{P}^j$ $(i \neq j)$ tale che $(P,Q) \in NOT$. Scriveremo $P = \neg Q$ e $Q = \neg P$;*
- *per ogni intero $n \geqslant 1$ esiste una relazione binaria simmetrica NOT sull'insieme delle variabili speciali per predicati n-ari $\mathscr{R}_n$ tale che $\mathscr{R}_n$ è l'unione disgiunta di $\mathscr{R}_n^1$ e $\mathscr{R}_n^2$ e per ogni $i \in \{1,2\}$, per ogni variabile speciale per predicati n-ari P di $\mathscr{R}_n^i$, esiste un'unica variabile speciale per predicati n-ari Q di $\mathscr{R}_n^j$ $(i \neq j)$ tale che $(P,Q) \in NOT$. Scriveremo $P = \neg Q$ e $Q = \neg P$.*

Osservazione 10. (i) *Le variabili speciali individuali di tipo X corrispondono alle costanti individuali della Definizione 6, le variabili speciali per funzioni n-arie corrispondono alle costanti di funzione n-aria, le variabili speciali proposizionali corrispondono alle costanti proposizionali, le variabili speciali per predicati n-ari corrispondono alle costanti di predicato di arietà n.*

(ii) *Il "tipo" X è una variabile per insiemi: per ogni struttura per il linguaggio (vedi Definizione 19) il valore del tipo X sarà il supporto (l'insieme di base) della struttura considerata.*

Questo spiega anche il tipo delle variabili speciali per funzioni n-arie: queste saranno "interpretate" da funzioni aventi come dominio il prodotto cartesiano dell'intepretazione di X (chiamiamola D_X) per se stessa n volte e come codominio D_X. Analogamente, in una struttura per il linguaggio le variabili speciali per predicati di arietà n avranno, su ogni n-upla di elementi di D_X il valore 1 oppure 0 (saranno "vere" o "false" sulla n-upla di elementi di D_X considerata), il che spiega il tipo delle variabili speciali per predicati.

(iii) *Infine, osserviamo che avremmo potuto considerare predicati/variabili speciali per predicati n-ari e funzioni/variabili speciali per funzioni n-arie di arietà $n \geqslant 0$: avremmo così evitato di parlare di simboli di costanti individuali/variabili speciali individuali di tipo X (che avrebbero preso il nome di funzioni di arietà 0) e di costanti proposizionali/variabili speciali proposizionali (che avrebbero preso il nome di predicati di arietà 0). Abbiamo scelto di menzionarle esplicitamente per favorire l'intuizione.*

Definizione 8 (Alfabeto, seconda versione). *Sia V un insieme di variabili speciali su X. Un* alfabeto del primo ordine $\mathscr{L}_V$ *è un insieme di simboli che è l'unione dei seguenti insiemi (tutti due a due disgiunti):*

- *i simboli per le costanti logiche classiche:* **V**, **F**, $\wedge$, $\vee$, $\forall$, $\exists$;
- *l'insieme dei simboli ausiliari: le parentesi (e);*
- *l'insieme numerabile e decidibile[4] $\mathscr{V} = \{v_0, v_1, \ldots\}$ i cui elementi vengono chiamati variabili individuali vincolabili di tipo X (o più semplicemente variabili vincolabili, o ancora più semplicemente variabili);*
- *l'insieme V (senza il suo elemento X).*

Darsi un alfabeto del primo ordine significa dunque darsi un insieme di variabili speciali su X.

Osservazione 11. (i) *Come nel caso della Definizione 6, vediamo che caratteristico di uno specifico alfabeto è l'insieme di variabili speciali su X scelto, mentre l'insieme delle variabili vincolabili di tipo X (le variabili individuali della Definizione 6), le costanti logiche classiche ed i simboli ausiliari sono comuni a tutti gli alfabeti.*

(ii) *La Definizione 8 mette in luce le uniche "vere" costanti logiche, presenti in qualsiasi ambito che faccia uso della logica classica (e quindi presenti in tutte le discipline): i connettivi, i quantificatori, il vero ed il falso.*

(iii) *Useremo indifferentemente le due definizioni, spesso per praticità usando la terminologia della prima; coerentemente denoteremo spesso un alfabeto con $\mathscr{L}$ (e non con $\mathscr{L}_V$). È chiaro però che dal punto di vista concettuale, la Definizione 8 ci appare più soddisfacente della Definizione 6.*

(iv) *Quando V è un insieme costituito solo da variabili proposizionali, allora vengono automaticamente eliminati dall'alfabeto l'insieme $\mathscr{V}$ delle variabili vincolabili ed i quantificatori $\forall$ ed $\exists$: si parla in questo caso di* alfabeto proposizionale. *Esistono poi alfabeti in cui anche in presenza di variabili speciali per predicati, si sceglie di eliminare i quantificatori: si tratta degli* alfabeti elementari.

Osservazione 12. *Come appare chiaramente dalle Definizioni 6 e 8, la negazione non viene considerata un elemento dell'alfabeto logico, ma piuttosto una relazione tra simboli del linguaggio: verrà definita più precisamente nel seguito (Definizione 14) come una funzione involutiva sull'insieme delle formule del linguaggio.*

Convenzioni, notazioni

Le variabili speciali individuali saranno indicate da $a, b, c, \ldots$.
Le variabili speciali per funzioni saranno indicate da $f, g, h, \ldots$.
Le variabili speciali proposizionali o per predicati saranno indicate da $P, Q, R, \ldots$.
Le variabili individuali vincolabili saranno indicate da $x, y, z, \ldots$ o da $v_0, v_1, \ldots$ o ancora da $x_0, x_1, \ldots$ (privilegeremo le ultime notazioni quando ci farà comodo riferirci ad una enumerazione delle variabili individuali vincolabili).
Se $\diamond$ è un simbolo per costante logica, $\overline{\diamond}$ denota il duale di $\diamond$ così definito:

---

[4] Vedi Nota 2.

$\diamond$	$\bar{\diamond}$
V	**F**
F	**V**
$\wedge$	$\vee$
$\vee$	$\wedge$
$\forall$	$\exists$
$\exists$	$\forall$

Una *parola* su $\mathscr{L}_V$ è una successione finita di simboli di $\mathscr{L}_V$.

3.1.2 Termini

In questo paragrafo, fissiamo una volta per tutte un alfabeto del primo ordine $\mathscr{L}_V$. L'insieme dei termini $\mathscr{T}_V$ su $\mathscr{L}_V$[5] è definito mediante la seguente definizione induttiva finitaria (Paragrafo 2.2).

Definizione 9 (Termini). *L'insieme $\mathscr{T}_V$ dei termini su $\mathscr{L}_V$ è definito come segue.*

1. (Base della definizione) *Ogni variabile speciale individuale di V è un termine su $\mathscr{L}_V$, e ogni variabile individuale vincolabile di $\mathscr{L}_V$ è un termine su $\mathscr{L}_V$.*
2. (Passo della definizione) *Se $n > 0$ e f è una variabile speciale per funzione n-aria di V, e se $t_1, \ldots, t_n$ sono termini su $\mathscr{L}_V$, allora la parola su $\mathscr{L}_V$*

$$f(t_1, \ldots, t_n)$$

è un termine su $\mathscr{L}_V$.
3. (Clausola finale) *Nient'altro è un termine su $\mathscr{L}_V$.*

Un termine su $\mathscr{L}_V$ è atomico se è ottenuto applicando soltanto il Punto 1 della definizione di termine.

Un termine su $\mathscr{L}_V$ è chiuso se non occorrono in esso variabili individuali vincolabili. Un termine su $\mathscr{L}_V$ è aperto quando non è chiuso.

Osservazione 13. *Quando V è un insieme di variabili proposizionali, e dunque $\mathscr{L}_V$ è un alfabeto proposizionale (vedi Osservazione 11), l'insieme dei termini su $\mathscr{L}_V$ è vuoto.*

Abbiamo già osservato nel Paragrafo 2.2 come in ogni definizione induttiva finitaria si definisca una funzione su $\mathbb{N}$, che nel caso presente associa all'intero $n \in \mathbb{N}$ l'insieme $\mathscr{T}_n$, dove:

- $\mathscr{T}_0$ è l'insieme dei termini atomici;
- per $n \geqslant 0$, $\mathscr{T}_{n+1} = \{f(t_1, \ldots, t_k) : f$ è una variabile speciale per funzioni di arietà $k \geqslant 1$ e per ogni $i \in \{1, \ldots, k\}$ esiste $l \leqslant n$ tale che $t_i \in \mathscr{T}_l\}$.

---

[5] Dato $t \in \mathscr{T}_V$, scriveremo indifferentemente che t è un termine *su* $\mathscr{L}_V$ e che t è un termine *di* $\mathscr{L}_V$.

L'insieme $\mathcal{T}_V$ dei termini su $\mathcal{L}_V$ è per definizione l'unione delle immagini di tale funzione, cioè $\mathcal{T}_V = \bigcup_{n \in \mathbb{N}} \mathcal{T}_n$, e ad ogni termine t si può associare la sua *altezza*, pari al più piccolo intero n tale che $t \in \mathcal{T}_n$.

La dimostrazione della proposizione seguente viene lasciata al lettore:

Proposizione 3 (Lettura unica). *Per ogni termine t di $\mathcal{L}_V$, vale una ed una sola delle 3 affermazioni seguenti:*

1. *t è una variabile individuale vincolabile di $\mathcal{L}_V$;*
2. *t è una variabile speciale individuale di $\mathcal{L}_V$;*
3. *esiste un unico intero $k \geqslant 1$, un'unica variabile speciale per funzioni f di arietà k di $\mathcal{L}_V$ ed un'unica k-upla di termini $(u_1, \ldots, u_k)$ di $\mathcal{L}_V$ tali che $t = f(u_1, \ldots, u_k)$.*

Poiché la Definizione 9 è un caso particolare di definizione induttiva, l'insieme dei termini gode delle seguenti proprietà:

1. ogni termine su $\mathcal{L}_V$ è una parola su $\mathcal{L}_V$;
2. t è un termine su $\mathcal{L}_V$ *se e soltanto se* esiste una successione generativa di t indotta dalla definizione induttiva dell'insieme dei termini su $\mathcal{L}_V$ *se e soltanto se* esiste un albero generativo di t indotto dalla definizione induttiva dell'insieme dei termini su $\mathcal{L}_V$;
3. per ogni termine t esiste *uno e un solo albero generativo* di t indotto dalla definizione induttiva dell'insieme dei termini su $\mathcal{L}_V$;
4. se l'alfabeto è decidibile, allora l'insieme dei termini su $\mathcal{L}_V$ è un insieme decidibile, ossia esiste un procedimento che data una parola su $\mathcal{L}_V$ permette di stabilire in un numero finito di passi se essa è o no un termine su $\mathcal{L}_V$.

Dimostrazione.   1. Banale.
2. Segue da una proprietà generale delle definizioni induttive.
3. È un altro modo di esprimere il risultato di lettura unica di un termine (la Proposizione 3).
4. Il procedimento consiste, ad esempio, nel costruire un albero generativo della parola in base alla definizione induttiva dell'insieme dei termini; se tale costruzione ha successo, allora la parola è un termine; se non ha successo (ad esempio se c'è almeno una foglia che non è un termine atomico), allora la parola non è un termine. Per l'esattezza, nel caso in cui l'insieme dei simboli di funzione o/e di costanti sia infinito è necessario disporre di un procedimento che permetta di riconoscere se un simbolo è o meno un simbolo di funzione o/e di costante dell'alfabeto (che dovrà essere in particolare numerabile).   □

Osservazione 14. *Nel caso dei termini le procedure generative sono tante quante le variabili speciali per funzioni, e quindi in alcuni alfabeti sono infinite. Inoltre, si verifica facilmente che mentre l'albero generativo di un termine è unico, un termine può essere ultimo elemento di più successioni generative.*

Notazioni. Generici termini saranno indicati dalle lettere $s, t, \ldots$

Dato un termine t di $\mathscr{L}_V$, scriveremo $t(v_{i_1}, \ldots, v_{i_n})$ per indicare che le variabili vincolabili che occorrono in t sono tutte tra gli elementi dell'insieme $\{v_{i_1}, \ldots, v_{i_n}\}$. Si noti che sarebbe più corretto usare un'altra notazione (ad esempio $t\{v_{i_1}, \ldots, v_{i_n}\}$) poiché le parentesi tonde sono simboli del linguaggio, mentre le nuove parentesi esprimono una proprietà *sul* linguaggio: per non appesantire troppo le notazioni (e poiché non ci sembra che la cosa possa portare a confusione) commetteremo l'abuso di usare la stessa notazione.

Definizione 10 (Sostituzione). *Se t ed s sono due termini e x è una variabile individuale vincolabile, allora $t(s/x)$ denota la parola ottenuta da t rimpiazzando simultaneamente tutte le occorrenze di x con il termine s.*[6]

La dimostrazione della proposizione seguente è immediata e viene lasciata al lettore:

Proposizione 4. *Se t ed s sono due termini e x è una variabile individuale vincolabile, allora $t(s/x)$ è un termine.*

Concludiamo il paragrafo sui termini con la nozione di sottotermine, che non useremo spesso nel seguito ma che è del tutto naturale definire in presenza di una definizione induttiva:

Definizione 11 (Sottotermini). *L'insieme $sf(t)$ dei sottotermini del termine t di $\mathscr{L}_V$ si definisce per induzione sull'altezza di t:*

- *se t è atomico, $sf(t) = \{t\}$;*
- *se $t = f(u_1, \ldots, u_k)$, dove f è una variabile speciale per funzioni di arietà $k \geqslant 1$ di $\mathscr{L}_V$, allora $sf(t) = \bigcup_{i \in \{1, \ldots, k\}} sf(u_i) \cup \{t\}$.*

3.1.3 Formule

Anche in questo paragrafo, fissiamo un alfabeto del primo ordine $\mathscr{L}_V$. L'insieme delle formule $\mathscr{F}_V$ su $\mathscr{L}_V$[7] è definito mediante la seguente definizione induttiva finitaria (Paragrafo 2.2).

Definizione 12 (Formule). *L'insieme $\mathscr{F}_V$ delle formule su $\mathscr{L}_V$ è definito come segue.*

1. *(Base della definizione). Le unità logiche $\mathbf{V}$ e $\mathbf{F}$ sono formule su $\mathscr{L}_V$. Se P è una variabile speciale proposizionale di V, allora P è una formula su $\mathscr{L}_V$. Se $n > 0$ e P è una variabile speciale di V per predicati n-ari e $t_1, \ldots, t_n$ sono termini, allora $P(t_1, \ldots, t_n)$ è una formula su $\mathscr{L}_V$.*

---

[6] Bisogna sottolineare il fatto che le sostituzioni delle varie occorrenze di x in t con il termine s sono *simultanee* (effettuate tutte contemporaneamente); in caso contrario quando x occorre in t la Definizione 10 non è ben posta.

[7] Data $A \in \mathscr{F}_V$, scriveremo indifferentemente che A è una formula *su* $\mathscr{L}_V$ e che A è una formula *di* $\mathscr{L}_V$.

2. (Passo della definizione). *Se A e B sono formule su $\mathscr{L}_V$, allora $(A \wedge B)$ e $(A \vee B)$ sono formule su $\mathscr{L}_V$. Se A è una formula su $\mathscr{L}_V$ e x è una variabile individuale vincolabile, allora $\forall x A$ e $\exists x A$ sono formule su $\mathscr{L}_V$.*

3. (Clausola finale). *Nient'altro è una formula su $\mathscr{L}_V$.*

Una formula su $\mathscr{L}_V$ è atomica *quando è ottenuta applicando soltanto il Punto 1 della definizione di formula.*

Abbiamo già osservato nel Paragrafo 2.2 come in ogni definizione induttiva finitaria si definisca una funzione su $\mathbb{N}$, che nel caso presente associa all'intero $n \in \mathbb{N}$ l'insieme $\mathscr{F}_n$, dove:

- $\mathscr{F}_0$ è l'insieme delle formule atomiche su $\mathscr{L}_V$;
- per $n \geqslant 0$, $\mathscr{F}_{n+1} = \{(A \wedge B), (A \vee B), \forall x A, \exists x A :$ esiste $l \leqslant n$ tale che $A \in \mathscr{F}_l$ ed esiste $m \leqslant n$ tale che $B \in \mathscr{F}_m$, e x è una variabile vincolabile di $\mathscr{L}_V\}$.

L'insieme $\mathscr{F}_V$ delle formule su $\mathscr{L}_V$ è per definizione l'unione delle immagini di tale funzione, cioè $\mathscr{F}_V = \bigcup_{n \in \mathbb{N}} \mathscr{F}_n$, e ad ogni formula F si può associare la sua *altezza*, pari al più piccolo intero n tale che $F \in \mathscr{F}_n$.

In modo del tutto analogo a quanto detto per i termini vale la proprietà di lettura unica anche per le formule, la cui dimostrazione viene lasciata al lettore:

Proposizione 5 (Lettura unica). *Per ogni formula A di $\mathscr{L}_V$, vale una ed una sola delle 5 affermazioni seguenti:*

1. *A è una formula atomica di $\mathscr{L}_V$;*
2. *esiste un'unica coppia (B,C) di formule di $\mathscr{L}_V$ tali che $A = (B \wedge C)$ oppure $A = (B \vee C)$;*
3. *esiste un'unica variabile vincolabile x di $\mathscr{L}_V$, ed un'unica formula B di $\mathscr{L}_V$ tale che $A = \forall x B$;*
4. *esiste un'unica variabile vincolabile x di $\mathscr{L}_V$, ed un'unica formula B di $\mathscr{L}_V$ tale che $A = \exists x B$.*

Poiché la Definizione 12 è un caso particolare di definizione induttiva, l'insieme delle formule gode delle seguenti proprietà:

1. ogni formula su $\mathscr{L}_V$ è una parola su $\mathscr{L}_V$;
2. *A è una formula su $\mathscr{L}_V$ se e soltanto se* esiste una successione generativa di A indotta dalla definizione induttiva dell'insieme delle formule su $\mathscr{L}_V$ *se e soltanto se* esiste un albero generativo di A indotto dalla definizione induttiva dell'insieme delle formule su $\mathscr{L}_V$;
3. per ogni formula A su $\mathscr{L}_V$, esiste *uno e un solo albero generativo* di A indotto dalla definizione induttiva dell'insieme delle formule su $\mathscr{L}_V$;
4. se l'alfabeto è decidibile, allora l'insieme delle formule su $\mathscr{L}_V$ è un insieme decidibile, ossia esiste un procedimento che data una parola su $\mathscr{L}_V$ permette di stabilire in un numero finito di passi se essa è o no una formula su $\mathscr{L}_V$.

Dimostrazione.   1. Banale.

2. Segue da una proprietà generale delle definizioni induttive.

3. È un altro modo di esprimere il risultato di lettura unica di una formula (la Proposizione 5).
4. Il procedimento consiste, ad esempio, nel costruire un albero generativo della parola in base alla definizione induttiva dell'insieme delle formule; se tale costruzione ha successo, allora la parola è una formula; se non ha successo (ad esempio se c'è almeno una foglia che non è una formula atomica), allora la parola non è una formula: naturalmente per fare ciò sfruttiamo l'esistenza di un procedimento che permette di stabilire se una parola del linguaggio è o meno un termine. Inoltre, anche in questo caso (come nel caso dei termini), per poter riconoscere se una parola è o meno una formula atomica, stiamo supponendo di disporre di un procedimento che permetta di riconoscere le variabili speciali dell'alfabeto (che dovrà essere in particolare numerabile). □

Nel seguito ometteremo spesso le parentesi "evidentemente inutili", e scriveremo ad esempio $A \wedge B$ piuttosto che $(A \wedge B)$, come indicato invece nella Definizione 12.

La definizione seguente di occorrenza libera/vincolata di una variabile individuale vincolabile in una formula viene data per induzione sull'altezza della formula, e fa uso della proprietà di lettura unica:

Definizione 13 (Occorrenze libere, vincolate). *Un'occorrenza di variabile individuale vincolabile y in una formula A può essere* libera *o* vincolata *in base alla seguente definizione:*

1. *Se A è atomica[8], l'occorrenza di y in A è libera.*
2. *Se $A = B \wedge C$ oppure $A = B \vee C$, e l'occorrenza di y è in B, allora l'occorrenza di y è libera (risp. vincolata) in A se e soltanto se l'occorrenza di y in B è libera (risp. vincolata); se $A = B \wedge C$ oppure $A = B \vee C$, e l'occorrenza di y è invece in C, allora l'occorrenza di y è libera (risp. vincolata) in A se e soltanto se l'occorrenza di y in C è libera (risp. vincolata); se $A = \forall x C$ oppure $A = \exists x C$ e y è diversa da x, allora l'occorrenza di y in A è libera (risp. vincolata) se e soltanto se l'occorrenza di y in C è libera (risp. vincolata); se $A = \forall y C$ oppure $A = \exists y C$, allora l'occorrenza di y in A è vincolata.*

A è una formula chiusa *se e soltanto se A è una formula nella quale non c'è alcuna occorrenza* libera *di variabile individuale vincolabile.*

Osservazione 15. *Quando $\mathscr{L}_V$ è un linguaggio proposizionale l'insieme dei termini su $\mathscr{L}_V$ è vuoto (Osservazione 13). Pertanto le uniche formule atomiche sono le variabili speciali proposizionali e le costanti logiche $\mathbf{F}$ ed $\mathbf{V}$. In particolare, nelle formule di $\mathscr{L}_V$ non vi saranno mai occorrenze libere di variabili individuali vincolabili.*

Notazioni. Generiche formule saranno indicate dalle lettere $A, B, C, \dots$
Data una formula A di $\mathscr{L}_V$, scriveremo $A(v_{i_1}, \dots, v_{i_n})$ per indicare che le variabili che occorrono *libere* in A sono tutte tra gli elementi dell'insieme $\{v_{i_1}, \dots, v_{i_n}\}$. Si

---

[8] Si noti che il caso $A \in \{\mathbf{F}, \mathbf{V}\}$ non si presenta poiché nessuna variabile individuale vincolabile y occorre in una costante logica, mentre stiamo considerando una variabile y che occorre in A.

noti che anche in questo caso (come in quello dei termini) stiamo commettendo, per alleggerire le notazioni, un piccolo abuso, poiché le parentesi tonde sono simboli del linguaggio, mentre le nuove parentesi esprimono una proprietà *sul* linguaggio.

Come preannunciato, sulle formule di $\mathscr{L}_V$ definiamo una particolare funzione che chiamiamo *negazione* e che denotiamo $\neg : \mathscr{F}_V \to \mathscr{F}_V$. La negazione associa ad ogni formula A di $\mathscr{L}_V$ la formula $\neg(A)$ di $\mathscr{L}_V$, che denoteremo nel seguito semplicemente $\neg A$. La definizione è ancora per induzione sull'altezza della formula A:

Definizione 14 (Negazione).

1. *La negazione della formula* **V** *è* **F** *e la negazione della formula* **F** *è* **V**, *ossia*
$$\neg(\mathbf{V}) = \mathbf{F} \ e \ \neg(\mathbf{F}) = \mathbf{V}.$$
Se P è una variabile speciale proposizionale di V, la negazione della formula P è l'unica variabile speciale proposizionale Q di V tale che $(P,Q) \in NOT$ *(vedi Definizione 7):* $\neg(P) = Q$ *(risp.* $\neg(Q) = P$*), e quindi* $\neg(\neg(P)) = P$.
Se P è una variabile speciale di V per predicati n-ari e $t_1,\dots,t_n$ *sono termini su* $\mathscr{L}_V$, *la negazione della formula* $P(t_1,\dots,t_n)$ *è* $Q(t_1,\dots,t_n)$, *dove Q è l'unica variabile speciale di V per predicati n-ari tale che* $(P,Q) \in NOT$ *(vedi Definizione 7):* $\neg(P(t_1,\dots,t_n)) = Q(t_1,\dots,t_n)$ *(risp.* $\neg(Q(t_1,\dots,t_n)) = P(t_1,\dots,t_n)$*), e quindi* $\neg(\neg(P(t_1,\dots,t_n))) = P(t_1,\dots,t_n)$.
2. *Siano A e B formule di* $\mathscr{L}_V$. *Supponiamo di aver già definito la negazione della formula A e la negazione della formula B, ossia* $\neg(A)$ *e* $\neg(B)$. *La negazione della formula* $A \wedge B$ *è* $\neg(A) \vee \neg(B)$, *la negazione della formula* $A \vee B$ *è* $\neg(A) \wedge \neg(B)$, *la negazione della formula* $\forall x A$ *è* $\exists x \neg(A)$ *e la negazione della formula* $\exists x A$ *è* $\forall x \neg(A)$, *ossia*

$$\neg(A \wedge B) = \neg(A) \vee \neg(B)$$

$$\neg(A \vee B) = \neg(A) \wedge \neg(B)$$

$$\neg(\forall x A) = \exists x \neg(A)$$

$$\neg(\exists x A) = \forall x \neg(A).$$

È facile dimostrare che per ogni formula A su $\mathscr{L}_V$, $\neg A$ è una formula su $\mathscr{L}_V$ e $\neg\neg A = A$ (per induzione sull'altezza di A).

Se A e B sono formule:

- $A \to B$ denota la formula $\neg A \vee B$; dunque si ha $\neg(A \to B) = A \wedge \neg B$;
- $A \leftrightarrow B$ denota la formula $(A \to B) \wedge (B \to A)$, e dunque $\neg(A \leftrightarrow B) = (A \wedge \neg B) \vee (B \wedge \neg A)$.

Continuando a seguire la struttura del Paragrafo 3.1.2, dovremmo a questo punto definire la nozione di sostituzione in una formula di una variabile speciale per proposizione con un'altra formula: tale operazione, ancorché del tutto naturale, non verrà presa in considerazione in quanto non appartiene alla logica del primo ordine. Definiremo invece la sostituzione di un termine ad una variabile vincolabile in una formula: come stiamo per vedere questa nozione di sostituzione deve essere data con cautela, a causa del fenomeno della "cattura di variabile". La prima nozione che verrebbe in mente è la seguente: se $A(y_1,\ldots,y_k,x)$ è una formula ed s è un termine, il risultato della sostituzione di s ad x in $A(y_1,\ldots,y_k,x)$ è la parola ottenuta da $A(y_1,\ldots,y_k,x)$ sostituendo ogni occorrenza *libera* di x con il termine s. Ma se supponiamo di voler sostituire il termine $f(x,y,z)$ alla variabile v nella formula $\forall x R(v,x)$, seguendo la definizione precedente otterremmo la formula $\forall x R(f(x,y,z),x)$, mentre noi abbiamo in mente piuttosto la formula $\forall w R(f(x,y,z),w)$. Si dice che l'occorrenza di x presente nel termine $f(x,y,z)$ è stata "catturata" (impropriamente) dal quantificatore $\forall$.

Abbiamo chiaramente la sensazione che non si tratti di una difficoltà importante, ma piuttosto di qualcosa di fastidioso da gestire[9]. Una prima possibilità è quella di limitare l'applicazione di questa operazione ai casi in cui nessuna variabile viene catturata: chiameremo "sostituibile in $A(y_1,\ldots,y_k,x)$" un termine t nel quale non occorra alcuna variabile vincolata da qualche quantificatore in $A(y_1,\ldots,y_k,x)$. Ma quando l'operazione di sostituzione non è possibile per una formula A, risulta possibile per una formula B che differisce da A solo per il nome dato alle variabili vincolate, ossia che è "uguale" ad A: la soluzione che adotteremo in definitiva è quella di cambiare la nozione di formula e più precisamente di quozientare l'insieme $\mathscr{F}_V$ della Definizione 12 rispetto ad una relazione di equivalenza.

Definizione 15. *Sia $A(y_1,\ldots,y_k,x)$ una formula e t un termine nel quale non occorrono variabili vincolate in $A(y_1,\ldots,y_k,x)$ (cioè un termine sostituibile in $A(y_1,\ldots,y_k,x)$). La parola ottenuta da $A(y_1,\ldots,y_k,x)$ rimpiazzando simultaneamente tutte le occorrenze libere di x con il termine t si denota con $A(y_1,\ldots,y_k,t/x)$.*

Come nel caso dei termini, la dimostrazione della proposizione seguente è immediata e viene lasciata al lettore:

Proposizione 6. *Se $A(y_1,\ldots,y_k,x)$ è una formula e t un termine sostituibile in $A(y_1,\ldots,y_k,x)$, allora $A(y_1,\ldots,y_k,t/x)$ è una formula.*

Veniamo ora alla definizione più generale di sostituzione, che sarà quella a cui faremo sempre riferimento nel seguito salvo esplicita menzione del contrario. Quozientiamo l'insieme delle formule mediante una relazione di equivalenza, che viene definita per induzione sull'altezza della formula, con qualche accorgimento: infatti anche se $P(x)$ *non è* equivalente a $P(y)$ (dove P è una variabile speciale per predicati di arietà 1), noi vogliamo che risulti $\forall x P(x)$ equivalente a $\forall y P(y)$. Per aggirare il problema si prende una "nuova"[10] variabile w e si dice che se $P(w/x)$ è equivalente a $P(w/y)$, allora $\forall x P(x)$ è equivalente a $\forall y P(y)$. In definitiva, si ottiene la definizione seguente:

---

[9] D'altra parte, il perdurare di questa "fastidiosa" (e ben nota) questione anche nell'ambito delle derivazioni (come vedremo nel Capitolo 4) e la sua presenza in molti altri casi in logica, potrebbe invece suggerire maggior prudenza: forse l'argomento meriterebbe qualche ulteriore seria riflessione?

[10] Una variabile di questo tipo viene a volte detta *variabile fresca*.

Definizione 16. *Siano A, B, A', B' formule di $\mathscr{L}_V$, e siano $y_1, \ldots, y_k, x, y, z$ variabili vincolabili di $\mathscr{L}_V$. Definiamo la relazione di equivalenza $\sim$ sull'insieme delle formule di $\mathscr{L}_V$:*

- *$A \sim A$;*
- *se $A \sim A'$ e $B \sim B'$, allora $A \wedge B \sim A' \wedge B'$, $A \vee B \sim A' \vee B'$;*
- *se $A(y_1, \ldots, y_k, x)$ e $A'(y_1, \ldots, y_k, y)$ sono formule, sia z una variabile che non occorre né in $A(y_1, \ldots, y_k, x)$ né in $A'(y_1, \ldots, y_k, y)$; allora se $A(y_1, \ldots, y_k, z/x) \sim A'(y_1, \ldots, y_k, z/y)$, si ha che $\forall x A(y_1, \ldots, y_k, x) \sim \forall y A(y_1, \ldots, y_k, y)$ e $\exists x A(y_1, \ldots, y_k, x) \sim \exists y A(y_1, \ldots, y_k, y)$.*

D'ora in poi una formula di $\mathscr{L}_V$ sarà una classe di equivalenza di formule, cioè un elemento dell'insieme $\mathscr{F}_V / \sim$.

Osservazione 16. (i) *La nozione di occorrenza libera di una variabile in una formula è ben definita sulle classi di equivalenza di formule: se $A \sim A'$, allora le occorrenze di variabili libere in A ed in A' sono "le stesse". In particolare, se A è una formula chiusa e se $A' \sim A$, allora anche A' è chiusa.*

(ii) *La nozione di altezza di una formula è ben definita sulle classi di equivalenza di formule: se $A \sim A'$, allora l'altezza di A è pari a quella di A'. Si noti però che invece la proprietà di lettura unica non è più valida (almeno non come formulata nella Proposizione 5), in quanto come già osservato ad esempio $\forall x P(x)$ potrà essere letta tanto come $P(y)$ a cui abbiamo applicato il quantificatore $\forall$ quanto come $P(x)$ a cui abbiamo applicato il quantificatore $\forall$, e $P(x)$ e $P(y)$ non sono la stessa formula.*

(iii) *La negazione è ben definita sulle classi di equivalenza di formule: $A \sim A' \iff \neg A \sim \neg A'$. Continueremo pertanto a parlare di negazione di una formula A, intendendo la classe di equivalenza della negazione di (qualunque rappresentante di) A.*

Osservazione 17. *Dato un termine t ed una formula $A(y_1, \ldots, y_k, x)$, esiste sempre un rappresentante $A'(y_1, \ldots, y_k, x)$ (cioè una formula nel senso della Definizione 12) di $A(y_1, \ldots, y_k, x)$ nel quale non occorre vincolata alcuna variabile di t: il termine t è dunque sostituibile in $A'(y_1, \ldots, y_k, x)$.*

Possiamo a questo punto dare la definizione generale di *sostituzione*, che ha motivato la Definizione 16:

Definizione 17. *Sia t un termine e $A(y_1, \ldots, y_k, x)$ una formula. Chiamiamo $A'(y_1, \ldots, y_k, x)$ un qualunque rappresentante della formula $A(y_1, \ldots, y_k, x)$ tale che t sia sostituibile in $A'(y_1, \ldots, y_k, x)$, secondo l'Osservazione 17. Denoteremo con $A(y_1, \ldots, y_k, t/x)$ la formula (cioè la classe di equivalenza di formule nel senso della Definizione 12) avente tra i suoi elementi la parola $A'(y_1, \ldots, y_k, t/x)$ definita nella Definizione 15.*

Osservazione 18. *La Definizione 17 non dipende dal rappresentante scelto $A'(y_1, \ldots, y_k, x)$ della formula $A(y_1, \ldots, y_k, x)$.*

Osservazione 19. *Anche le formule che noi useremo (cioè le classi di equivalenza) possono essere rappresentate come alberi, pur non essendo più vero che ad ogni formula si può associare un unico albero (Osservazione 16). Ma i diversi alberi che si possono associare ad una formula (cioè gli alberi generativi dei suoi rappresentanti) avranno tutti la stessa "struttura"[11]. Tali alberi avranno in particolare tutti lo stesso numero di nodi e lo stesso numero di foglie: chiameremo nel seguito grado di una formula il numero di nodi di un qualsiasi albero che la rappresenti, contando solo le foglie etichettate da* $\mathbf{V}$ *o da* $\mathbf{F}$ *(cioè senza contare le foglie etichettate da formule atomiche diverse da* $\mathbf{V}$ *ed* $\mathbf{F}$*). Il grado di una formula è dunque pari al numero delle costanti logiche in essa presenti (numero che non dipende dal rappresentante scelto), nel senso dell'Osservazione 11: i connettivi, i quantificatori, il vero ed il falso.*

Disponiamo dunque di due diverse nozioni di "misura" di una formula del primo ordine: l'altezza, legata alla definizione induttiva della formula, ed il grado, legato alla struttura logica della formula. Nel seguito potremo fare induzione su quello di questi due parametri che preferiremo, tenendo conto che le costanti logiche $\mathbf{V}$ *ed* $\mathbf{F}$ *hanno altezza zero ma grado uno, a differenza delle altre formule atomiche che hanno tutte altezza e grado nullo. Si osservi anche che tanto l'altezza quanto il grado di una formula sono invarianti rispetto alla negazione:* A *e* $\neg A$ *hanno la stessa altezza e lo stesso grado.*

Concludiamo il paragrafo sulle formule con la nozione di sottoformula, anch'essa definita per induzione sull'altezza della formula:

Definizione 18 (Sottoformule). *L'insieme* $sf(A)$ *delle sottoformule della formula* A *di* $\mathscr{L}_V$ *si definisce per induzione sull'altezza di* A*:*

- *se* A *è atomica,* $sf(A) = \{A\}$*;*
- *se* $A = B \wedge C$ *oppure* $A = B \vee C$*,* $sf(A) = sf(B) \cup sf(C) \cup \{A\}$*;*
- *se* $A = \forall x B$ *oppure* $A = \exists x B$*,* $sf(A) = \bigcup_{y \in \mathscr{V}} sf(B(y/x)) \cup \{A\}$[12]*.*

La nozione di sottoformula di A *si può generalizzare mediante quella di sottoformula estesa, ottenuta sostituendo nella definizione precedente l'ultima clausola con la seguente:*

- *se* $A = \forall x B$ *oppure* $A = \exists x B$*, allora* $sf(A) = \bigcup_{t \in \mathscr{T}} sf(B(t/x)) \cup \{A\}$*,*

dove $\mathscr{T}$ *è l'insieme dei termini del linguaggio (e la sostituzione s'intende effettuata come descritto nella Definizione 17).*

---

[11] Lasciamo volutamente nel vago il termine "struttura" al quale il lettore saprà dare un significato più preciso.

[12] Seguendo la Definizione 12 di formula avremmo scritto semplicemente $sf(A) = sf(B) \cup \{A\}$, mentre abbiamo qui tenuto conto dell'equivalenza tra formule introdotta nella Definizione 16.

3.1.4 Sequenti

Un *sequente* su $\mathscr{L}_V$ (diremo anche un sequente di $\mathscr{L}_V$) è un insieme finito di occorrenze di formule su $\mathscr{L}_V$: si dice anche che un sequente è *un multinsieme* finito[13] di formule di $\mathscr{L}_V$. La negazione di un sequente su $\mathscr{L}_V$ è l'insieme finito costituito dalle negazioni delle occorrenze di formule di quel sequente, ed è dunque ancora un sequente su $\mathscr{L}_V$.

Se S è un sequente, e Γ è una successione di tutti gli elementi di S, allora $\vdash \Gamma$ è *una presentazione di S*.

Se A è una formula, $\vdash A$ è l'unica presentazione del sequente costituito soltanto da una occorrenza della formula A; mentre $\vdash$ è l'unica presentazione del *sequente vuoto*, ossia dell'insieme vuoto di occorrenze di formule.

3.1.5 Osservazioni conclusive sui linguaggi formali del primo ordine

Osservazione 20. *Possiamo ora essere più precisi su quanto già accennato all'inizio di questo Paragrafo 3.1: appare chiaro dalle definizioni di termine, formula e sequente su $\mathscr{L}_V$, che queste nozioni dipendono esclusivamente dall'alfabeto $\mathscr{L}_V$, ed anzi più precisamente dipendono esclusivamente da V (Definizione 8).*

Pertanto, come preannunciato, d'ora in poi confonderemo linguaggio ed alfabeto, e faremo riferimento ad $\mathscr{L}_V$ indifferentemente come ad un alfabeto oppure ad un linguaggio. Capiterà anche di lasciare implicito il riferimento all'insieme V delle variabili speciali e di denotare con $\mathscr{L}$ l'alfabeto o il linguaggio.

L'osservazione seguente afferma che le formule del linguaggio $\mathscr{L}_V$, così come le formule chiuse di $\mathscr{L}_V$, sono tante quante le variabili speciali (cioè gli elementi di V), salvo il caso in cui l'insieme V sia finito: le formule (e le formule chiuse) sono comunque infinite.

Osservazione 21. *Le formule di un linguaggio sono sempre infinite, e più precisamente almeno tante quanti i numeri naturali: basti considerare le formule costruibili a partire dalla formula atomica **V** mediante i connettivi ed i quantificatori. Secondo la nostra definizione di formula queste formule sono infinite.*

D'altra parte, dato un insieme V di variabili speciali finito oppure in corrispondenza biunivoca con l'insieme dei numeri interi (cioè un insieme numerabile), si può costruire una corrispondenza biunivoca tra l'insieme delle parole di $\mathscr{L}_V$ e quello dei numeri naturali[14]. In particolare, i termini e le formule di $\mathscr{L}_V$ sono in tal

---

[13] Più precisamente, se X è un insieme, un multinsieme μ su X è una funzione $\mu : X \to \mathbb{N}$. Il multinsieme μ su X è finito quando l'insieme $\{x \subset X : \mu(x) > 0\}$ è finito. Ad esempio, il multinsieme finito $\mu = [A, A, B]$ di formule di $\mathscr{L}_V$ è la funzione dall'insieme delle formule di $\mathscr{L}_V$ in $\mathbb{N}$ tale che $\mu(A) = 2, \mu(B) = 1$ e per ogni formula $C \notin \{A, B\}$, $\mu(C) = 0$.

[14] Questa affermazione si può giustificare con precisione grazie al teorema di Cantor-Bernstein (se esiste una funzione iniettiva di dominio l'insieme a e codominio l'insieme b e se esiste anche una funzione iniettiva di domino b e codominio a, allora esiste una corrispondenza biunivoca tra a e b),

caso un'infinità numerabile, e quindi se V è finito o numerabile diremo che $\mathscr{L}_V$ è numerabile, facendo riferimento al numero delle sue formule.

Accade però (ed accade spesso nella branca della logica chiamata teoria dei modelli, si veda il Capitolo 5), che V abbia cardinalità più che numerabile, cioè che V sia infinito (contiene almeno tanti elementi quanti sono i numeri naturali), ma che non esista alcuna corrispondenza biunivoca tra V e l'insieme dei numeri interi: V è di un infinito "più grande" di quello dei numeri interi. Questo accade, ad esempio, quando il numero dei simboli di costante di V è in corrispondenza biunivoca con l'insieme dei numeri reali.

In questo caso si può mostrare che l'insieme delle formule di $\mathscr{L}_V$ può essere messo in corrispondenza biunivoca con l'insieme V (si dice che i due insiemi hanno la stessa cardinalità, come vedremo più precisamente nel Volume 2). Diremo allora che $\mathscr{L}_V$ è più che numerabile, facendo sempre riferimento al numero delle sue formule. Si noti che l'insieme delle formule chiuse di $\mathscr{L}_V$ è infinito, e quando anche V è infinito, l'insieme delle formule chiuse di $\mathscr{L}_V$ può essere messo in corrispondenza biunivoca con l'insieme V ed ha anch'esso la stessa cardinalità di V[15].

3.2 Strutture per un linguaggio del primo ordine

In questo paragrafo ci occuperemo di definire la nozione di soddisfacibilità delle formule logiche del primo ordine. Una formula è soddisfacibile quando esiste un sistema di valori per le variabili presenti nella formula rispetto al quale la formula diventa vera. Si tratta pertanto di introdurre la definizione del concetto generale di sistema di valori per le variabili (speciali) del linguaggio, che chiameremo *struttura per un linguaggio del primo ordine*, e la definizione di valore di una formula (chiusa) in una tale struttura. Una struttura $\mathscr{M}$ per un linguaggio $\mathscr{L}_V$ nella quale una formula chiusa A di $\mathscr{L}_V$ riceve valore vero è detta *modello* di A; si dice anche che A è *vera nella struttura $\mathscr{M}$* o che A è *realizzata dalla struttura $\mathscr{M}$* o ancora che A è *soddisfatta dalla struttura $\mathscr{M}$*. Una formula chiusa è dunque soddisfacibile se esiste un suo modello, ovvero un modo di attribuire un valore a tutte le variabili speciali del linguaggio che la rende vera. In questo capitolo non ci occuperemo dello studio delle strutture per il linguaggio in quanto tali, ma piuttosto dell'esistenza di un modello per una formula o un insieme di formule, ossia della soddisfacibilità delle formule

---

e sfruttando l'esistenza di una funzione iniettiva dall'insieme delle successioni finite di numeri interi nei numeri interi. È importante per il seguito (e precisamente per la dimostrazione del teorema fondamentale dell'analisi canonica e di tutti i teoremi enunciati nel Paragrafo 3.4 che ne discendono) osservare che sia per dimostrare il teorema di Cantor-Bernstein (si veda il Volume 2) che per dimostrare l'esistenza di una funzione iniettiva dall'insieme delle successioni finite di numeri interi nei numeri interi (si veda ancora il Volume 2) non è necessario usare l'assioma di scelta (cui si è accennato nel Paragrafo 2.4).

[15] Anche nel caso più che numerabile una giustificazione precisa si può dare usando il teorema di Cantor-Bernstein; ma in questo caso la dimostrazione dell'esistenza delle funzioni iniettive necessarie per usare il teorema di Cantor-Bernstein può richiedere l'uso dell'assioma di scelta.

e degli insiemi di formule. Un primo approccio alle basi dello studio delle strutture per un linguaggio del primo ordine verrà presentato nel Capitolo 5.

Abbiamo già accennato al fatto che le formule logiche del primo ordine non sono mai veramente chiuse: se consideriamo ad esempio il linguaggio $\mathcal{L}_V$, dove $V = \{P\}$, e P è una variabile speciale per predicati di tipo 2^{X^2}, la formula $\forall x \exists y P(x, y)$ pur essendo chiusa nel senso dato a questa parola nel Paragrafo 3.1.3 (l'unico possibile al primo ordine), non lo è "veramente", perché non abbiamo detto nulla sulla variabile P. Si può facilmente immaginare come l'insieme $\mathbb{N}$ dei numeri naturali munito della relazione $<$ ("strettamente minore") sia una struttura per $\mathcal{L}_V$, così come l'insieme $\mathbb{N}$ dei numeri naturali munito della relazione $>$ ("strettamente maggiore"): chiamiamo $\mathcal{M}_1$ (risp. $\mathcal{M}_2$) la prima (risp. la seconda). La prima struttura attribuisce come valore all'unica variabile non vincolabile del nostro linguaggio la relazione binaria $<$ sugli interi, mentre la seconda attribuisce a questa stessa variabile il valore $>$. La struttura $\mathcal{M}_1$ realizza la formula $\forall x \exists y P(x, y)$ ed è dunque un modello di tale formula: infatti dato un qualsiasi intero esiste sempre un altro strettamente maggiore del primo. La struttura $\mathcal{M}_2$ invece non realizza la formula $\forall x \exists y P(x, y)$ e dunque non è un modello di tale formula (ed è un modello della sua negazione): infatti per il numero 0 non esiste in $\mathbb{N}$ alcun numero strettamente minore di esso. Si dice che $\mathcal{M}_1$ (risp. $\mathcal{M}_2$) soddisfa (risp. non soddisfa) $\forall x \exists y P(x, y)$, o che $\forall x \exists y P(x, y)$ è vera (risp. falsa) in $\mathcal{M}_1$ (risp. $\mathcal{M}_2$) o ancora che $\mathcal{M}_1$ (risp. $\mathcal{M}_2$) è un modello (risp. un contromodello) di $\forall x \exists y P(x, y)$. Da questo esempio appare chiaramente l'idea che una struttura per $\mathcal{L}_V$ è un "punto di vista" sul linguaggio $\mathcal{L}_V$: $\mathcal{M}_1$ ed $\mathcal{M}_2$ sono due punti di vista diversi su $\mathcal{L}_V$, prendendo il primo la formula $\forall x \exists y P(x, y)$ risulta vera, prendendo il secondo la stessa formula risulta falsa.

3.2.1 Strutture, termini e formule a parametri in una struttura

Definizione 19 (Struttura per un linguaggio del primo ordine). *Una* struttura $\mathcal{M}$ *per un linguaggio $\mathcal{L}_V$, o una $\mathcal{L}_V$-struttura[16], è un sistema di valori per le variabili speciali di V, e precisamente:*

- *il valore della variabile per insiemi X presente nella Definizione 7 è un insieme non vuoto M, chiamato insieme di base o supporto della struttura;*
- *per ogni variabile speciale individuale c di $\mathcal{L}_V$, il valore di c (detto anche* interpretazione *di c) è un elemento $c_{\mathcal{M}}$ di M;*
- *per ogni intero $k \geqslant 1$ e per ogni variabile speciale per funzioni k-aria f di $\mathcal{L}_V$, il valore di f (detto anche* interpretazione *di f) è una funzione $f_{\mathcal{M}}$ da M^k in M;*
- *per ogni variabile speciale proposizionale P di $\mathcal{L}_V$, il valore di P (detto anche* interpretazione *di P) è un elemento $P_{\mathcal{M}}$ dell'insieme $\{0, 1\}$, tale che[17] $P_{\mathcal{M}} = 1 \iff (\neg P)_{\mathcal{M}} = 0$[18];*

---

[16] Quando capiterà, in accordo con l'Osservazione 20, di lasciare implicito il riferimento all'insieme V delle variabili speciali, parleremo di $\mathcal{L}$-struttura.

[17] D'ora in poi l'espressione "se e soltanto se" potrà essere abbreviata con "sse" o sostituita dal simbolo $\iff$.

[18] E dunque $P_{\mathcal{M}} = 0 \iff (\neg P)_{\mathcal{M}} = 1$.

- *per ogni intero $k \geqslant 1$ e per ogni variabile speciale per predicati k-aria R di $\mathscr{L}_V$, il* valore *di R (detto anche* interpretazione *di R) è un sottoinsieme $R_{\mathscr{M}}$ di M^k (cioè una relazione di arietà k su M), tale che per ogni $(a_1, \ldots, a_k) \in M^k$ vale l'equivalenza $(a_1, \ldots, a_k) \in (\neg R)_{\mathscr{M}} \iff (a_1, \ldots, a_k) \notin R_{\mathscr{M}}$.*

Osservazione 22. *Quando $\mathscr{L}_V$ è un linguaggio proposizionale, le sole variabili speciali sono le variabili speciali proposizionali, che sono anche le sole formule atomiche con le costanti logiche $\mathbf{F}$ ed $\mathbf{V}$ (Osservazione 15). In tal caso, l'unica clausola rilevante della Definizione 19 è la penultima.*
Una tale struttura si chiama struttura proposizionale *o* distribuzione di valori di verità*: si tratta semplicemente di una funzione che ad ogni variabile speciale proposizionale P associa "0" oppure "1", in maniera tale che a P ed a $\neg P$ siano associati valori diversi.*

Abbiamo detto che una struttura per un linguaggio serve ad attribuire un valore a tutte le variabili speciali del linguaggio, l'obiettivo essendo quello di dare un valore alle formule chiuse del linguaggio. Una maniera per attribuire un valore ad ogni formula chiusa è attribuire, più generalmente, un valore a tutte le formule chiuse "a parametri in una struttura" (si veda l'Osservazione 24).

Definizione 20 (Termini e formule a parametri in una struttura). *Siano $n, m \geqslant 0$ due interi, $t(x_1, \ldots, x_n, y_1, \ldots, y_m)$ un termine sul linguaggio $\mathscr{L}_V$, $F(x_1, \ldots, x_n, y_1, \ldots, y_m)$ una formula su $\mathscr{L}_V$, $\mathscr{M}$ una struttura per $\mathscr{L}_V$, e $a_1, \ldots, a_n \in M$.*
Denotiamo con $t[a_1, \ldots, a_n, y_1, \ldots, y_m]$ (risp. $F[a_1, \ldots, a_n, y_1, \ldots, y_m]$) la coppia ordinata avente come primo elemento $t(x_1, \ldots, x_n, y_1, \ldots, y_m)$ (risp. $F(x_1, \ldots, x_n, y_1, \ldots, y_m)$) e come secondo elemento la n-upla ordinata $(a_1, \ldots, a_n)$. Chiamiamo termine (risp. formula) su $\mathscr{L}_V$ a parametri in $\mathscr{M}$ *tale coppia ordinata[19].*
Diciamo che il termine $t[a_1, \ldots, a_n, y_1, \ldots, y_m]$ (risp. la formula $F[a_1, \ldots, a_n, y_1, \ldots, y_m]$) a parametri in $\mathscr{M}$ è chiuso *(risp.* chiusa*) quando $m = 0$[20].*

Osservazione 23. *Intuitivamente, i parametri presenti in un termine o in una formula a parametri in una struttura sono i valori che assegniamo alle variabili vincolabili che compaiono (libere) nel termine o nella formula, e questa assegnazione permette di determinare il valore del termine o della formula nella struttura.*
Anche se (ovviamente!) termini e formule a parametri in una struttura non sono oggetti sintatticamente corretti (non sono parole corrette del linguaggio logico), potremo fare induzione sull'altezza di un termine o di una formula a parametri in

---

[19] Si potrebbe anche essere tentati di pensare $t[a_1, \ldots, a_n, y_1, \ldots, y_m]$ (risp. $F[a_1, \ldots, a_n, y_1, \ldots, y_m]$) come la successione di simboli ottenuta sostituendo contemporaneamente le variabili $x_1, \ldots, x_n$ nel termine t (risp. nella formula F) rispettivamente con gli elementi $a_1, \ldots, a_n$ del supporto M di $\mathscr{M}$. Si noti tuttavia che si tratterebbe di un'operazione puramente formale di significato perlomeno dubbio: cosa significa sostituire dei simboli linguistici con degli elementi di un insieme?

[20] La formula $F[a_1, \ldots, a_n, y_1, \ldots, y_m]$ a parametri in $\mathscr{M}$ è dunque chiusa quando le variabili libere della formula $F(x_1, \ldots, x_n, y_1, \ldots, y_m)$ di $\mathscr{L}_V$ sono tutte tra gli elementi dell'insieme $\{x_1, \ldots, x_n\}$.

una struttura: l'altezza del termine (risp. della formula) $t[a_1,\ldots,a_n,y_1,\ldots,y_m]$ *(risp.* $F[a_1,\ldots,a_n,y_1,\ldots,y_m]$*) a parametri nella struttura* $\mathcal{M}$ *per* $\mathcal{L}_V$ *è semplicemente l'altezza del termine (risp. della formula)* $t(x_1,\ldots,x_n,y_1,\ldots,y_m)$ *(risp.* $F(x_1,\ldots,x_n,$ $y_1,\ldots,y_m)$*) su* $\mathcal{L}_V$*, fornita dalla definizione induttiva di termine (risp. formula) su* $\mathcal{L}_V$*. Potremo anche fare induzione sul grado di una formula a parametri in una struttura, con lo stesso accorgimento: il grado di* $F[a_1,\ldots,a_n,y_1,\ldots,y_m]$ *a parametri nella struttura* $\mathcal{M}$ *per* $\mathcal{L}_V$ *è il grado di* $F(x_1,\ldots,x_n,y_1,\ldots,y_m)$ *(Osservazione 19). Si noti che l'altezza di un termine a parametri in una struttura, così come l'altezza ed il grado di una formula a parametri in una struttura, sono del tutto indipendenti dalla natura e dal numero dei parametri (useremo questa proprietà nella Definizione 22).*

Notazioni. Per sottolineare la differenza tra oggetti linguistici e elementi del supporto di una struttura, useremo le parentesi tonde per le formule del linguaggio, e le parentesi quadre per le formule a parametri in qualche struttura per il linguaggio. Ad esempio, $F(x_1,\ldots,x_n)$ denota una formula le cui variabili libere sono tutte elementi dell'insieme $\{x_1,\ldots,x_n\}$, $F(a_1/x_1,\ldots,a_n/x_n)$ denota la formula del linguaggio ottenuta sostituendo il simbolo a_i alla variabile vincolabile x_i (in tal caso $a_1,\ldots,a_n$ sono termini del linguaggio), mentre $F[a_1,\ldots,a_n]$ denota una formula a parametri in qualche struttura (pertanto questo modo di scrivere indica che $a_1,\ldots,a_n$ sono elementi del supporto di una struttura).

3.2.2 Valutazione di termini, formule e sequenti

Veniamo ora alla definizione di valore di un termine e di una formula in una struttura per un linguaggio del primo ordine.

Definizione 21 (Valore di un termine). *Sia* $\mathcal{L}_V$ *un linguaggio del primo ordine,* t *un termine su* $\mathcal{L}_V$*,* $\mathcal{M}$ *una struttura per* $\mathcal{L}_V$*. Definiamo, per induzione sull'altezza del termine* t*, il valore (o l'interpretazione) del termine* $t[a_1,\ldots,a_n]$ *chiuso di* $\mathcal{L}_V$ *a parametri in* $\mathcal{M}$*, che si denota con* $t_{\mathcal{M}}[a_1,\ldots,a_n]$[21]*. Poiché* $t[a_1,\ldots,a_n]$ *è chiuso, le variabili presenti in* t *sono al più* n*, e possiamo supporre che* $t = t(x_1,\ldots,x_n)$*:*

- *se* $t = x_i$ *(per qualche* $1 \leqslant i \leqslant n$*), allora* $t_{\mathcal{M}}[a_1,\ldots,a_n] = a_i$*;*
- *se* $t = c$*, dove* c *è una variabile speciale individuale, allora* $t_{\mathcal{M}}[a_1,\ldots,a_n] = c_{\mathcal{M}}$*;*
- *se* $t = f(t_1,\ldots,t_k)$*, dove* f *è una variabile speciale per funzioni di arietà* $k \geqslant 1$*, allora* $t_{\mathcal{M}}[a_1,\ldots,a_n] = f_{\mathcal{M}}(t_{1\,\mathcal{M}}[a_1,\ldots,a_n],\ldots,t_{k\,\mathcal{M}}[a_1,\ldots,a_n])$*.*

Definizione 22 (Valore di una formula). *Sia* $\mathcal{L}_V$ *un linguaggio del primo ordine,* A *una formula su* $\mathcal{L}_V$*,* $\mathcal{M}$ *una struttura per* $\mathcal{L}_V$*. Definiamo, per induzione sull'altezza della formula* A*, il valore "vero" o "falso" in* $\mathcal{M}$ *della formula* $A[a_1,\ldots,a_n]$

---

[21] Si noti che i parametri non intervengono nell'induzione: stiamo definendo $t_{\mathcal{M}}[a_1,\ldots,a_n]$ per qualunque scelta di parametri $a_1,\ldots,a_n$ tali che $t[a_1,\ldots,a_n]$ sia chiuso, e per fare ciò possiamo usare il valore $u_{\mathcal{M}}[b_1,\ldots,b_k]$ qualunque siano i parametri $b_1,\ldots,b_k$ ed il termine u, purché $u[b_1,\ldots,b_k]$ sia chiuso a parametri in $\mathcal{M}$ e l'altezza di u sia minore dell'altezza di t.

chiusa di $\mathscr{L}_V$ a parametri in $\mathscr{M}$[22]. *Equivalentemente, definiamo la nozione di soddisfacibilità di $A[a_1,\ldots,a_n]$ in $\mathscr{M}$, ovvero il senso dell'espressione "$\mathscr{M}$ soddisfa A su $a_1,\ldots,a_n$" (che denoteremo con $\mathscr{M} \models A[a_1,\ldots,a_n]$). Poiché $A[a_1,\ldots,a_n]$ è chiusa, le variabili libere presenti in A sono al più n, e possiamo supporre che $A = A(x_1,\ldots,x_n)$:*

- *il valore di $\mathbf{V}$ è "vero" ed il valore di $\mathbf{F}$ è "falso": in altri termini, se $A = \mathbf{V}$ (risp. $A = \mathbf{F}$), allora $\mathscr{M} \models A[a_1,\ldots,a_n]$ (risp. $\mathscr{M} \not\models A[a_1,\ldots,a_n]$);*
- *se $A = P$ è una lettera proposizionale, allora $\mathscr{M} \models A[a_1,\ldots,a_n]$ sse il valore di P in $\mathscr{M}$ è 1;*
- *se $k \geqslant 1$, $A = R(t_1,\ldots,t_k)$ con R variabile speciale per predicato di arietà k, e $t_i = t_i(x_1,\ldots,x_n)$, allora*

$$\mathscr{M} \models A[a_1,\ldots,a_n] \iff (t_{1.\mathscr{M}}[a_1,\ldots,a_n],\ldots,t_{k.\mathscr{M}}[a_1,\ldots,a_n]) \in R_{.\mathscr{M}};$$

- *se $A = G \wedge H$, allora $\mathscr{M} \models A[a_1,\ldots,a_n]$ sse valgono $\mathscr{M} \models G[a_1,\ldots,a_n]$ e $\mathscr{M} \models H[a_1,\ldots,a_n]$;*
- *se $A = G \vee H$, allora $\mathscr{M} \models A[a_1,\ldots,a_n]$ sse valgono $\mathscr{M} \models G[a_1,\ldots,a_n]$ o $\mathscr{M} \models H[a_1,\ldots,a_n]$;*
- *se $A = \forall v G(v,x_1,\ldots,x_n)$ (con $v \notin \{x_1,\ldots,x_n\}$), allora $\mathscr{M} \models A[a_1,\ldots,a_n]$ sse per ogni $a \in M$ vale $\mathscr{M} \models G[a,a_1,\ldots,a_n]$*[23];
- *se $A = \exists v G(v,x_1,\ldots,x_n)$ (con $v \notin \{x_1,\ldots,x_n\}$), allora $\mathscr{M} \models A[a_1,\ldots,a_n]$ sse esiste $a \in M$ tale che $\mathscr{M} \models G[a,a_1,\ldots,a_n]$*[24].

Osservazione 24. (i) *La definizione di valore in una struttura di un termine e di una formula a parametri nella struttura include quella di valore in una struttura di un termine e di una formula chiusi (con le notazioni della Definizione 22, basta considerare il caso $n = 0$). Si noti che nel caso $n = 0$, la definizione del valore di una formula chiusa del tipo $\forall x G$ o $\exists x G$ si fonda su quella del valore di $G[a]$, che è una formula a parametri nella struttura.*

(ii) *Nella Definizione 22 precedente, abbiamo indicato con $\mathscr{M} \not\models A[a_1,\ldots,a_n]$ la negazione di $\mathscr{M} \models A[a_1,\ldots,a_n]$ (cioè $\mathscr{M}$ non soddisfa A su $a_1,\ldots,a_n$). Usando la Definizione 14 della negazione e la Definizione 19 di struttura, si può verificare che per ogni formula $A[a_1,\ldots,a_n]$ a parametri in $\mathscr{M}$, $\mathscr{M} \models \neg A[a_1,\ldots,a_n]$ sse $\mathscr{M} \not\models A[a_1,\ldots,a_n]$.*

Osservazione 25. *Data una formula chiusa A di $\mathscr{L}_V$, diremo che la $\mathscr{L}_V$-struttura $\mathscr{M}$ è un* modello *di A quando $\mathscr{M} \models A$. Diremo invece che la $\mathscr{L}_V$-struttura $\mathscr{M}$ è un* contromodello *di A oppure una* falsificazione *di A quando $\mathscr{M} \models \neg A$ (o, equivalentemente, $\mathscr{M} \not\models A$); se A ammette un contromodello diremo che è* falsificabile.

---

[22] Si noti che i parametri non intervengono nell'induzione: stiamo definendo il valore di $A[a_1,\ldots,a_n]$ in $\mathscr{M}$ per qualunque scelta di parametri $a_1,\ldots,a_n$ tali che $A[a_1,\ldots,a_n]$ sia chiusa, e per fare ciò possiamo usare il valore di $B[b_1,\ldots,b_k]$ in $\mathscr{M}$ qualunque siano i parametri $b_1,\ldots,b_k$ e la formula B, purché $B[b_1,\ldots,b_k]$ sia chiusa a parametri in $\mathscr{M}$ e l'altezza di B sia minore dell'altezza di A.

[23] Si noti che l'altezza di $G(v,x_1,\ldots,x_n)$ è strettamente minore dell'altezza di $\forall v G(v,x_1,\ldots,x_n)$.

[24] Si noti che l'altezza di $G(v,x_1,\ldots,x_n)$ è strettamente minore dell'altezza di $\exists v G(v,x_1,\ldots,x_n)$.

Definizione 23. *Un insieme di formule chiuse del linguaggio $\mathscr{L}_V$ viene anche chiamato teoria nel linguaggio $\mathscr{L}_V$.*

Diremo che una teoria T in $\mathscr{L}_V$ è soddisfacibile *quando esiste una struttura $\mathscr{M}$ per $\mathscr{L}_V$ tale che per ogni formula A di T vale $\mathscr{M} \models A$. Diremo anche in tal caso che $\mathscr{M}$ è un* modello *di T, e scriveremo $\mathscr{M} \models T$[25].*

Diremo che una teoria T in $\mathscr{L}_V$ è finitamente soddisfacibile *quando ogni sottoinsieme finito di T è soddisfacibile.*

Definizione 24. *Sia $\mathscr{L}_V$ un linguaggio del primo ordine. Diremo che la teoria T ha per conseguenza logica la formula chiusa A, quando tutte le $\mathscr{L}_V$-strutture che soddisfano tutte le formule di T (cioè i modelli di T) soddisfano anche A. Scriveremo in questo caso: $T \models A$.*

Osservazione 26. *Il nome "teoria" fa chiaramente riferimento al fatto che molte teorie di varie branche della conoscenza possono essere espresse mediante un certo numero di formule chiuse del primo ordine. Ad esempio, in matematica, le principali teorie algebriche: teoria dei gruppi, teoria degli anelli, teoria dei campi, teoria dei campi algebricamente chiusi, ecc...*

Definizione 25. *Sia $\mathscr{L}_V$ un linguaggio del primo ordine, $\mathscr{M}$ una $\mathscr{L}_V$-struttura e S un sequente di formule chiuse.*

Diremo che $\mathscr{M}$ soddisfa S, e scriveremo $\mathscr{M} \models S$, quando $\mathscr{M} \models A$ per qualche formula A di S.[26]

Una falsificazione *di S è una falsificazione di una (qualunque) disgiunzione delle formule di S.*

Osservazione 27. *Il lettore avrà senz'altro notato che la definizione di soddisfacibilità di un insieme di formule chiuse di $\mathscr{L}_V$ è diversa a seconda che questo insieme venga pensato come teoria (Definizione 23) oppure come multinsieme cioè come sequente (Definizione 25): una teoria è soddisfacibile quando lo è la "congiunzione" delle sue formule, mentre un sequente è soddisfacibile quando lo è la "disgiunzione" delle sue formule[27]. Le motivazioni per questa distinzione appariranno abbastanza chiaramente nel seguito del capitolo. Una prima intuizione è che una teoria è un insieme di ipotesi con cui si stabiliscono dei risultati, mentre un sequente è un insieme di conclusioni: in logica classica è sempre possibile guardare uno stesso insieme sia come un insieme di ipotesi che come un insieme di conclusioni.*

La differenza è particolarmente eclatante nel caso in cui si ha a che fare con l'insieme vuoto di formule chiuse: nessuna $\mathscr{L}_V$-struttura soddisfa il sequente vuoto mentre tutte le $\mathscr{L}_V$-strutture soddisfano la teoria vuota.

---

[25] Si noti che da questa definizione discende che quando T è la teoria vuota, allora per ogni $\mathscr{L}_V$-struttura $\mathscr{M}$, vale $\mathscr{M} \models T$.

[26] Si noti che da questa definizione discende che quando S è il sequente vuoto, allora per ogni $\mathscr{L}_V$-struttura $\mathscr{M}$, vale $\mathscr{M} \not\models S$.

[27] Le virgolette sono necessarie perché le congiunzioni (risp. disgiunzioni) di un insieme finito di formule -pur essendo tra loro equivalenti- sono diverse, e soprattutto perché una teoria può essere infinita, mentre una congiunzione di formule è ancora una formula.

3.3 Calcolo dei sequenti per la logica del primo ordine

In questo paragrafo ci occuperemo di definire la nozione di derivabilità logica delle formule del primo ordine. Una formula è derivabile logicamente quando esiste per essa una derivazione logica, e si tratta pertanto di introdurre la definizione del concetto generale di derivazione logica di una formula del primo ordine. La nozione di derivazione logica[28] sostituirà d'ora in poi l'espressione "dimostrazione logica" usata finora (e non definita). Ci sembra preferibile usare il termine "derivazione" per indicare una dimostrazione all'interno di un particolare sistema logico codificato (come il calcolo dei sequenti che stiamo per introdurre), riservando invece il termine "dimostrazione" al consueto uso (non codificato), come avviene solitamente in matematica. In questo capitolo non ci occuperemo dello studio delle derivazioni logiche in quanto tali ma piuttosto dell'esistenza di una derivazione logica di una formula (o di un sequente) da un insieme di formule, ossia della derivabilità di una formula (o di un sequente) da un insieme di formule. Un primo approccio alle basi dello studio delle derivazioni logiche verrà presentato nel Capitolo 4.

Contrariamente alla nozione di struttura per un linguaggio (per la quale esiste sostanzialmente un'unica definizione che è quella fornita nel Paragrafo 3.2), esistono diverse nozioni di derivazione delle formule del primo ordine. Tutte conducono allo stesso insieme di formule derivabili logicamente ed allo stesso insieme di formule derivabili logicamente da una teoria T: sono cioè tutte equivalenti *fintanto che ci si interessa solo alla nozione di derivabilità*. Relativamente a questo capitolo, la scelta del calcolo dei sequenti *LK* trova la sua motivazione nella nozione di analisi canonica introdotta nel Paragrafo 3.4, che può essere vista come una generalizzazione della nozione di derivazione di *LK*. Nel Capitolo 4, il sistema *LK* ci servirà per lo studio di alcune trasformazioni delle derivazioni logiche delle formule del primo ordine.

Le regole del calcolo dei sequenti per la logica classica del primo ordine che stiamo per presentare furono introdotte da Gehrard Gentzen. La novità, rispetto alle precedenti formulazioni delle regole per la logica classica, sta nella "naturalità" delle regole del calcolo di Gentzen: queste corrispondono al naturale procedere del ragionamento logico-matematico. Grazie a Gentzen le regole applicate assumono un ruolo di prima importanza nella rappresentazione delle dimostrazioni: queste diventano alberi, i cui nodi sono formule (o meglio sequenti) e le cui ramificazioni sono le regole logiche.

3.3.1 Il calcolo dei sequenti LK

Ogni regola permette di derivare un sequente da uno o più sequenti, e si applica indipendentemente dalla presentazione scelta dei sequenti in esse coinvolti. Le regole sono raggruppate in gruppi di regole, come segue:

---

[28] Useremo spesso nel seguito le parole "derivazione" e "derivabilità" in luogo di "derivazione logica" e "derivabilità logica".

3.3.1.1 Regole basilari o gruppo identità: assioma e taglio

$$\frac{}{\vdash A, \neg A} \text{(Ax o ID)} \qquad \frac{\vdash \Gamma, A \qquad \vdash \Delta, \neg A}{\vdash \Gamma, \Delta} \text{(cut)} \cdot$$

3.3.1.2 Regole strutturali: contrazione (contraction) ed indebolimento (weakening)

$$\frac{\vdash \Gamma}{\vdash \Gamma, A} \text{(W)} \qquad \frac{\vdash \Gamma, A, A}{\vdash \Gamma, A} \text{(C)}.$$

3.3.1.3 Regole logiche

Le regole logiche sono ripartite in:

- regole per le unità logiche **V** e **F**;
- regole per i connettivi $\wedge$ e $\vee$;
- regole per i quantificatori $\forall$ e $\exists$.

*3.3.1.3.1 Regole per **V** e **F***

Regole logiche moltiplicative per le unità:

$$\frac{}{\vdash \mathbf{V}} (\mathbf{V}_m \text{ o } 1) \qquad \frac{\vdash \Gamma}{\vdash \Gamma, \mathbf{F}_m} (\mathbf{F}_m \text{ o } \bot).$$

Regole logiche additive per le unità:

$$\frac{}{\vdash \Gamma, \mathbf{V}} (\mathbf{V}_m \text{ o } \top)$$

nessuna regola additiva per il falso.

3.3.1.3.2 Regole per $\wedge$ e $\vee$

Regole logiche moltiplicative:

$$\frac{\vdash \Gamma, A \qquad \vdash B, \Delta}{\vdash \Gamma, A \wedge B, \Delta} (\wedge_m \text{ o } \otimes) \qquad \frac{\vdash \Gamma, A, B}{\vdash \Gamma, A \vee B} (\vee_m \text{ o } \wp).$$

Regole logiche additive:[29]

$$\frac{\vdash \Gamma, A}{\vdash \Gamma, A \vee B} \, (\vee_a^1 \, \text{o} \, \oplus_1) \qquad \frac{\vdash \Gamma, B}{\vdash \Gamma, A \vee B} \, (\vee_a^2 \, \text{o} \, \oplus_2)$$

$$\frac{\vdash \Gamma, A \qquad \vdash \Gamma, B}{\vdash \Gamma, A \wedge B} \, (\wedge_a \, \text{o} \, \&) \, .$$

3.3.1.3.3 Regole per ∀ e ∃

y non è libera in Γ, t è un termine, $x_1, \ldots, x_n$ variabili:

$$\frac{\vdash \Gamma, A(y/x, x_1, \ldots, x_n)}{\vdash \Gamma, \forall x A(x, x_1, \ldots, x_n)} \, (\forall) \qquad \frac{\vdash \Delta, A(t/x, x_1, \ldots, x_n)}{\vdash \Delta, \exists x A(x, x_1, \ldots, x_n)} \, (\exists) \, .$$

La variabile y nella regola del ∀ si dice *variabile propria* della regola.

Le regole di *LK* hanno tutte un unico sequente conclusione e 0, 1 oppure 2 sequenti premesse: l'arietà di una regola è il numero dei sequenti premesse (zero nel caso dell'assioma e delle due regole di introduzione della costante **V**, due nel caso delle due regole di introduzione del connettivo ∧ e del taglio, ed uno in tutti gli altri casi).

Per ogni regola, si può chiaramente definire la nozione di *formula principale* (o *conclusione principale*) e di formula attiva: si tratta per essere precisi di occorrenze di formule principali o attive nella regola. Nel caso della regola $\wedge_m$, ad esempio, A e B sono attive, mentre $A \wedge_m B$ è principale. Nel caso invece della contrazione, le formule attive sono le due occorrenze di A nel sequente premessa della regola, mentre la formula principale è l'occorrenza di A nel sequente conclusione della regola.

3.3.2 Sequenti derivabili e derivazioni

Sia $\mathscr{L}$ un linguaggio del primo ordine. Sia M un insieme di formule (non necessariamente chiuse) su $\mathscr{L}$.

Definiremo e considereremo i *sequenti su $\mathscr{L}$ derivabili logicamente da M*. Se S è un sequente derivabile logicamente da M, scriveremo $M \vdash S$.

Quando S è un sequente derivabile logicamente da M ed S consiste di un'unica occorrenza di una formula A, diremo che la formula A è derivabile logicamente da M. Quando $M = \emptyset$, i *sequenti su $\mathscr{L}$ derivabili logicamente da M* sono detti semplicemente *sequenti derivabili logicamente*.

3.3.2.1 L'insieme dei sequenti derivabili logicamente da un insieme di formule

Dato un insieme M di formule, l'insieme dei *sequenti su $\mathscr{L}$ derivabili logicamente da M* è un insieme di sequenti su $\mathscr{L}$, definito mediante la seguente definizione induttiva.

---

[29] Nel seguito, quando non vorremo specificare, per una data (occorrenza di) regola additiva di introduzione del connettivo ∨, se si tratta di una regola $\vee_a^1$ oppure una regola $\vee_a^2$, scriveremo semplicemente $\vee_a$.

1. (*Base della definizione*). Se un sequente S su $\mathscr{L}$ è conclusione di una regola 0-aria del calcolo, allora S è derivabile logicamente da M. Se $A \in M$, allora $\vdash A$ è derivabile logicamente da M.

2. (*Passo della definizione*). Se S e S' sono sequenti su $\mathscr{L}$, e S è derivabile logicamente da M e S' si ottiene da S mediante una regola unaria del calcolo, allora S' è derivabile logicamente da M. Se S, S_1 e S_2 sono sequenti su $\mathscr{L}$, e S_1 e S_2 sono derivabili logicamente da M, e S si ottiene da S_1 e S_2 mediante una regola binaria del calcolo, allora S è derivabile logicamente da M.

3. (*Clausola finale*). Nient'altro è un sequente su $\mathscr{L}$ derivabile logicamente da M.

Nel passo di induzione è fissata una procedura di generazione per ciascuna regola unaria e per ciascuna regola binaria del calcolo dei sequenti.

Come per ogni definizione induttiva (Paragrafo 2.2), vale che: S è un sequente derivabile logicamente da M *se e soltanto se* esiste una successione generativa di S indotta dalla definizione induttiva dell'insieme dei sequenti derivabili logicamente da M *se e soltanto se* esiste un albero generativo di S indotto dalla definizione induttiva dell'insieme dei sequenti derivabili logicamente da M. Ci si può facilmente convincere che possono esistere differenti alberi generativi di S da M indotti dalla definizione induttiva dell'insieme dei sequenti derivabili da M^{30}.

Osservazione 28. *Una regola unaria con premessa S' e conclusione S è reversibile sse, per ogni insieme M, se S è derivabile logicamente da M allora S' è derivabile logicamente da M. Ad esempio, le regole $\vee_m$ e $\mathbf{F}$ sono reversibili e la regola $\forall$ è reversibile (si veda la Proposizione 7 per maggiori dettagli).*

Una regola binaria con premesse S_1 e S_2 e conclusione S è reversibile sse, per ogni insieme M, se S è derivabile logicamente da M allora S_1 e S_2 sono derivabili logicamente da M. Ad esempio, la regola $\wedge_a$ è reversibile (si veda la Proposizione 7 per maggiori dettagli).

In modo analogo, eliminando le regole dei quantificatori, si definisce:

- quando l'insieme V delle variabili speciali è un insieme di lettere proposizionali, l'insieme dei sequenti su $\mathscr{L}$ derivabili nella logica classica proposizionale;
- quando $\mathscr{L}$ è un linguaggio elementare, l'insieme dei sequenti su $\mathscr{L}$ derivabili nella logica classica elementare.

3.3.2.2 Derivazioni e analisi dei sequenti

Sia M un insieme di formule di $\mathscr{L}$ ed S un sequente.

Ciascun albero generativo di S da M indotto dalla definizione induttiva dei sequenti derivabili logicamente da M sarà chiamato *derivazione di S da M*; se $M = \emptyset$, una derivazione di S da $\emptyset$ sarà chiamata semplicemente *derivazione di S*.

---

[30] In esercizio, si mostri che con la definizione data, se S è un sequente derivabile logicamente da M, esistono sempre *infiniti* alberi generativi di S da M indotti dalla definizione induttiva dell'insieme dei sequenti derivabili da M.

Si ha banalmente che un sequente S è derivabile da M sse esiste una derivazione di S da M, e che un sequente S è derivabile sse esiste una derivazione di S da $\emptyset$.

In altri termini, una derivazione di S da M è un albero finito di sequenti, le cui foglie sono regole 0-arie oppure formule di M, i cui nodi sono le regole unarie o binarie di LK, e la cui radice è il sequente S. Un tale albero viene in generale rappresentato con la radice in basso e le foglie in alto.

La nozione di *analisi* di S da M è una generalizzazione della nozione di derivazione di S da M. Si tratta sempre di un albero di sequenti, al quale si chiede di soddisfare tutte le proprietà di una derivazione salvo una: un'analisi può essere un albero infinito.

Una derivazione di S da M è sempre un'analisi di S da M, e quando un'analisi di S da M è finita si tratta di una derivazione di S da M. Un'analisi di S da M che non è una derivazione è un albero infinito e dunque (trattandosi di un albero a ramificazione finita, Definizione 3), per il lemma di König (Proposizioni 1 e 2) ha un ramo infinito.

Un'analisi di un sequente S su $\mathscr{L}$ da un insieme M di formule su $\mathscr{L}$ è:

- *cut-free*, sse non contiene la regola (CUT);
- *moltiplicativa*, sse non contiene regole logiche nella formulazione additiva;
- *additiva*, sse non contiene regole logiche nella formulazione moltiplicativa;
- *puramente moltiplicativa*, sse è moltiplicativa e non contiene regole strutturali;
- *puramente additiva*, sse è additiva e non contiene regole strutturali;
- *reversibile,* sse contiene soltanto regole logiche reversibili o la regola $(\top)$;
- *gode della proprietà della sottoformula* (è *analitica*), sse ogni occorrenza di formula in un sequente della derivazione è sottoformula estesa di una occorrenza di formula nel sequente S.

Un sequente S su $\mathscr{L}$ è:

- *cut-free derivabile* da M, sse esiste una derivazione cut-free di S da M;
- *derivabile in maniera (puramente) moltiplicativa da M, o nella formulazione (puramente) moltiplicativa del calcolo dei sequenti da M*, sse esiste una derivazione (puramente) moltiplicativa di S da M;
- *derivabile in maniera (puramente) additiva da M, o nella formulazione (puramente) additiva del calcolo dei sequenti da M*, sse esiste una derivazione (puramente) additiva di S da M;
- *derivabile in maniera reversibile da M, o nella formulazione reversibile del calcolo dei sequenti da M*, sse esiste una derivazione reversibile di S da M.

L'osservazione seguente è immediata e fondamentale:

Osservazione 29. *In una derivazione senza tagli di una formula A occorrono esclusivamente sottoformule (estese) di A. Questa è una banale conseguenza del fatto che ogni regola diversa dalla regola di taglio gode della seguente proprietà: qualunque formula occorra in una delle premesse della regola è sottoformula (estesa) di una delle formule che occorre nella conclusione della regola.*

3.3.3 Correttezza delle regole di *LK*

Ci proponiamo di dimostrare, in questo paragrafo, che le regole di *LK* sono "corrette", e cioè (dall'alto verso il basso) "preservano la verità". Questo ha senso rispetto alla derivabilità di una formula chiusa da una teoria (e non rispetto alla derivabilità di una qualunque formula da un insieme qualsiasi di formule, anche non chiuse, come discusso nel Paragrafo 3.3.2), in quanto la nozione di conseguenza logica (Definizione 24) è stata data per una formula chiusa rispetto ad una teoria.

Teorema 14 (Teorema di correttezza). *Se la formula chiusa A del linguaggio $\mathscr{L}$ è derivabile logicamente dalla teoria T in $\mathscr{L}$, allora $T \models A$.*

Dimostrazione. Intuitivamente, il risultato è una semplice verifica del fatto che per ogni $\mathscr{L}$-struttura $\mathscr{M}$:

1. se Γ è un sequente conclusione di una regola 0-aria, allora $\mathscr{M} \models \Gamma$;
2. se Γ (risp. Δ) è il sequente premessa (risp. conclusione) di una regola unaria, allora dal fatto che $\mathscr{M} \models \Gamma$ segue che $\mathscr{M} \models \Delta$;
3. se Γ_1 e Γ_2 sono i due sequenti premesse di una regola binaria, e se Δ è il sequente conclusione della regola, allora dal fatto che $\mathscr{M} \models \Gamma_1$ e che $\mathscr{M} \models \Gamma_2$ segue che $\mathscr{M} \models \Delta$.

Incontriamo però una difficoltà dovuta alla presenza, in una generica derivazione di *LK*, di formule che non sono né chiuse né a parametri in una struttura, mentre noi abbiamo scelto di definire la soddisfacibilità in una struttura solo delle formule chiuse a parametri nella struttura (seguendo l'idea che solo le formule "chiuse" possono avere un valore). Dobbiamo allora ricorrere ad un piccolo artefatto per dimostrare il teorema.

Introduciamo un insieme infinito (numerabile) $\mathscr{C}$ di nuovi simboli di costante che mettiamo in corrispondenza biunivoca con l'insieme $\mathscr{V}$ delle variabili vincolabili di $\mathscr{L}$, e consideriamo il linguaggio $\mathscr{L}'$ ottenuto a partire da $\mathscr{L}$ aggiungendo i simboli di costante presenti in $\mathscr{C}$. Introduciamo inoltre la variante di *LK*, che denotiamo con LK_c, ottenuta sostituendo la regola ($\forall$) con la seguente regola:

$$\frac{\vdash \Gamma, A(c/x)}{\vdash \Gamma, \forall x A}$$

dove la condizione da rispettare sarà adesso che la costante c non appaia in Γ.

Se π è una derivazione in *LK* di A a partire da T, si può ottenere una derivazione π_c in LK_c di A a partire da T, sostituendo ad ogni occorrenza di una data variabile x il corrispondente simbolo di costante $c \in \mathscr{C}$: ovviamente in tal modo si sostituiscono a variabili diverse diversi simboli di costante. La derivazione π_c farà esclusivamente uso di formule chiuse di $\mathscr{L}'$. Mostriamo ora per le $\mathscr{L}'$-strutture la seguente variante delle tre condizioni precedenti:

1. se Γ è un sequente conclusione di una regola 0-aria di LK_c, allora $\mathscr{M}' \models \Gamma$ per ogni $\mathscr{L}'$-struttura $\mathscr{M}'$;

2. se Γ (risp. Δ) è il sequente premessa (risp. conclusione) di una regola unaria di LK_c, allora dal fatto che $\mathscr{M}' \models \Gamma$ per ogni $\mathscr{L}'$-struttura $\mathscr{M}'$ che soddisfa T, segue che $\mathscr{M}' \models \Delta$ per ogni $\mathscr{L}'$-struttura $\mathscr{M}'$ che soddisfa T;

3. se Γ_1 e Γ_2 sono i due sequenti premesse di una regola binaria di LK_c, e se Δ è il sequente conclusione della regola, allora dal fatto che $\mathscr{M}' \models \Gamma_1$ e $\mathscr{M}' \models \Gamma_2$ per ogni $\mathscr{L}'$-struttura $\mathscr{M}'$ che soddisfa T, segue che $\mathscr{M}' \models \Delta$ per ogni $\mathscr{L}'$-struttura $\mathscr{M}'$ che soddisfa T.

La dimostrazione è immediata salvo nel caso della nuova regola del $\forall$: in questo caso vogliamo dimostrare che se ogni $\mathscr{L}'$-struttura che soddisfa T soddisfa il sequente $\Gamma, A(c/x)$ (dove c non appare in Γ), allora ogni $\mathscr{L}'$-struttura che soddisfa T soddisfa anche $\Gamma, \forall xA$. Sia dunque $\mathscr{M}'$ una $\mathscr{L}'$-struttura che soddisfa T; vogliamo dimostrare che $\mathscr{M}' \models \Gamma, \forall xA$. Se $\mathscr{M}' \models \Gamma$, la conclusione è immediata: supponiamo dunque che $\mathscr{M}' \not\models \Gamma$, e fissiamo un elemento a' del supporto M' di $\mathscr{M}'$. Consideriamo allora la $\mathscr{L}'$-struttura $\mathscr{M}''$ ottenuta a partire da $\mathscr{M}'$ cambiando (eventualmente) il valore di c nella struttura in maniera tale che risulti $c_{\mathscr{M}''} = a'$. Poiché in T non sono presenti i simboli di costante che occorrono in $\mathscr{C}$, dalla Definizione 22 di valore di una formula in una struttura segue che $\mathscr{M}'' \models T$, e dunque per ipotesi $\mathscr{M}'' \models \Gamma, A(c/x)$. Ma per l'ipotesi fatta su $\mathscr{M}'$ e poiché c non occorre in Γ, questo significa che $\mathscr{M}'' \not\models \Gamma$, dunque necessariamente $\mathscr{M}'' \models A(c/x)$, e cioè $\mathscr{M}'' \models A[a'/x]$, il che equivale (per definizione di $\mathscr{M}''$) a $\mathscr{M}' \models A[a'/x]$. Dall'arbitrarietà dell'elemento $a' \in M'$ ne segue che $\mathscr{M}' \models \forall xA$ e dunque anche nel caso $\mathscr{M}' \not\models \Gamma$ vale comunque che $\mathscr{M}' \models \Gamma, \forall xA$. Dalla dimostrazione delle tre condizioni precedenti segue che nel linguaggio $\mathscr{L}'$ vale $T \models A$.

Mostriamo ora l'enunciato del teorema di correttezza: sia $\mathscr{M}$ una $\mathscr{L}$-struttura che soddisfa T. Per ottenere una $\mathscr{L}'$-struttura $\mathscr{M}_c$ bisogna definire l'interpretazione delle costanti di $\mathscr{C}$, cosa che si può fare in tanti modi. Ma *qualunque sia il modo scelto*, la struttura $\mathscr{M}_c$ ottenuta soddisferà ancora T (visto che nelle formule di T non compaiono le costanti di $\mathscr{C}$). Dunque per quanto già dimostrato $\mathscr{M}_c \models A$. Sempre perché in A non compaiono le costanti di $\mathscr{C}$, la restrizione di $\mathscr{M}_c$ ad $\mathscr{L}$ (ottenuta "dimenticando" l'interpretazione delle costanti di $\mathscr{C}$) continuerà a soddisfare A. Ma la restrizione di $\mathscr{M}_c$ ad $\mathscr{L}$ è $\mathscr{M}$: dunque $\mathscr{M} \models A$.   □

3.3.4 Qualche proprietà delle regole di LK e dei sequenti derivabili

Approfondiamo in questo paragrafo lo studio del calcolo dei sequenti, dando prima una descrizione qualitativa delle regole, e successivamente dimostrando (Proposizione 7) alcune proprietà delle derivazioni logiche che ci serviranno nel seguito. Mostreremo che dal punto di vista della derivabilità lo "stile" (moltiplicativo o additivo) di una regola è sostanzialmente ininfluente, mentre nel Capitolo 4 vedremo che invece questo diventa rilevante quando l'oggetto di studio sono le derivazioni. Nella Proposizione 7, ogni regola viene anche catalogata come reversibile o irreversibile, secondo la definizione data nell'Osservazione 28; vedremo in seguito (nel Paragrafo 4.1.3 del Capitolo 4, ed in particolare con il Lemma 5) che la reversibilità può anche essere sfruttata per applicare opportune trasformazioni alle derivazioni.

Le premesse e la conclusione di ciascuna regola di *LK* sono sequenti, presentati mettendo in evidenza alcune formule. Usiamo nella spiegazione seguente in modo leggermente improprio la nozione di "falsificabilità" di un sequente (che è stata definita solo per sequenti di formule chiuse), e nello stesso spirito useremo il teorema di correttezza, e precisamente i Punti 1, 2 e 3 della dimostrazione del Teorema 14:

- ogni regola senza premesse (0-aria) asserisce che si può derivare il sequente che è conclusione della regola. Ne segue (per il Punto 1 della dimostrazione del Teorema 14) che è impossibile una sua falsificazione;
- ogni regola unaria - vista dall'alto verso il basso - asserisce che, se si può derivare il sequente che è premessa della regola, allora si può derivare il sequente che è la conclusione della regola; ossia che la derivabilità della premessa è condizione sufficiente per la derivabilità della conclusione. Ogni regola unaria – vista dal basso verso l'alto – asserisce che, se si può falsificare il sequente che è la conclusione della regola, allora si può falsificare il sequente che è la premessa della regola; ossia che la falsificabilità della conclusione è condizione sufficiente per la falsificabilità della premessa (Punto 2 della dimostrazione del Teorema 14);
- ogni regola binaria – vista dall'alto verso il basso – asserisce che, se si possono derivare i due sequenti che sono le due premesse della regola, allora si può derivare il sequente che è la conclusione della regola; ossia che la derivabilità di tutte e due le premesse è condizione sufficiente per la derivabilità della conclusione. Ogni regola binaria – vista dal basso verso l'altro – asserisce che, se si può falsificare il sequente che è la conclusione della regola, allora si può falsificare almeno uno dei due sequenti che sono le premesse della regola; ossia, che la falsificabilità della conclusione è condizione sufficiente per la falsificabilità di almeno una delle premesse (Punto 3 della dimostrazione del Teorema 14).

Le regole sono di tre tipi: regole basilari, regole strutturali e regole logiche:

- le regole basilari non concernono i simboli logici ma soltanto la dualità A / $\neg A$ (*A* come conclusione / *A* come ipotesi), ossia sono regole nelle quali si mettono in evidenza una formula A e una formula $\neg A$. Ci sono due regole basilari: la regola 0-aria dell'identità che afferma l'esistenza di una derivazione di A da A (la più semplice derivazione possibile), e la regola binaria del taglio (o della comunicazione) che afferma la possibilità di comporre una derivazione di A con una derivazione da A;
- le regole strutturali non concernono i simboli logici ma soltanto la struttura dei sequenti, sono cioè regole nelle quali si mettono in evidenza formule senza considerare come esse sono costituite. Ci sono due regole strutturali: la regola di indebolimento che afferma la possibilità di aggiungere ipotesi a una derivazione, e la regola di contrazione che afferma la possibilità di contrarre a una sola due occorrenze di una stessa ipotesi in una derivazione;
- le regole logiche concernono i simboli logici, e sono regole nelle quali nella conclusione si mette in evidenza una formula e nelle premesse si mettono in evidenza sottoformule immediate di tale formula.

Le regole logiche sulle costanti logiche proposizionali e sui connettivi possono essere formulate in due maniere, rispettivamente chiamate *moltiplicativa* e *additiva*: vedremo (Punto 4 e Punto 5 della Proposizione 7) che le due formulazioni sono equivalenti.

Le regole del calcolo dei sequenti per la logica classica proposizionale e per la logica classica elementare sono le regole del calcolo dei sequenti per la logica classica del primo ordine omettendo ovviamente le regole logiche sui quantificatori.

Qualche esercizio

Qui di seguito elenchiamo alcune formule del primo ordine derivabili nel calcolo dei sequenti (coerentemente con le notazioni adottate A, B, C sono formule qualsiasi).

Una prima possibilità per dimostrare ognuna di queste formule è semplicemente, caso per caso, ingegnarsi per trovare una derivazione di LK che abbia come conclusione la formula. Una (radicale) semplificazione ci viene fornita dalla proprietà di eliminabilità del taglio, che dimostreremo in seguito (Teorema 17): qualunque formula si può derivare senza far uso della regola di taglio *e dunque* (per l'Osservazione 29) utilizzando esclusivamente sottoformule estese della formula da derivare. Ulteriori semplificazioni sono possibili, come conseguenze della Proposizione 7 e della costruzione dell'analisi canonica che presenteremo nel Paragrafo 3.4. In definitiva, alla fine del presente capitolo, il lettore disporrà di (almeno) tre modi diversi di derivare ognuna delle formule qui di seguito elencate: 1) applicando la costruzione dell'analisi canonica senza tagli 2) nella formulazione moltiplicativa senza tagli 3) nella formulazione additiva senza tagli.

- $A \rightarrow (B \rightarrow A)$ ossia $\neg A \vee (\neg B \vee A)$;
- $(A \rightarrow (B \rightarrow C)) \rightarrow ((A \rightarrow B) \rightarrow (A \rightarrow C))$ ossia $((\neg C \wedge B) \wedge A) \vee ((\neg B \wedge A) \vee (\neg A \vee C))$;
- $A \wedge B \rightarrow A$ ossia $(\neg B \vee \neg A) \vee A$;
- $A \wedge B \rightarrow B$ ossia $(\neg B \vee \neg A) \vee B$;
- $(C \rightarrow A) \rightarrow ((C \rightarrow B) \rightarrow (C \rightarrow (A \wedge B)))$ ossia $(\neg A \wedge C) \vee ((\neg B \wedge C) \vee (\neg C \vee (A \wedge B)))$;
- $A \rightarrow (A \vee B)$ ossia $\neg A \vee (A \vee B)$;
- $B \rightarrow (A \vee B)$ ossia $\neg B \vee (A \vee B)$;
- $(A \rightarrow C) \rightarrow ((B \rightarrow C) \rightarrow ((A \vee B) \rightarrow C))$ ossia $(\neg C \wedge A) \vee ((\neg C \wedge B) \vee ((\neg B \wedge \neg A) \vee C))$;
- $A \rightarrow \neg\neg A$ ossia $\neg A \vee A$;
- $\neg\neg A \rightarrow A$ ossia $\neg A \vee A$;
- $(A \rightarrow B) \rightarrow (\neg B \rightarrow \neg A)$ ossia $(\neg B \wedge A) \vee (B \vee \neg A)$;
- $\forall x A \rightarrow A(t/x)$ ossia $\exists x \neg A \vee A(t/x)$;
- $A(t/x) \rightarrow \exists x A$ ossia $\neg A(t/x) \vee \exists x A$;
- $A \wedge B \rightarrow B \wedge A$ ossia $(\neg B \vee \neg A) \vee (B \wedge A)$;
- $A \vee B \rightarrow B \vee A$ ossia $(\neg B \wedge \neg A) \vee (B \vee A)$;
- $A \wedge \mathbf{V} \leftrightarrow A$ ossia $((\mathbf{F} \vee \neg A) \vee A) \wedge (\neg A \vee (A \wedge \mathbf{V}))$;

- $A \vee \mathbf{F} \leftrightarrow A$ ossia $((\mathbf{V} \wedge \neg A) \vee A) \wedge (\neg A \vee (A \vee \mathbf{F}))$;
- $(A \wedge (B \vee C)) \leftrightarrow ((A \wedge B) \vee (A \wedge C))$ ossia $((\neg A \vee (\neg B \wedge \neg C)) \vee ((A \wedge B) \vee (A \wedge C))) \wedge (((\neg A \vee \neg B) \wedge (\neg A \vee \neg C)) \vee (A \wedge (B \vee C)))$;
- $(A \vee (B \wedge C)) \leftrightarrow ((A \vee B) \wedge (A \vee C))$ ossia $((\neg A \wedge (\neg B \vee \neg C)) \vee ((A \vee B) \wedge (A \vee C))) \wedge (((\neg A \wedge \neg B) \vee (\neg A \wedge \neg C)) \vee (A \vee (B \wedge C)))$;
- $\exists x(A(x) \to \forall y A(y))$ ossia $\exists x(\neg A(x) \vee \forall y A(y))$.

Proposizione 7. *Valgono le seguenti proprietà per il calcolo dei sequenti LK.*

1. $\vdash \mathbf{V}, \mathbf{F}$ *è cut-free derivabile in maniera puramente moltiplicativa e in maniera puramente additiva, usando soltanto le regole per* $\mathbf{V}$ *e per* $\mathbf{F}$.
2. *Se* $\diamond = \wedge$ *oppure* $\diamond = \vee$, $\vdash A \diamond B, \neg B \overline{\diamond} \neg A$ *è cut-free derivabile in maniera puramente moltiplicativa e in maniera puramente additiva, usando soltanto le regole per* $\wedge$ *e* $\vee$ *a partire dalle due istanze della regola (ID) con conclusione* $\vdash A, \neg A$ *e* $\vdash B, \neg B$ *(ossia a partire da assiomi aventi come conclusioni le sottoformule immediate di* $A \diamond B, \neg B \overline{\diamond} \neg A$*).*
3. *Se* $\diamond$ *è un quantificatore,* $\vdash \diamond x A, \overline{\diamond} x \neg A$ *è cut-free derivabile usando soltanto le regole per* $\forall$ *e per* $\exists$ *a partire dalla regola (ID) con conclusione* $\vdash A, \neg A$.
4. *Per ciascuna regola moltiplicativa, la conclusione della regola è derivabile dalla premessa (o dalle premesse) usando soltanto le regole strutturali e le regole additive.*
5. *Per ciascuna regola additiva, la conclusione della regola è derivabile dalla premessa (o dalle premesse) usando soltanto le regole strutturali e le regole moltiplicative.*
6. *Sono derivabili logicamente: (i)* $\vdash A \wedge B, \neg B, \neg A$ *(nella formulazione moltiplicativa senza regole strutturali, nella formulazione additiva con la regola (W)), (ii)* $\vdash A \vee B, \neg A$ *(nella formulazione moltiplicativa con la regola (W), nella formulazione additiva senza regole strutturali), (iii)* $\vdash A \vee B, \neg B$ *(nella formulazione moltiplicativa con la regola (W), nella formulazione additiva senza regole strutturali), (iv)* $\vdash \exists x A, \neg A$ *(senza regole strutturali).*
7. *Le regole* $(\bot)$, $(\&)$, $(\wp)$, $(\forall)$, *e la regola di contrazione sono reversibili. Le regole* $(\oplus)$, $(\otimes)$, $(\exists)$, *e la regola di indebolimento non sono reversibili (si dice anche che sono* irreversibili*). Entrambe le regole (additiva e moltiplicativa) dell'unità* $\mathbf{V}$ *non hanno premesse, pertanto non ha molto senso porsi la questione della loro reversibilità secondo la definizione da noi data di regola reversibile[31].*

Dimostrazione. La dimostrazione di 1, 2, 3, 4, 5, 6 viene lasciata in esercizio al lettore. Dimostriamo la reversibilità delle regole menzionate in 7.

(i) $(\bot)$ è reversibile. Se $\vdash \Gamma, \mathbf{F}$ è derivabile, allora poiché $\vdash \mathbf{V}$ è derivabile è anche derivabile $\vdash \Gamma$ mediante (CUT).

(ii) $(\wp)$ è reversibile. Se $\vdash \Gamma, A \vee B$ è derivabile, allora poiché $\vdash \neg B \wedge \neg A, A, B$ è derivabile è anche derivabile $\vdash \Gamma, A, B$ mediante (CUT).

---

[31] Si osservi però che dando a questa nozione un significato più vicino a quello di interesse della teoria della dimostrazione contemporanea (espresso dal Lemma 5), risulta essere reversibile la regola additiva e irreversibile quella moltiplicativa.

(iii) (&) è reversibile. Se $\vdash \Gamma, A \wedge B$ è derivabile, allora poiché $\vdash \neg B \vee \neg A, A$ è derivabile è anche derivabile $\vdash \Gamma, A$ mediante (CUT); analogamente poiché $\vdash \neg B \vee \neg A, B$ è derivabile è anche derivabile $\vdash \Gamma, B$ mediante (CUT).

(iv) ($\forall$) è reversibile. Se $\vdash \Gamma, \forall x A$ è derivabile, allora poiché $\vdash \exists x \neg A, A$ è derivabile, è anche derivabile $\vdash \Gamma, A$ mediante (CUT).

(v) (C) è reversibile: mediante (W) si passa dalla conclusione alla premessa di (C).

Usando il teorema di correttezza (Teorema 14) si può dimostrare che le regole ($\oplus$), ($\otimes$), ($\exists$), e la regola di indebolimento non sono reversibili: per ognuna di queste regole, la derivabilità della conclusione non implica la derivabilità di ciascuna delle premesse. Si tratta per dimostrarlo di considerare dei casi concreti di ognuna di queste regole in cui sia derivabile il sequente conclusione della regola, e poi di esibire una struttura che (pur soddisfacendo il sequente conclusione della regola[32]) non soddisfaccia uno dei sequenti che sono premesse della regola. Facciamolo ad esempio per le regole ($\oplus$) ed ($\exists$). Nel caso della regola ($\oplus$), scegliamo come premessa il sequente avente come unica occorrenza di formula un'occorrenza della formula **F** e come conclusione **F** $\vee$ **V**: in questo caso qualunque struttura per il linguaggio soddisferà la conclusione senza soddisfare la premessa. Nel caso della regola ($\exists$), scegliamo come premessa il sequente avente come unica occorrenza di formula un'occorrenza della formula $P(c) \rightarrow \forall y P(y)$, dove c è un simbolo di costante e P un simbolo di predicato di arietà 1, e come conclusione $\exists x (P(x) \rightarrow \forall y P(y))$ (che è un caso particolare della formula precedentemente considerata nella lista di esercizi). Basta allora considerare una struttura $\mathcal{M}$ per il linguaggio tale che $P_{\mathcal{M}} \neq M$ e $P_{\mathcal{M}} \neq \emptyset$, cioè tale che esista nel supporto M di $\mathcal{M}$ un elemento a (risp. b) per il quale $\mathcal{M} \not\models P[a]$ (risp. $\mathcal{M} \models P[b]$), e definire $c_{\mathcal{M}} = b$: in tal caso avremo $\mathcal{M} \not\models P(c) \rightarrow \forall y P(y)$ (mentre naturalmente $\mathcal{M} \models \exists x (P(x) \rightarrow \forall y P(y))$ essendo $\exists x (P(x) \rightarrow \forall y P(y))$ una formula derivabile).   □

Osservazione 30. *I Punti 4 e 5 della Proposizione 7 ci dicono che non serve distinguere tra derivabilità con le regole additive e derivabilità con le regole moltiplicative, poiché tutti i sequenti derivabili usando le regole additive sono derivabili usando le regole moltiplicative, e viceversa. Ma - si noti - questo risultato dipende dalla presenza delle regole strutturali.*

Osservazione 31. *Possiamo dare a questo punto una prima intuizione del teorema fondamentale dell'analisi canonica (Teorema 15 del Paragrafo 3.4.3), la cui costruzione permette di determinare se una data formula (chiusa) A è derivabile o meno. Partendo da A si può procedere dal basso verso l'alto costruendo una potenziale derivazione di A applicando solo regole logiche (o per i quantificatori) reversibili "fintanto che è possibile", e senza prestare attenzione allo stile (moltiplicativo o additivo) delle regole. Nei casi in cui non si possono applicare regole logiche reversibili (si pensi ad esempio al caso in cui A = ∃xB), si applica un "blocco" di regole che gode della stessa proprietà di una regola reversibile (Osservazione 37).*

---

[32] Sappiamo per il teorema di correttezza che non può essere altrimenti: se la formula è derivabile, sarà soddisfatta da qualunque struttura.

Ad ogni stadio della costruzione si ottiene in tal modo un insieme di sequenti, che possono essere pensati come le ipotesi provvisorie della potenziale derivazione: per la Proposizione 7, A è derivabile se e solo se lo è ognuno di questi sequenti. Il teorema fondamentale dell'analisi canonica afferma che quando questo procedimento termina "correttamente" otteniamo una derivazione di A, mentre otteniamo una falsificazione di A negli altri due casi possibili: quando termina ma in modo "scorretto" oppure quando non termina affatto.

Si noti però che questo modo di procedere non tiene in alcun conto la struttura *della derivazione: vedremo in particolare nel Capitolo 4 che l'uso di formulazioni "miste" (con regole a volte additive ed altre volte moltiplicative, come nell'analisi canonica) non permette di preservare importanti caratteristiche delle derivazioni rispetto alla trasformazione che definiremo nel Paragrafo 4.1, caratteristiche che sono invece invarianti se si scelgono formulazioni interamente moltiplicative oppure interamente additive.*

3.4 Analisi canonica e teorema fondamentale

Dopo aver introdotto le nozioni di soddisfacibilità e di derivabilità logica (Paragrafi 3.2 e 3.3), vogliamo ora come promesso stabilire tra di esse un legame preciso, e lo faremo attraverso il costrutto principale di questo capitolo: l'analisi canonica. Si tratta di un oggetto che apparirà nella nostra trattazione in due forme diverse:

- *l'analisi canonica senza tagli* può essere "canonicamente" costruita a partire da una qualunque formula chiusa A: se A è derivabile, l'analisi canonica di A è una derivazione senza tagli di A, mentre se A non è derivabile l'analisi canonica senza tagli di A produce un contromodello di A;
- *l'analisi canonica con tagli* può essere "canonicamente" costruita a partire da una una teoria T ed una formula chiusa A: se A è derivabile da T, l'analisi canonica di A da T è una derivazione (che può contenere tagli) di A da T, mentre se A non è derivabile da T l'analisi canonica di A da T produce una struttura per il linguaggio che soddisfa T e non soddisfa A.

L'analisi canonica ha "la struttura" di una derivazione di LK, pur non essendo (in generale) una derivazione "corretta": l'uso di oggetti non (logicamente) corretti è diffuso nella teoria della dimostrazione contemporanea, ed ha senz'altro influenzato il nostro approccio ai risultati basilari sulla logica del primo ordine che presenteremo nel Paragrafo 3.5. Un esempio tipico è la nuova "regola" ipotesi che verrà a breve introdotta: si tratta di una regola che permette di derivare qualunque sequente (e dunque ovviamente logicamente scorretta) che però non altera "la struttura" della derivazione, ed è proprio questa struttura (piuttosto che la correttezza logica della derivazione) ad essere al centro di parte della teoria della dimostrazione contemporanea.

Nel Paragrafo 3.4.1 diamo ampio spazio alla costruzione dell'analisi canonica, che è il cuore della dimostrazione del risultato principale del capitolo (il Teorema 15). Presentiamo separatamente le due versioni dell'analisi canonica, mentre nel seguito enunciamo e dimostriamo i risultati relativi ad entrambe le versioni contemporaneamente (in particolare il teorema fondamentale dell'analisi canonica del Paragrafo 3.4.3). Le due costruzioni (dei Paragrafi 3.4.1.1 e 3.4.1.2) sono simili e sarebbe stato possibile presentarle unitariamente, ma ci è parso più efficace presentarle separatamente: da un lato questo permetterà al lettore di familiarizzarsi con questa fondamentale costruzione, e dall'altro di apprezzare meglio le differenze tra le due versioni dell'analisi canonica, che appariranno poi con evidenza nel diverso uso che ne faremo.

Nel successivo Paragrafo 3.4.2 elenchiamo alcune proprietà degli eventuali rami "scorretti" dell'analisi canonica, e mostriamo poi come (grazie a queste proprietà), a partire da un ramo "scorretto" dell'analisi canonica, sia facilmente possibile costruire una struttura il cui supporto sia costituito da termini chiusi e che sia una falsificazione della conclusione dell'analisi canonica (a partire da ipotesi nel caso con tagli).

Nel Paragrafo 3.4.3 dimostriamo il teorema fondamentale dell'analisi canonica (Teorema 15), il quale afferma che quando l'albero dell'analisi canonica non è una derivazione logica, esiste nell'albero un ramo "scorretto", grazie al quale si può costruire una falsificazione della conclusione dell'analisi canonica (a partire da ipotesi nel caso con tagli). Il teorema fondamentale dell'analisi canonica ha come conseguenza tutti i risultati di base sulla logica del primo ordine (come dimostreremo nel Paragrafo 3.5 che conclude il capitolo): teorema di completezza, teorema di eliminabilità del taglio, teorema di completezza forte, teorema di compattezza, teorema di Löwenheim-Skolem.

La presentazione di un sequente induce naturalmente una relazione di ordine ciclico sulle occorrenze di formule del sequente, di cui faremo uso in seguito:

Osservazione 32 (Ordine ciclico). *Intuitivamente, un ordine totale ciclico si può ottenere considerando una circonferenza, orientandola e considerando un insieme di punti su di essa. L'orientamento induce un ordine totale sui punti considerati: se a,b,c sono tre punti (distinti) qualsiasi, b si trova tra a e c (a < b < c) oppure tra c ed a (c < b < a); non ci sono altre possibilità. Si noti che dire a < b < c è perfettamente equivalente a dire b < c < a o anche c < a < b.*

Più rigorosamente, un ordine totale ciclico è una coppia (X,α), dove X è un insieme e α è una relazione ternaria su X che soddisfa le seguenti proprietà:

- *per ogni a,b,c ∈ X, se α(a,b,c), allora α(b,c,a)*   *(ciclica);*
- *per ogni a,b ∈ X, non vale mai α(a,a,b)*   *(antiriflessiva);*
- *per ogni a,b,c,d ∈ X, se α(a,b,c) e α(c,d,a), allora α(b,c,d)* *(transitiva);*
- *per ogni a,b,c ∈ X vale α(a,b,c) oppure α(c,b,a)*   *(totale).*

Si può verificare che l'ordine precedentemente definito sui punti di una circonferenza soddisfa le condizioni precedenti. In realtà, se X è finito qualsiasi ordine totale ciclico può rappresentarsi come un insieme finito di punti su di una circonferenza orientata.

Se l'insieme X è finito, si può facilmente definire una nozione di distanza su (X,α): dati a,b ∈ X la distanza d(a,b) tra a e b è 0 se a = b, ed altrimenti è pari *al numero di punti di X diversi da a che sono compresi tra a e b (includendo anche b). Ad esempio, se b è il punto di X che segue a, allora $d(a,b) = 1$. Si noti che, ovviamente, in generale $d(a,b) \neq d(b,a)$.*

In tutto il resto di questo capitolo, considereremo fissato un linguaggio *numerabile* $\mathscr{L}$; il teorema fondamentale dell'analisi canonica e le sue conseguenze presentate nel Paragrafo 3.5 saranno dunque dimostrati per i linguaggi numerabili (si veda in merito anche l'Osservazione 60).

La costruzione dell'analisi canonica ed il suo teorema fondamentale mettono in evidenza gli aspetti delle dimostrazioni che non possono in alcun modo essere resi effettivi (Osservazione 49). A tal proposito, si noti che l'ipotesi di numerabilità del linguaggio è necessaria nelle Definizioni 27 e 29, mentre la decidibilità[33] del linguaggio non lo è nella dimostrazione del Teorema 15. Va però specificato che tutto l'approccio qui presentato è fortemente influenzato dall'idea di procedura effettiva, ed il lettore può dunque, per fissare le idee, considerare di aver a che fare nel seguito con un linguaggio numerabile e decidibile.

3.4.1 Costruzione dell'analisi canonica

Fissato un linguaggio del primo ordine $\mathscr{L}$, la costruzione dell'analisi canonica senza tagli di una formula chiusa A viene presentata nel Paragrafo 3.4.1.1, mentre la costruzione dell'analisi canonica con tagli di una formula chiusa A da una teoria T viene presentata nel Paragrafo 3.4.1.2.

Chiameremo *ipotesi* una nuova regola che useremo nella costruzione dell'analisi canonica (con e senza tagli). Si tratta di una regola 0-aria, che etichetteremo con (H), la cui conclusione è una presentazione di qualsiasi sequente S:

$$\frac{\qquad}{\vdash \Gamma}\ (H)\ .$$

Naturalmente tale regola non è logicamente corretta (aggiungendola alle regole di LK, qualsiasi sequente diventa derivabile/derivabile da T), ma ci servirà nella definizione dell'analisi canonica. Nel seguito chiameremo *paraprova* una derivazione ottenuta usando le regole di LK ed eventualmente facendo uso della regola ipotesi. Ci capiterà anche di confondere una regola ipotesi con la sua conclusione: faremo spesso riferimento al sequente S conclusione di una regola ipotesi come, appunto, ad un'ipotesi.

3.4.1.1 Analisi canonica senza tagli

Solo nel caso senza tagli, distingueremo tra le ipotesi quelle che chiameremo ipotesi definitive: un'*ipotesi definitiva* è una regola ipotesi la cui conclusione S contiene solo formule di grado nullo[34], ed inoltre non occorrono in S sia una formula (atomica) che la sua negazione. In particolare il sequente vuoto è un'ipotesi definitiva.

---

[33] Vedi Nota 2.

[34] Cioè in S occorrono solo formule atomiche diverse dalle costanti logiche. La costruzione dell'analisi canonica è una delle situazioni in cui è maggiormente rilevante la struttura logica delle

L'analisi canonica senza tagli di una formula chiusa è definita fissando preliminarmente:

- una enumerazione $(t_i)_{i \in \mathbb{N}}$ di tutti i termini di $\mathscr{L}$;
- per ciascuna presentazione $\vdash \Gamma$ di un sequente su $\mathscr{L}$ un *ordine totale ciclico* dei suoi elementi che è l'ordine in cui essi compaiono in Γ ponendo la prima formula di Γ come successiva all'ultima formula di Γ.

Fissiamo una formula chiusa A. Per ogni $n \in \mathbb{N}$, definiamo per induzione su n:

- una paraprova *cut-free* π_n di $\vdash A$ detta *l'n-esima approssimazione dell'analisi canonica senza tagli*;
- per ciascun sequente S conclusione di una regola ipotesi di π_n, una presentazione di S e (quando S non è vuoto) un elemento di tale presentazione di S "da analizzare" (cioè un'occorrenza di formula) che chiameremo *formula prescelta*.

La definizione è la seguente.

1. (*Base della definizione*) π_0 è la paraprova *cut-free* che consiste del solo sequente $\vdash A$ come conclusione di una regola ipotesi e l'unica occorrenza di A è la formula prescelta di $\vdash A$.
2. (*Passo della definizione*) La paraprova *cut-free* π_{n+1} di $\vdash A$ è ottenuta dalla paraprova cut-free π_n rimpiazzando le ipotesi non definitive S di π_n con la paraprova *cut-free* π_S di S (con nuove ipotesi), come è indicato nella Definizione 26 seguente. La presentazione di ciascuna nuova ipotesi e la formula prescelta in essa sono indicate nella definizione di π_S.

Osservazione 33. *In modo simile alle derivazioni e alle analisi dei sequenti (Paragrafo 3.3.2.2), per ogni intero n la paraprova π_n di A è un albero finito di sequenti, le cui foglie sono regole 0-arie di LK oppure regole ipotesi, i cui nodi sono le regole unarie o binarie di LK, e la cui radice è il sequente A. Un tale albero viene in generale rappresentato con la radice in basso e le foglie in alto, e quindi la paraprova π_{n+1} è un "prolungamento verso l'alto" di π_n. Più precisamente, con riferimento alle notazioni introdotte nella Definizione 4, vale $\pi_n \sqsubseteq \pi_{n+1}$ per ogni $n \in \mathbb{N}$.*

Per completare la costruzione, dato un sequente S, una sua presentazione con la formula prescelta, e dato un intero n, nella Definizione 26 che segue:

- si definisce una paraprova *cut-free* π_S di S con nuove ipotesi;
- si indica per ciascuna di tali nuove ipotesi una presentazione ed una formula prescelta[35].

Definizione 26 (Costruzione dell'analisi canonica senza tagli: definizione di π_S). *La paraprova senza tagli π_S viene definita per casi.*

---

formule piuttosto che la loro definizione induttiva, ed è dunque naturale distinguere le formule atomiche dalle costanti logiche (si veda l'Osservazione 19).

[35] Nel caso del sequente vuoto, non vi sarà la formula prescelta.

Se S è un sequente del tipo $\vdash A, \neg A, \Gamma$ *con A formula qualsiasi (risp. del tipo* $\vdash \Gamma, \mathbf{V}$*) allora* π_S *è una regola assioma (risp. la regola* $\mathbf{V}$*) seguita dal numero necessario di regole weakening*[36]*, e non vi sono regole ipotesi in* π_S.

Altrimenti, la definizione di π_S *dipende dal(tipo del)la formula prescelta B della presentazione in esame del sequente S; chiamiamo anche* premesse *di* π_S *le ipotesi di* π_S*, la cui presentazione sarà quella indicata nella definizione che segue.*

1. *Se B è una formula di grado nullo, e se la presentazione di S è* $\vdash \Gamma, B, \Delta$*, allora definiamo* π_S *come la paraprova con un'unica regola ipotesi di conclusione* $\vdash \Gamma, B, \Delta$*, ci accontentiamo semplicemente di cambiare la formula prescelta, sostituendo B con la successiva in* Γ, B, Δ[37]*. Se tutte le formule di* Γ, B, Δ *hanno grado nullo (e quindi in particolare quando S è il sequente vuoto), allora abbiamo un'ipotesi definitiva.*

2. *Se* $B = C \wedge D$*, e se la presentazione di S è* $\vdash \Gamma, C \wedge D, \Delta$*, allora definiamo* π_S *come la paraprova*

$$\frac{\dfrac{}{\vdash \Gamma, C, \Delta} (H) \qquad \dfrac{}{\vdash \Gamma, D, \Delta} (H)}{\vdash \Gamma, B, \Delta} (\wedge_a) \ .$$

Definiamo come formula prescelta in ognuna delle presentazioni dei sequenti ipotesi di π_S*, l'occorrenza di formula che segue B nell'ordine ciclico della presentazione del sequente conclusione di* π_S[38].

3. *Se* $B = C \vee D$*, e se la presentazione di S è* $\vdash \Gamma, C \vee D, \Delta$*, allora definiamo* π_S *come la paraprova*

$$\frac{\dfrac{}{\vdash \Gamma, C, D, \Delta} (H)}{\vdash \Gamma, B, \Delta} (\vee_m) \ .$$

Definiamo come formula prescelta nella presentazione del sequente ipotesi di π_S*, l'occorrenza di formula che segue B nell'ordine ciclico della presentazione del sequente conclusione di* π_S[39].

4. *Se* $B = \mathbf{F}$*, e se la presentazione di S è* $\vdash \Gamma, \mathbf{F}, \Delta$*, allora definiamo* π_S *come la paraprova*

$$\frac{\dfrac{}{\vdash \Gamma, \Delta} (H)}{\vdash \Gamma, B, \Delta} (\mathbf{F}) \ .$$

---

[36] Nel caso della regola $\mathbf{V}$, si potrebbe anche scegliere la sua formulazione additiva. Nel caso in cui nel sequente appaiano sia $A, \neg A$ che $\mathbf{V}$, è possibile scegliere quale regola applicare: l'assioma o la regola $\mathbf{V}$.

[37] Si noti che se tutte le ipotesi di π_n hanno come formula prescelta una formula di grado nullo, avremo $\pi_{n+1} = \pi_n$.

[38] Se $\Gamma = \Delta = \emptyset$, allora in ognuna delle presentazioni dei sequenti premesse della regola $\wedge$ c'è un'unica occorrenza di formula, che è la formula prescelta.

[39] Se $\Gamma = \Delta = \emptyset$, allora nella presentazione del sequente premessa della regola $\vee$ ci sono solo C, D e si può scegliere arbitrariamente quale delle due prendere come formula prescelta.

Definiamo come formula prescelta nella presentazione del sequente ipotesi di π_S l'occorrenza di formula che segue B nell'ordine ciclico della presentazione del sequente conclusione di π_S[40].

5. *Se $B = \forall x C$*[41], *e se la presentazione di S è $\vdash \Gamma, \forall x C, \Delta$, allora definiamo π_S come la paraprova*

$$\frac{\overline{\vdash \Gamma, C(y/x), \Delta}\ (H)}{\vdash \Gamma, B, \Delta}\ (\forall)$$

dove y è una variabile che non occorre in S. Definiamo come formula prescelta nella presentazione del sequente ipotesi di π_S, l'occorrenza di formula che segue B nell'ordine ciclico della presentazione del sequente conclusione di π_S[42].

6. *Se $B = \exists x C$, e se la presentazione di S è $\vdash \Gamma, \exists x C, \Delta$, allora definiamo π_S come la paraprova*[43]

$$\frac{\dfrac{\overline{\vdash \Gamma, C(t_0/x), \ldots, C(t_n/x), B, \Delta}\ (H)}{\vdash \Gamma, B, \ldots, B, \Delta}\ (\exists)\ n+1\ volte}{\vdash \Gamma, B, \Delta}\ (C)\ n+1\ volte$$

dove $t_0, \ldots, t_n$ sono i primi $n+1$ termini nell'enumerazione dei termini fissata inizialmente[44]. *Definiamo come formula prescelta nella presentazione del sequente ipotesi di π_S, l'occorrenza di formula che segue B nell'ordine ciclico della presentazione del sequente ipotesi di π_S.*

L'osservazione che segue è una semplice verifica, e sarà di capitale importanza nel seguito:

Osservazione 34. *Sia C_S un'occorrenza della formula C nella presentazione S di un sequente e supponiamo che C_S non sia la formula prescelta. In ogni ipotesi S' di π_S esiste un'unica occorrenza $C_{S'}$ di C che corrisponde a C_S*[45].

---

[40] Notare che se $\Gamma = \Delta = \emptyset$, allora π_S è una regola ipotesi avente come conclusione il sequente vuoto, cioè un'ipotesi definitiva.

[41] Per non appesantire le notazioni in questo caso, come in casi simili che si presenteranno nel corso della dimostrazione, lasceremo implicita la possibilità per C di avere variabili libere diverse da x e scriveremo semplicemente $\forall x C$ invece di scrivere -più correttamente- $\forall x C(x, x_1, \ldots, x_n)$.

[42] Naturalmente s'intende che quando $\Gamma = \Delta = \emptyset$, l'unica occorrenza di formula della presentazione del sequente premessa della regola è la formula prescelta.

[43] La doppia riga indica che abbiamo applicato un numero di volte $k \geqslant 1$ una determinata regola di *LK*: precisamente la regola di introduzione del quantificatore $\exists$ e la regola di contrazione.

[44] Si noti che questo è l'unico caso, nella definizione di π_S, in cui si fa riferimento all'intero n su cui si basa la costruzione induttiva dell'analisi canonica.

[45] Con il termine "corrispondente" facciamo qui riferimento ad una nozione evidente che non abbiamo definito rigorosamente ma che abbiamo implicitamente già usato (in particolare nella Definizione 26): se $\vdash \Gamma$ è una presentazione di un sequente premessa di una regola di *LK* e $\vdash \Delta$ è una presentazione del sequente conclusione della stessa regola, può accadere che un'occorrenza di formula della successione Γ "corrisponda" ad un'occorrenza di formula della successione Δ. Ad

Useremo nel seguito la seguente proprietà: la distanza (nell'ordine ciclico indotto da S') dalla formula prescelta di S' verso $C_{S'}$ è strettamente minore della distanza (nell'ordine ciclico indotto da S) dalla formula prescelta di S verso C_S.

Osservazione 35. *Per ogni $n \in \mathbb{N}$ la paraprova π_n di A è un albero finito tale che:*

1. *la sua radice è il sequente A;*
2. *le sue foglie sono regole 0-arie del calcolo dei sequenti o regole ipotesi (eventualmente definitive);*
3. *le sue ramificazioni sono finite (Definizione 3), ed ogni nodo corrisponde ad una regola del calcolo dei sequenti;*
4. *un ramo di π_n è una successione finita di presentazioni di sequente $\vdash A = \vdash \Gamma_0, \vdash \Gamma_1, \ldots, \vdash \Gamma_i$, dove per $j < i$ la presentazione di sequente $\vdash \Gamma_j$ è conclusione di una regola R di LK di arietà 1 o 2 e $\vdash \Gamma_{j+1}$ è una delle presentazioni di sequente premesse di R, e $\vdash \Gamma_i$ è conclusione di una regola 0-aria di LK oppure di una regola ipotesi (eventualmente definitiva). Se $j' \geqslant j$, diremo che la presentazione di sequente $\vdash \Gamma_{j'}$ segue la presentazione di sequente $\vdash \Gamma_j$ nel ramo considerato;*
5. *non ci sono tagli in π_n: questo significa in particolare che in π_n occorrono esclusivamente sottoformule (estese) di A, poiché l'Osservazione 29 si estende immediatamente dalle derivazioni al caso più generale delle paraprove senza tagli.*

Poiché $\pi_n \sqsubseteq \pi_{n+1}$ per ogni $n \in \mathbb{N}$ (Osservazione 33), possiamo applicare la costruzione introdotta nella Definizione 4:

Definizione 27 (Analisi canonica senza tagli). *Chiamiamo* analisi canonica senza tagli *di una formula chiusa A di un linguaggio $\mathscr{L}$ del primo ordine l'albero $\pi = Sup\{\pi_n : n \in \mathbb{N}\}$.*

Osservazione 36. *L'analisi canonica senza tagli di una formula chiusa A è dunque un albero π (che può essere infinito) tale che:*

1. *la sua radice è il sequente A;*
2. *le foglie di π sono regole 0-arie del calcolo dei sequenti o ipotesi definitive;*
3. *le sue ramificazioni sono finite (Definizione 3), ed ogni nodo corrisponde ad una regola del calcolo dei sequenti;*
4. *un ramo di π è una successione di presentazioni di sequente finita o infinita:*

   - *se $\vdash A = \vdash \Gamma_0, \vdash \Gamma_1, \ldots, \vdash \Gamma_n, \ldots$ è infinita, allora per ogni $n \in \mathbb{N}$ la presentazione di sequente $\vdash \Gamma_n$ è conclusione di una regola R di LK di arietà 1 o 2 e $\vdash \Gamma_{n+1}$ è una delle presentazioni di sequente premesse di R;*
   - *se invece $\vdash A = \vdash \Gamma_0, \vdash \Gamma_1, \ldots, \vdash \Gamma_i$ è finita, allora per $j < i$ la presentazione di sequente $\vdash \Gamma_j$ è conclusione di una regola R di LK di arietà 1 o 2 e $\vdash \Gamma_{j+1}$ è una delle presentazioni di sequente premesse di R, e $\vdash \Gamma_i$ è conclusione di una regola 0-aria di LK oppure un'ipotesi definitiva.*

---

esempio, nella regola $\wedge_m$ del Paragrafo 3.3.1.3.2 ad ogni occorrenza di formula di Γ nella premessa sinistra corrisponde esattamente una occorrenza della stessa formula in Γ nella conclusione. Vista la scelta di regole di LK nella definizione dell'analisi canonica, per ogni premessa S' di π_S esiste esattamente una occorrenza di formula $C_{S'}$ di S' che corrisponde a C_S.

In entrambi i casi, se $i \geqslant j$, diremo che la presentazione di sequente $\vdash \Gamma_i$ segue la presentazione di sequente $\vdash \Gamma_j$ nel ramo considerato;

5. *non ci sono tagli in* π: *questo significa in particolare che in* π *occorrono esclusivamente sottoformule (estese) di A, poiché l'Osservazione 29 si estende immediatamente dalle derivazioni al caso più generale dell'analisi canonica senza tagli.*

Osservazione 37. *Se la formula A è derivabile, allora qualunque sequente dell'analisi canonica senza tagli di A è derivabile. Infatti, dalla Definizione 26 segue che S è derivabile se e solo se ogni premessa di* π_S *è derivabile: le regole che abbiamo usato sono tutte reversibili salvo nel caso di* $\exists$ *(Proposizione 7), ma anche in quel caso la proprietà è vera.*

Osservazione 38. *L'analisi canonica senza tagli di qualunque formula chiusa A è un albero avente una quantità al più numerabile di nodi: è infatti evidente per costruzione, che per ogni intero n, la paraprova* π_n *contiene un insieme finito di nodi, e dunque l'insieme dei nodi di* π *è l'unione (al più) numerabile degli insiemi dei nodi di* π_n *(che sono tutti finiti). La conclusione segue allora dal fatto che l'unione numerabile di insiemi finiti è (al più) numerabile, fatto che si può dimostrare senza far uso dell'assioma di scelta.*

3.4.1.2 Analisi canonica con tagli

In questo paragrafo, effettueremo una costruzione molto simile a quella del Paragrafo 3.4.1.1: l'obiettivo è sempre di analizzare una formula chiusa A partendo però da una teoria T, il che conduce ad includere anche la regola di taglio tra le regole usate (la regola del taglio verrà usata nei casi in cui la formula prescelta è di grado nullo e nel caso del sequente vuoto). La costruzione descritta nel Paragrafo 3.4.1.1 non è esattamente un caso particolare di quella che segue (considerando il caso $T = \emptyset$), proprio per l'assenza della regola di taglio.

L'analisi canonica con tagli di una formula chiusa A a partire da una teoria T è definita fissando preliminarmente:

- una enumerazione $(t_i)_{i \in \mathbb{N}}$ di tutti i termini di $\mathscr{L}$;
- per ciascuna presentazione $\vdash \Gamma$ di un sequente su $\mathscr{L}$ un *ordine totale ciclico* dei suoi elementi che è l'ordine in cui essi compaiono in Γ ponendo la prima formula di Γ come successiva all'ultima formula di Γ;
- una enumerazione di parte delle formule di $\mathscr{L}$: sappiamo per la Definizione 14 che la negazione induce una partizione dell'insieme delle formule del linguaggio in due sottoinsiemi, entrambi della cardinalità del linguaggio, e quindi nel nostro caso entrambi numerabili. Possiamo dunque fissare una enumerazione $(A_j)_{j \in \mathbb{N}}$ delle formule presenti in uno qualsiasi di questi due sottoinsiemi[46].

Le approssimazioni dell'analisi canonica con tagli si definiscono come nel Paragrafo 3.4.1.1, ma questa volta le paraprove π_n potranno contenere dei tagli. Inoltre, ad

---

[46] La scelta del sottoinsieme è indifferente come la scelta dell'enumerazione.

ogni presentazione di un sequente S considerata è associato (oltre alla formula prescelta) un insieme Λ_S di formule di $\mathscr{L}$, in maniera tale che all'unica presentazione del sequente A sia associato l'insieme vuoto. Più precisamente, fissiamo una formula chiusa A ed una teoria T. Per ogni $n \in \mathbb{IN}$, definiamo per induzione su n:

- una paraprova π_n di $\vdash A$ da T detta *l'n-esima approssimazione dell'analisi canonica con tagli*;
- per ciascun sequente S conclusione di una regola ipotesi di π_n, una presentazione di S e (quando S non è vuoto) un elemento di tale presentazione di S "da analizzare" (cioè un'occorrenza di formula) che chiameremo *formula prescelta*, e un insieme Λ_S di formule di $\mathscr{L}$.

La definizione è la seguente.

1. (*Base della definizione*) π_0 è la paraprova che consiste del solo sequente $\vdash A$ come conclusione di una regola ipotesi, l'unica occorrenza di A è la formula prescelta di $\vdash A$, e $\Lambda_S = \emptyset$.
2. (*Passo della definizione*) La paraprova π_{n+1} di $\vdash A$ da T è ottenuta dalla paraprova π_n rimpiazzando le ipotesi S di π_n con la paraprova π_S di S (con nuove ipotesi), come è indicato nella Definizione 28 seguente. La presentazione di ciascuna nuova ipotesi e la formula prescelta in essa sono indicate nella definizione di π_S, così come l'insieme di formule associato ad ogni nuova ipotesi.

Osservazione 39. *In modo simile alle derivazioni e alle analisi dei sequenti (Paragrafo 3.3.2.2) e alle approssimazioni dell'analisi canonica senza tagli (Paragrafo 3.4.1.1), per ogni intero n la paraprova π_n di A da T è un albero finito di sequenti, le cui foglie sono regole 0-arie di LK, sequenti $\vdash C$ per qualche $C \in T$ oppure regole ipotesi, i cui nodi sono le regole unarie o binarie di LK, e la cui radice è il sequente A. Un tale albero viene in generale rappresentato con la radice in basso e le foglie in alto, e anche in questo caso la paraprova π_{n+1} è un "prolungamento verso l'alto" di π_n. Più precisamente, con riferimento alle notazioni introdotte nella Definizione 4, vale $\pi_n \sqsubseteq \pi_{n+1}$ per ogni $n \in \mathbb{IN}$.*

Per completare la costruzione, dato un sequente S, data una sua presentazione con la formula prescelta, dato un insieme Λ_S di formule, e dato un intero n, nella Definizione 28 che segue:

- si definisce una paraprova π_S di S con nuove ipotesi;
- si indica per ciascuna di tali nuove ipotesi una presentazione ed una formula prescelta[47];
- si indica, per ciascuna nuova ipotesi, qual è l'insieme di formule ad essa associato.

La differenza fondamentale tra la definizione seguente e la Definizione 26 sta nel caso in cui la formula prescelta di S ha grado nullo, e nel caso in cui S è il sequente vuoto.

---

[47] Nel caso del sequente vuoto, non vi sarà la formula prescelta.

Definizione 28 (Costruzione dell'analisi canonica con tagli: definizione di π_S).
La paraprova π_S viene definita per casi.

Se S è un sequente del tipo $\vdash A, \neg A, \Gamma$ con A formula qualsiasi oppure del tipo $\vdash \Gamma, \mathbf{V}$ oppure del tipo $\vdash C, \Gamma$ con $C \in T$, allora π_S è (a seconda dei casi) una regola assioma oppure la regola $\mathbf{V}$ oppure la regola 0-aria di conclusione $\vdash C$, seguita dal numero necessario di regole weakening. Non vi sono regole ipotesi in π_S e $\Lambda_S = \emptyset$.

Altrimenti, la definizione di π_S dipende dal(tipo del)la formula prescelta B della presentazione in esame del sequente S e dall'insieme Λ_S; chiamiamo anche premesse *di π_S le ipotesi di π_S, la cui presentazione sarà quella indicata nella definizione che segue.*

1. *Se B è una formula di grado nullo e la presentazione di S è $\vdash \Gamma, B, \Delta$, e se Λ_S è l'insieme di formule associato ad S, allora definiamo π_S come la paraprova*[48]

$$\cfrac{\cfrac{}{\vdash \Gamma, A_j, B, \Delta} \; (H) \qquad \cfrac{}{\vdash \Gamma, \neg A_j, B, \Delta} \; (H)}{\cfrac{\vdash \Gamma, \Gamma, B, B, \Delta, \Delta}{\vdash \Gamma, B, \Delta} \; (C)} \; (cut)$$

dove A_j è la prima formula, nell'enumerazione delle formule fissata inizialmente, che non appare in Λ_S. La formula prescelta di $\vdash \Gamma, A_j, B, \Delta$ è l'occorrenza di formula che segue B nell'ordine ciclico di Γ, A_j, B, Δ; la formula prescelta di $\vdash \Gamma, \neg A_j, B, \Delta$ è l'occorrenza di formula che segue B nell'ordine ciclico di $\Gamma, \neg A_j, B, \Delta$. L'insieme di formule associato ad entrambe le ipotesi di π_S è $\Lambda_S \cup \{A_j\}$.

Il caso in cui S è il sequente vuoto viene trattato allo stesso modo: se Λ_S è l'insieme di formule associato ad S, allora definiamo π_S come la paraprova

$$\cfrac{\cfrac{}{\vdash A_j} \; (H) \qquad \cfrac{}{\vdash \neg A_j} \; (H)}{\vdash} \; (cut)$$

dove A_j è la prima formula, nell'enumerazione delle formule fissata inizialmente, che non appare in Λ_S. La formula prescelta in ciascuna delle due premesse di π_S è l'unica che vi occorre. L'insieme di formule associato ad entrambe le ipotesi di π_S è $\Lambda_S \cup \{A_j\}$[49].

2. *Se $B = C \wedge D$, se la presentazione di S è $\vdash \Gamma, C \wedge D, \Delta$, e se Λ_S è l'insieme di formule associato ad S, allora definiamo π_S come la paraprova*

$$\cfrac{\cfrac{}{\vdash \Gamma, C, \Delta} \; (H) \qquad \cfrac{}{\vdash \Gamma, D, \Delta} \; (H)}{\vdash \Gamma, B, \Delta} \; (\wedge_a) \; .$$

---

[48] La doppia riga indica che abbiamo applicato un numero opportuno $k \geqslant 1$ di volte la regola di contrazione.

[49] Si noti che, nella definizione di π_S, questo caso (formula prescelta di grado nullo o sequente vuoto) è l'unico in cui viene usata l'enumerazione delle formule fissata inizialmente e in cui viene modificato l'insieme Λ_S.

Definiamo come formula prescelta in ognuna delle presentazioni dei sequenti ipotesi di π_S, l'occorrenza di formula che segue B nell'ordine ciclico della presentazione del sequente conclusione di π_S[50]. L'insieme di formule associato ad ognuna delle ipotesi di π_S è Λ_S.

3. *Se $B = C \vee D$, se la presentazione di S è $\vdash \Gamma, C \vee D, \Delta$, e se Λ_S è l'insieme di formule associato ad S, allora definiamo π_S come la paraprova*

$$\frac{\overline{\quad}\ (H)}{\dfrac{\vdash \Gamma, C, D, \Delta}{\vdash \Gamma, B, \Delta}\ (\vee_m)} \ .$$

Definiamo come formula prescelta nella presentazione del sequente ipotesi di π_S, l'occorrenza di formula che segue B nell'ordine ciclico della presentazione del sequente conclusione di π_S[51]. L'insieme di formule associato all'ipotesi di π_S è Λ_S.

4. *Se $B = \mathbf{F}$, se la presentazione di S è $\vdash \Gamma, \mathbf{F}, \Delta$, e se Λ_S è l'insieme di formule associato ad S, allora definiamo π_S come la paraprova*

$$\frac{\overline{\quad}\ (H)}{\dfrac{\vdash \Gamma, \Delta}{\vdash \Gamma, B, \Delta}\ (\mathbf{F})} \ .$$

Definiamo come formula prescelta nella presentazione del sequente ipotesi di π_S l'occorrenza di formula che segue B nell'ordine ciclico della presentazione del sequente conclusione di π_S[52]. L'insieme di formule associato all'ipotesi di π_S è Λ_S.

5. *Se $B = \forall x C$, se la presentazione di S è $\vdash \Gamma, \forall x C, \Delta$, e se Λ_S è l'insieme di formule associato ad S, allora definiamo π_S come la paraprova*

$$\frac{\overline{\quad}\ (H)}{\dfrac{\vdash \Gamma, C(y/x), \Delta}{\vdash \Gamma, B, \Delta}\ (\forall)}$$

dove y è una variabile che non occorre in S. Definiamo come formula prescelta nella presentazione del sequente ipotesi di π_S, l'occorrenza di formula che segue B nell'ordine ciclico della presentazione del sequente conclusione di π_S[53]. L'insieme di formule associato all'ipotesi di π_S è Λ_S.

---

[50] Se $\Gamma = \Delta = \emptyset$, allora in ognuna delle presentazioni dei sequenti premesse della regola $\wedge$ c'è un'unica occorrenza di formula, che è la formula prescelta.

[51] Se $\Gamma = \Delta = \emptyset$, allora nella presentazione del sequente premessa della regola $\vee$ ci sono solo C, D e si può scegliere arbitrariamente quale delle due prendere come formula prescelta.

[52] Notare che se $\Gamma = \Delta = \emptyset$, allora π_S è una regola ipotesi avente come conclusione il sequente vuoto (e dunque senza formula prescelta), caso che verrà poi trattato come già descritto.

[53] Naturalmente s'intende che quando $\Gamma = \Delta = \emptyset$, l'unica occorrenza di formula della presentazione del sequente premessa della regola è la formula prescelta.

6. *Se $B = \exists x C$, se la presentazione di S è $\vdash \Gamma, \exists x C, \Delta$, e se Λ_S è l'insieme di formule associato ad S, allora definiamo π_S come la paraprova*[54]

$$\cfrac{\cfrac{\overline{\vdash \Gamma, C(t_0/x), \ldots, C(t_n/x), B, \Delta}}{\vdash \Gamma, B, \ldots, B, \Delta} \; (\exists) \; n+1 \; volte}{\vdash \Gamma, B, \Delta} \; (C) \; n+1 \; volte$$

dove $t_0, \ldots, t_n$ sono i primi $n+1$ termini nell'enumerazione dei termini fissata ini-zialmente[55]*. Definiamo come formula prescelta nella presentazione del sequente ipotesi di π_S, l'occorrenza di formula che segue B nell'ordine ciclico della pre-sentazione del sequente ipotesi di π_S. L'insieme di formule associato all'ipotesi di π_S è Λ_S.*

Anche nel caso dell'analisi canonica con tagli di una formula chiusa da una teoria, rimane valida la proprietà fondamentale analoga a quella espressa dall'Osservazio-ne 34.

Osservazione 40. *Sia C_S un'occorrenza della formula C nella presentazione S di un sequente e supponiamo che C_S non sia la formula prescelta. Anche in base al-la Definizione 28, in ogni ipotesi S' di π_S esiste un'unica occorrenza $C_{S'}$ di C che corrisponde a C_S*[56].

Anche nel caso dell'analisi canonica con tagli, useremo la seguente proprietà: la distanza (nell'ordine ciclico indotto da S') dalla formula prescelta di S' verso $C_{S'}$ è strettamente minore della distanza (nell'ordine ciclico indotto da S) dalla formula prescelta di S verso C_S.

Un'osservazione simile all'Osservazione 35 può essere fatta per le approssima-zioni dell'analisi canonica con tagli:

Osservazione 41. *Per ogni $n \in \mathbb{N}$ la paraprova π_n di A da T è un albero finito tale che:*

1. *la sua radice è il sequente A;*
2. *le sue foglie sono regole 0-arie del calcolo dei sequenti oppure regole ipotesi oppure regole 0-arie di conclusione $\vdash C$ per qualche $C \in T$;*
3. *le sue ramificazioni sono finite (Definizione 3), ed ogni nodo corrisponde ad una regola del calcolo dei sequenti;*
4. *un ramo di π_n è una successione finita di presentazioni di sequente $\vdash A = \vdash \Gamma_0, \vdash \Gamma_1, \ldots, \vdash \Gamma_i$, dove per $j < i$ la presentazione di sequente $\vdash \Gamma_j$ è conclusione di una regola R di LK di arietà 1 o 2 e $\vdash \Gamma_{j+1}$ è una delle presentazioni di sequente*

---

[54] La doppia riga indica che abbiamo applicato un numero di volte $k \geqslant 1$ una determinata regola di *LK*: precisamente la regola di introduzione del quantificatore $\exists$ e la regola di contrazione.

[55] Osserviamo che anche per l'analisi canonica con tagli, questo del quantificatore $\exists$ è l'unico caso, nella definizione di π_S, in cui si fa riferimento all'intero n su cui si basa la costruzione induttiva dell'analisi canonica.

[56] Vedi Nota 45.

*premesse di R, e ⊢ Γᵢ è conclusione di una regola 0-aria di LK oppure ⊢ Γᵢ = ⊢ C
per qualche C ∈ T oppure ⊢ Γᵢ è conclusione di una regola ipotesi. Se j′ ⩾ j,
diremo che la presentazione di sequente ⊢ Γⱼ′ segue la presentazione di sequente
⊢ Γⱼ nel ramo considerato.*

Poiché $\pi_n \sqsubseteq \pi_{n+1}$ per ogni $n \in \mathbb{N}$ (Osservazione 39), possiamo applicare la costruzione introdotta nella Definizione 4, ottenendo in tal modo per l'analisi canonica con tagli una definizione del tutto simile a quella dell'analisi canonica senza tagli.

Definizione 29 (Analisi canonica con tagli). *Chiamiamo* analisi canonica con tagli *di una formula chiusa A da una teoria T in un linguaggio $\mathscr{L}$ del primo ordine l'albero $\pi = Sup\{\pi_n : n \in \mathbb{N}\}$.*

Osservazione 42. *L'analisi canonica con tagli di una formula chiusa A da T è dunque un albero π (che può essere infinito) tale che:*

1. *la sua radice è il sequente A;*
2. *le foglie di π sono regole 0-arie del calcolo dei sequenti oppure regole 0-arie di conclusione ⊢ C per qualche C ∈ T;*
3. *le sue ramificazioni sono finite (Definizione 3), ed ogni nodo corrisponde ad una regola del calcolo dei sequenti;*
4. *un ramo di π è una successione di presentazioni di sequente finita o infinita:*

   - *se ⊢ A = ⊢ Γ₀, ⊢ Γ₁, . . . , ⊢ Γₙ, . . . è infinita, allora per ogni n ∈ ℕ la presentazione di sequente ⊢ Γₙ è conclusione di una regola R di LK di arietà 1 o 2 e ⊢ Γₙ₊₁ è una delle presentazioni di sequente premesse di R;*
   - *se invece ⊢ A = ⊢ Γ₀, ⊢ Γ₁, . . . , ⊢ Γᵢ è finita, allora per j < i la presentazione di sequente ⊢ Γⱼ è conclusione di una regola R di LK di arietà 1 o 2 e ⊢ Γⱼ₊₁ è una delle presentazioni di sequente premesse di R, e ⊢ Γᵢ è conclusione di una regola 0-aria di LK oppure ⊢ Γᵢ = ⊢ C per qualche C ∈ T.*

   In entrambi i casi, se i ⩾ j, diremo che la presentazione di sequente ⊢ Γᵢ segue la presentazione di sequente ⊢ Γⱼ nel ramo considerato.

Osservazione 43. *Se la formula A è derivabile da T, allora qualunque sequente dell'analisi canonica con tagli di A è derivabile da T. Infatti, dalla Definizione 28 segue che S è derivabile da T se e soltanto se ogni premessa di π_S è derivabile da T: anche in questo caso abbiamo cercato di usare regole reversibili, e quando questo non è stato fatto (nel caso delle formule di grado nullo e del sequente vuoto, e nel caso del quantificatore ∃) la proprietà è comunque vera.*

Osservazione 44. *L'analisi canonica con tagli di qualunque formula chiusa A da una qualunque teoria T è un albero avente una quantità al più numerabile di nodi: come nel caso dell'Osservazione 38, è infatti evidente per costruzione, che per ogni intero n, la paraprova π_n contiene un insieme finito di nodi, e dunque l'insieme dei nodi di π è l'unione (al più) numerabile degli insiemi dei nodi di π_n (che sono tutti finiti). Anche in questo caso la conclusione segue dal fatto che l'unione numerabile di insiemi finiti è (al più) numerabile, fatto che si può dimostrare senza far uso dell'assioma di scelta.*

3.4.2 Proprietà dei rami scorretti dell'analisi canonica

D'ora in poi chiameremo "scorretto" un ramo dell'analisi canonica senza tagli che sia infinito oppure che termini con un'ipotesi definitiva; mentre saranno "scorretti" tutti e soli i rami infiniti dell'analisi canonica con tagli. Lo scopo di questo paragrafo è mostrare che un ramo scorretto dell'analisi canonica permette di costruire una struttura $\mathscr{M}$ per il linguaggio $\mathscr{L}$ tale che:

- nel caso dell'analisi canonica senza tagli di A valga $\mathscr{M} \not\models A$;
- nel caso dell'analisi canonica con tagli di A da T valga $\mathscr{M} \models T$ e $\mathscr{M} \not\models A$.

Per fare questo dimostreremo alcune proprietà dei rami scorretti dell'analisi canonica, trattando contemporaneamente il caso con tagli ed il caso senza tagli. Fissiamo dunque una volta per tutte una formula chiusa A (nel caso dell'analisi canonica senza tagli) ed una formula chiusa A ed una teoria T (nel caso dell'analisi canonica con tagli). Poiché ci occuperemo solo dei rami scorretti dell'analisi canonica (con o senza tagli), ne fissiamo uno arbitrario φ una volta per tutte: resta inteso che quando faremo riferimento all'analisi canonica senza tagli di A il ramo φ sarà infinito oppure terminerà con un'ipotesi definitiva, mentre quando faremo riferimento all'analisi canonica con tagli di A da T il ramo φ sarà infinito. Ciò che diremo per φ infinito sarà valido sia per i rami (infiniti) dell'analisi canonica senza tagli di A che per quelli dell'analisi canonica con tagli di A da T, mentre ciò che diremo per φ finito sarà valido solo per i rami (finiti e scorretti) dell'analisi canonica senza tagli di A.

Ricordiamo che le formule di grado nullo sono tutte e sole le formule atomiche diverse dalle costanti logiche.

Lemma 1. (i) *Quando φ è infinito, se la formula C occorre nella presentazione $\vdash \Gamma$ di un sequente di φ, allora esiste una presentazione di un sequente di φ che segue $\vdash \Gamma$ e nella quale la formula prescelta è un'occorrenza della formula C.*

(ii) Quando φ è finito, se la formula C di grado non nullo occorre nella presentazione $\vdash \Gamma$ di un sequente di φ, allora esiste una presentazione di un sequente di φ che segue $\vdash \Gamma$ e nella quale la formula prescelta è un'occorrenza della formula C.

Dimostrazione.   Quando φ è infinito, la tesi segue dalle Osservazioni 34 e 40. Quando φ è finito, all'Osservazione 34 bisogna aggiungere che la foglia di φ è un'ipotesi definitiva e quindi in essa occorrono solo formule di grado nullo, mentre sappiamo che C non ha grado nullo. $\square$

Lemma 2. (i) *Se $C = B \vee D$ occorre in qualche presentazione di sequente $\vdash \Gamma_i$ di φ, allora B e D occorrono in qualche presentazione di sequente $\vdash \Gamma_j$ di φ, con $j > i$.*

(ii) *Se $C = B \wedge D$ occorre in qualche presentazione di sequente $\vdash \Gamma_i$ di φ, allora una almeno tra B e D occorre in qualche presentazione di sequente $\vdash \Gamma_j$ di φ, con $j > i$.*

(iii) *Se $C = \forall x B$[57] occorre in qualche presentazione di sequente $\vdash \Gamma_i$ di φ, allora esiste una variabile y di $\mathcal{L}$ che non appare in C e tale che $B(y/x)$ occorre in qualche presentazione di sequente $\vdash \Gamma_j$ di φ, con $j > i$.*

(iv) *Se $\exists x B$[58] occorre in qualche presentazione di sequente di φ, allora per ogni termine t di $\mathcal{L}$, la formula $B(t/x)$ occorre in qualche presentazione di sequente di φ[59].*

(v) *Nel caso dell'analisi canonica senza tagli, per qualunque formula di grado nullo $P(x_1, \ldots, x_n)$ di $\mathcal{L}$, al più una tra le due formule $P(x_1, \ldots, x_n)$ e $\neg P(x_1, \ldots, x_n)$ occorre in qualche sequente di φ. Inoltre la costante $\mathbf{V}$ non occorre in alcun sequente di φ.*

(vi) *Nel caso dell'analisi canonica con tagli, per qualunque formula di grado nullo $P(x_1, \ldots, x_n)$ di $\mathcal{L}$, esattamente una tra le due formule $P(x_1, \ldots, x_n)$ e $\neg P(x_1, \ldots, x_n)$ occorre in qualche sequente di φ. Inoltre la costante $\mathbf{V}$ non occorre in alcun sequente di φ, e ogni formula $C \in T$ non occorre in alcun sequente di φ.*

(vii) *Nel caso dell'analisi canonica con tagli, per qualunque formula $B(x_1, \ldots, x_n)$ di $\mathcal{L}$, almeno una tra le due formule $B(x_1, \ldots, x_n)$ e $\neg B(x_1, \ldots, x_n)$ occorre in qualche sequente di φ.*

Dimostrazione. Le proprietà (*i*), (*ii*) e (*iii*) sono tutte conseguenze immediate del Lemma 1: esiste una presentazione di sequente che segue $\vdash \Gamma_i$ in φ e nella quale la formula prescelta è un'occorrenza di C, e la conclusione segue allora dalle Definizioni 26 e 28.

Per dimostrare (*iv*), osserviamo che se $\exists x B$ occorre nella presentazione di sequente $\vdash \Gamma_i$ di φ, allora nel caso dell'analisi canonica senza tagli (Definizione 26) $\vdash \Gamma_i$ non è un'ipotesi definitiva e $\exists x B$ occorre nella presentazione di sequente $\vdash \Gamma_{i+1}$ di φ: dunque φ è infinito sia nel caso dell'analisi canonica con tagli che nel caso senza tagli. Ne segue che $\exists x B$ sarà formula prescelta di infinite presentazioni di sequente di φ: infatti, per il Lemma 1 certamente $\exists x B$ è formula prescelta di qualche presentazione di sequente $\vdash \Gamma_i$ di φ, ed in tal caso (per le Definizioni 26 e 28) la formula $\exists x B$ occorre nella presentazione del sequente $\vdash \Gamma_{i+1}$ di φ, e quindi di nuovo per il Lemma 1 la formula $\exists x B$ sarà formula prescelta di una presentazione di sequente che segue $\vdash \Gamma_{i+1}$ in φ.

Sia dunque t un qualunque termine del linguaggio $\mathcal{L}$; t appare nell'enumerazione dei termini fissata inizialmente, cioè esiste un intero $k \subset \mathbb{N}$ tale che $t - t_k$. Se $\exists x B$ occorre in una presentazione di sequente di φ, basta considerare una presentazione di sequente $\vdash \Gamma$ di φ con distanza maggiore di k dalla presentazione di sequente iniziale $\vdash \Gamma_0 = \vdash A$ e la cui formula prescelta sia appunto $\exists x B$: nella premessa della paraprova π_S (Definizioni 26 e 28) avente $\vdash \Gamma$ come conclusione occorre certamente la formula $B(t/x)$.

Per la proprietà (*v*), osserviamo che una formula di grado nullo non sparisce mai in un ramo dell'analisi canonica senza tagli di A: se $P(x_1, \ldots, x_n)$ occorre nella pre-

---

[57] Vedi Nota 41.

[58] Vedi Nota 41.

[59] E pertanto, anche nel caso dell'analisi canonica senza tagli, φ è un ramo infinito.

sentazione di sequente $\vdash \Gamma_i$ di φ, allora per ogni presentazione di sequente $\vdash \Gamma_j$ di φ che segue $\vdash \Gamma_i$, la formula $P(x_1, \ldots, x_n)$ occorre in $\vdash \Gamma_j$. Di conseguenza, se per qualche formula di grado nullo $P(x_1, \ldots, x_n)$ occorresse $P(x_1, \ldots, x_n)$ in qualche presentazione di sequente di φ e $\neg P(x_1, \ldots, x_n)$ in qualche (altra) presentazione di sequente di φ, allora esisterebbe anche una presentazione di sequente di φ in cui $P(x_1, \ldots, x_n)$ e $\neg P(x_1, \ldots, x_n)$ occorrerebbero entrambe, e dunque per la Definizione 26 il ramo φ terminerebbe con una regola assioma oppure con una regola V. Inoltre, se la costante V occorresse in qualche sequente di φ, allora per la Definizione 26 il ramo φ terminerebbe con una regola V (o con una regola assioma).

Per dimostrare la proprietà (*vii*), si noti che dalla Definizione 28 segue immediatamente (usando le notazioni della Definizione 28) che quando S ed S' sono due sequenti di φ tali che una presentazione di S' segue una presentazione di S in φ, allora $\Lambda_S \subseteq \Lambda_{S'}$. Ma ci si può anche convincere che per ogni sequente S di φ, esiste S' sequente di φ tale che $\Lambda_S \subsetneq \Lambda_{S'}$. Basta per questo osservare che qualunque presentazione di sequente di φ è sempre seguita da una presentazione di sequente in cui la formula prescelta ha grado nullo oppure dal sequente vuoto: se C è una formula che occorre in S, allora per il Lemma 1 esiste una presentazione che segue quella di S in cui la formula prescelta è una sottoformula (estesa) atomica A di C. Se $A \neq \mathbf{F}^{60}$, allora sappiamo che in questo caso l'insieme Λ_S cresce. Se invece $A = \mathbf{F}$, allora si passerà ad analizzare un'altra formula, a meno che non ve ne siano, nel qual caso avremo il sequente vuoto, ed anche in questo caso Λ_S cresce.

In definitiva l'insieme di formule associato alle presentazioni dei sequenti di φ è "sempre crescente": per ogni sequente S di φ esiste S', la cui presentazione segue quella di S in φ tale che $\Lambda_S \subsetneq \Lambda_{S'}$. D'altra parte, (esattamente) una tra le due formule $B(x_1, \ldots, x_n)$ e $\neg B(x_1, \ldots, x_n)$ apparirà nell'enumerazione $(A_j)_{j \in \mathbb{N}}$ fissata inizialmente: supponiamo che sia $B(x_1, \ldots, x_n) = A_k$. Per quanto detto esisterà sicuramente un sequente S di φ tale che la formula prescelta di S abbia grado nullo oppure S sia il sequente vuoto, e Λ_S contenga tutte le formule dell'enumerazione $(A_j)_{j \in \mathbb{N}}$ fino ad A_k e con l'esclusione di quest'ultima: per la Definizione 28 una tra A_k e $\neg A_k$ apparirà nella presentazione di sequente di φ che segue quella di S.

Osserviamo infine che la proprietà (*vi*) discende dalla (*vii*) e (come per la proprietà (*v*)) dal fatto che anche in un ramo scorretto dell'analisi canonica con tagli di A da T le formule di grado nullo non vengono mai cancellate: precisamente, essendo φ un ramo scorretto dell'analisi canonica con tagli di A da T (e dunque un ramo infinito), se occorressero entrambe le formule di grado nullo $P(x_1, \ldots, x_n)$ e $\neg P(x_1, \ldots, x_n)$ in qualche sequente di φ, allora non essendo (per la Definizione 28) mai cancellata alcuna formula di grado nullo in alcun ramo dell'analisi canonica con tagli, necessariamente esisterebbe un sequente di φ in cui apparirebbero entrambe le formule $P(x_1, \ldots, x_n)$ e $\neg P(x_1, \ldots, x_n)$, e questo non è possibile perché in tal caso (sempre per la Definizione 28) il ramo φ sarebbe finito. Inoltre, se la costante V o qualche formula $C \in T$ occorresse in qualche sequente di φ, allora per la Defini-

---

[60] Potrebbe essere $A = \mathbf{F}$ quando $\mathbf{F}$ è sottoformula di C, mentre poiché φ è scorretto necessariamente $A \neq \mathbf{V}$.

zione 28 il ramo φ terminerebbe con una regola **V** oppure con una regola 0-aria di conclusione $\vdash C$ (o con una regola assioma). $\qquad\square$

Osservazione 45. *A proposito della proprietà (iv), si noti che la presenza di una formula del tipo $\exists xB$ nei rami scorretti dell'analisi canonica senza tagli è caratteristica dei rami infiniti. In altri termini, qualunque ramo (scorretto) φ dell'analisi canonica senza tagli di A gode della seguente proprietà: esiste una formula del tipo $\exists xB$ che occorre in qualche presentazione di sequente di φ se e soltanto se φ è infinito.*

Infatti, se la formula $\exists xB$ occorre in qualche presentazione di sequente di φ, allora abbiamo già osservato che questa non potrà mai essere cancellata, e non si potrà pertanto mai raggiungere un'ipotesi definitiva. Viceversa, se nessuna formula del tipo $\exists xB$ occorre in qualche presentazione di sequente di φ, il grado delle presentazioni dei sequenti[61] di φ diminuisce ad ogni passo della costruzione dell'analisi canonica senza tagli, e dunque φ non può essere infinito.

Osservazione 46. *A proposito delle proprietà (vi) e (vii) del Lemma 2, si noti che sono entrambe false per l'analisi canonica senza tagli (nel caso senza tagli vale solo la proprietà (v), che è una versione più debole della (vi)), per il semplice motivo che solo le sottoformule di A possono occorrere nell'analisi canonica senza tagli di A, proprio perché l'analisi canonica è senza tagli (vedi Osservazione 36).*

Grazie alle proprietà del ramo scorretto φ dimostrate nel Lemma 2, possiamo ora costruire una $\mathcal{L}_V$-struttura $\mathcal{M}$ con le caratteristiche volute (Lemma 4): $\mathcal{M} \models \neg A$ nel caso dell'analisi canonica senza tagli di A, e $\mathcal{M} \models T \cup \{\neg A\}$ nel caso dell'analisi canonica con tagli di A da T. Useremo il seguente lemma.

Lemma 3. *Sia $\mathcal{L}$ un linguaggio contenente un insieme infinito numerabile di costanti[62], e sia AT un insieme (eventualmente infinito) di formule atomiche chiuse di $\mathcal{L}$.*

Se, per ogni $A \in AT$, abbiamo $\neg A \notin AT$ e se $\mathbf{F} \notin AT$, allora esiste una $\mathcal{L}$-struttura $\mathcal{M}$ il cui supporto M è l'insieme (numerabile) dei termini chiusi di $\mathcal{L}$, tale che $\mathcal{M} \models AT$.

Dimostrazione. Intuitivamente banale: basta prendere come insieme M l'insieme dei termini chiusi di $\mathcal{L}$[63] ed attribuire poi a tutte le formule di AT il valore "vero", cosa possibile visto che per ipotesi per ogni $A \in AT$, $\neg A \notin AT$, e $\mathbf{F} \notin AT$.

Più precisamente, bisogna dare la definizione di $\mathcal{L}$-struttura (da cui discenderà il valore di termini e formule a parametri nella struttura), conformemente alla Definizione 19. Prendiamo come insieme di base M l'insieme dei termini chiusi di $\mathcal{L}$.

---

[61] Il grado (della presentazione) di un sequente è la somma dei gradi delle occorrenze di formule del sequente.

[62] Questa ipotesi serve solo per garantirci l'esistenza di una struttura il cui supporto è un insieme di termini chiusi di cardinalità numerabile, cosa che sfrutteremo in particolare nella dimostrazione del Teorema 20.

[63] Insieme che sarà senz'altro di cardinalità numerabile.

Un termine chiuso di $\mathscr{L}$ a parametri in $\mathscr{M}$ è in tal caso una coppia il cui primo elemento è un termine $t(x_1, \ldots, x_n)$ di $\mathscr{L}$ (per qualche $n \geqslant 0$) ed il cui secondo elemento è una n-upla $(\tau_1, \ldots, \tau_n)$ di termini chiusi di $\mathscr{L}$: poniamo $t_{\mathscr{M}}[\tau_1, \ldots, \tau_n] = t(\tau_1/x_1, \ldots, \tau_n/x_n)$[64]. Si noti che avendo incluso nella definizione precedente il caso $n = 0$, abbiamo definito sia il valore delle variabili speciali individuali che quello delle variabili speciali per funzioni, che è quanto richiesto dalla Definizione 19. Dalla definizione appena data discende in particolare che il valore di un termine chiuso (senza parametri) t di $\mathscr{L}$ è il termine stesso: $t_{\mathscr{M}} = t$.

Analogamente, una generica formula atomica chiusa di $\mathscr{L}$ a parametri in $\mathscr{M}$ (diversa da una costante logica) è in questo caso una coppia il cui primo elemento è una formula atomica $R(x_1, \ldots, x_n) = R(t_1(x_1, \ldots, x_n), \ldots, t_k(x_1, \ldots, x_n))$ (per qualche $n \geqslant 0$) ed il cui secondo elemento è una n-upla $(\tau_1, \ldots, \tau_n)$ di termini chiusi di $\mathscr{L}$[65]:

- se $R(t_1(\tau_1/x_1, \ldots, \tau_n/x_n), \ldots, t_k(\tau_1/x_1, \ldots, \tau_n/x_n)) \in AT$ poniamo $(\tau_1, \ldots, \tau_n) \in R_{\mathscr{M}}$;
- se invece $R(t_1(\tau_1/x_1, \ldots, \tau_n/x_n), \ldots, t_k(\tau_1/x_1, \ldots, \tau_n/x_n)) \notin AT$, allora possiamo scegliere indifferentemente $(\tau_1, \ldots, \tau_n) \in R_{\mathscr{M}}$ oppure $(\tau_1, \ldots, \tau_n) \notin R_{\mathscr{M}}$.

Si noti che avendo incluso nella definizione precedente il caso $n = 0$, abbiamo definito sia il valore delle variabili speciali proposizionali che quello delle variabili speciali per predicati k-arie con $k \geqslant 1$, che è quanto richiesto dalla Definizione 19. Naturalmente questa definizione è corretta per l'ipotesi del lemma: per ogni $A \in AT$, abbiamo $\neg A \notin AT$ e $\mathbf{F} \notin AT$. Risulta evidente per costruzione che $\mathscr{M} \models AT$.   □

Osservazione 47. *Per definizione, la $\mathscr{L}$-struttura $\mathscr{M}$ definita nella dimostrazione del Lemma 3 soddisfa le seguenti proprietà:*

- *il supporto di $\mathscr{M}$ è l'insieme dei termini chiusi di $\mathscr{L}$;*
- *per ogni termine $t(x_1, \ldots, x_n)$ di $\mathscr{L}$ e per ogni n-upla $(\tau_1, \ldots, \tau_n)$ di termini chiusi di $\mathscr{L}$ (cioè elementi del supporto di $\mathscr{M}$), $t_{\mathscr{M}}[\tau_1, \ldots, \tau_n] = t(\tau_1/x_1, \ldots, \tau_n/x_n)$.*

Di conseguenza, per ogni formula $A(x_1, \ldots, x_n)$ e per ogni n-upla $(\tau_1, \ldots, \tau_n)$ di termini chiusi di $\mathscr{L}$ (cioè elementi del supporto di $\mathscr{M}$), vale l'equivalenza $\mathscr{M} \models A[\tau_1, \ldots, \tau_n] \iff \mathscr{M} \models A(\tau_1/x_1, \ldots, \tau_n/x_n)$.

Lemma 4. (i) *Se φ è un ramo dell'analisi canonica senza tagli di A, allora si può costruire una $\mathscr{L}$-struttura $\mathscr{M}$, il cui supporto è l'insieme (numerabile) dei termini chiusi di un'opportuna estensione di $\mathscr{L}$, e tale che $\mathscr{M} \not\models A$.*

(ii) *Se φ è un ramo dell'analisi canonica con tagli di A da T, allora si può costruire una $\mathscr{L}$-struttura $\mathscr{M}$, il cui supporto è l'insieme (numerabile) dei termini chiusi di un'opportuna estensione di $\mathscr{L}$, e tale che $\mathscr{M} \models T$ e $\mathscr{M} \not\models A$.*

Dimostrazione. Sia AT l'insieme delle formule di grado nullo che occorrono nel ramo considerato[66]. Per i Punti (v) e (vi) del Lemma 2, per ogni formula di grado

---

[64] Siamo nel caso particolare in cui il supporto M della $\mathscr{L}$-struttura $\mathscr{M}$ è esso stesso fatto di oggetti linguistici: l'operazione di sostituzione evocata nella Nota 19 diventa allora corretta.

[65] Vedi Nota 64.

[66] Si noti che queste possono anche essere, contrariamente alle ipotesi del Lemma 3, formule non chiuse.

nullo $P(x_1,\dots,x_n)$ di $\mathscr{L}$, non occorrono in AT entrambe le formule $P(x_1,\dots,x_n)$ e $\neg P(x_1,\dots,x_n)$, ed inoltre la costante $\mathbf{V}$ non occorre in alcuna presentazione di sequente di φ. Consideriamo allora un'estensione $\mathscr{L}_\mathscr{C}$ del linguaggio $\mathscr{L}$ mediante un insieme numerabile $\mathscr{C}$ di nuovi simboli di costante, che mettiamo in corrispondenza biunivoca con l'insieme $\mathscr{V}$ delle variabili vincolabili di $\mathscr{L}$: nel seguito indicheremo con c_i il simbolo di costante corrispondente alla variabile individuale x_i di $\mathscr{V}$. Sia $AT_\mathscr{C}$ l'insieme di formule del linguaggio esteso $\mathscr{L}_\mathscr{C}$ ottenuto a partire da AT sostituendo, in ogni formula atomica di AT, ogni occorrenza di una variabile vincolabile x_i con la costante c_i che le corrisponde. Per il Lemma 3, esiste una $\mathscr{L}_\mathscr{C}$-struttura numerabile $\mathscr{M}$, il cui supporto è l'insieme dei termini chiusi di $\mathscr{L}_\mathscr{C}$, che soddisfa $\neg AT_\mathscr{C}$, cioè l'insieme delle negazioni delle formule di $AT_\mathscr{C}$. Dimostreremo che nel caso dell'analisi canonica senza tagli di A questa stessa $\mathscr{L}_\mathscr{C}$-struttura $\mathscr{M}$ soddisfa $\neg A$, mentre nel caso dell'analisi canonica con tagli di A da T questa stessa $\mathscr{L}_\mathscr{C}$-struttura $\mathscr{M}$ soddisfa $T \cup \{\neg A\}$: la restrizione di $\mathscr{M}$ al linguaggio $\mathscr{L}$, ottenuta "dimenticando" i valori dei simboli di $\mathscr{L}_\mathscr{C}$ che non sono simboli di $\mathscr{L}$ (concretamente gli elementi dell'insieme $\mathscr{C}$), sarà la struttura cercata (ricordiamo che T è una teoria in $\mathscr{L}$ e A è una formula chiusa di $\mathscr{L}$).

Più generalmente, dimostreremo che per ogni formula $B(x_1,\dots x_n)$ che occorre in qualche presentazione di sequente del ramo φ, abbiamo $\mathscr{M} \not\models B(c_1/x_1,\dots,c_n/x_n)$:

- ne seguirà che $\mathscr{M} \not\models A$ (perché A è chiusa ed occorre in una presentazione di sequente di φ), il che permette di concludere nel caso dell'analisi canonica senza tagli;
- nel caso dell'analisi canonica con tagli di A da T, ne seguirà anche che $\mathscr{M} \models C$ per ogni $C \in T$: infatti, per il Punto (vi) del Lemma 2 una formula $C \in T$ non occorre in φ, e dunque per il Punto (vii) del Lemma 2 è la formula $\neg C$ ad occorrere in φ. Ne discende che $\mathscr{M} \not\models \neg C$, cioè $\mathscr{M} \models C$[67].

Verifichiamo dunque, per induzione sul grado della formula $B(x_1,\dots x_n)$ di $\mathscr{L}$, che per ogni formula $B(x_1,\dots x_n)$ che occorre in un sequente del ramo φ, vale $\mathscr{M} \not\models B(c_1/x_1,\dots,c_n/x_n)$:

- se $B(x_1,\dots,x_n)$ ha grado nullo, allora $\mathscr{M} \not\models B(c_1/x_1,\dots,c_n/x_n)$ per definizione di $\mathscr{M}$: infatti $B(x_1,\dots,x_n)$ occorre in φ, dunque $\neg B(c_1/x_1,\dots,c_n/x_n) \in \neg AT_\mathscr{C}$, e allora $\mathscr{M} \models \neg B(c_1/x_1,\dots,c_n/x_n)$ cioè $\mathscr{M} \not\models B(c_1/x_1,\dots,c_n/x_n)$;
- se $B(x_1,\dots,x_n) = C(x_1,\dots,x_n) \wedge D(x_1,\dots,x_n)$, allora per il Punto (ii) del Lemma 2 occorre in qualche presentazione di sequente di φ la formula $D(x_1,\dots,x_n)$ oppure la formula $C(x_1,\dots,x_n)$. Basta allora applicare l'ipotesi induttiva, e la definizione di soddisfacibilità di una congiunzione;
- se $B(x_1,\dots,x_n) = C(x_1,\dots,x_n) \vee D(x_1,\dots,x_n)$, allora per per il Punto (i) del Lemma 2 occorrono in qualche presentazione di sequente di φ entrambe le formule

---

[67] Usiamo qui in modo cruciale la presenza dei tagli nell'analisi canonica: solo grazie ad essa, e precisamente al Punto (vii) del Lemma 2, possiamo affermare che almeno una tra C e $\neg C$ è nel ramo analizzato. E sappiamo (Osservazione 46) che tale proprietà è falsa nel caso dell'analisi canonica senza tagli.

$D(x_1,\ldots,x_n)$ e $C(x_1,\ldots,x_n)$. Basta allora applicare l'ipotesi induttiva, e la definizione di soddisfacibilità di una disgiunzione;

- se $B(x_1,\ldots,x_n) = \forall x C(x,x_1,\ldots,x_n)$, allora per il per il Punto (*iii*) del Lemma 2 occorre nel ramo φ la formula $C(y,x_1,\ldots,x_n)$, per una qualche variabile $y = x_k$ che non occorre in $B(x_1,\ldots,x_n)$. Per ipotesi induttiva $\mathscr{M} \not\models C(c_k/y,c_1/x_1,\ldots,c_n/x_n)$ cioè $\mathscr{M} \not\models C[c_k,c_1,\ldots,c_n]$ (per l'Osservazione 47), e quindi $\mathscr{M} \not\models \forall x C(x,c_1/x_1,\ldots,c_n/x_n)$ cioè $\mathscr{M} \not\models B(c_1/x_1,\ldots,c_n/x_n)$;

- se $B(x_1,\ldots,x_n) = \exists x C(x,x_1,\ldots,x_n)$, allora per il Punto (*iv*) del Lemma 2 occorre nel ramo φ la formula $C(t/x,x_1,\ldots,x_n)$, per ogni termine t di $\mathscr{L}$. Ne segue, per ipotesi induttiva, che per ogni termine chiuso τ del linguaggio esteso $\mathscr{L}_{\mathscr{C}}$, avremo $\mathscr{M} \not\models C(\tau/x,c_1/x_1,\ldots,c_n/x_n)$, e cioè (per l'Osservazione 47) per ogni elemento τ del supporto della $\mathscr{L}_{\mathscr{C}}$-struttura $\mathscr{M}$ vale $\mathscr{M} \not\models C[\tau,c_1,\ldots,c_n]$: per definizione di soddisfacibilità di una formula esistenziale ne segue che $\mathscr{M} \not\models \exists x C(x,c_1,\ldots,c_n)$;

- se $B(x_1,\ldots,x_n) = \mathbf{F}$, allora $\mathscr{M} \not\models \mathbf{F}$, come tutte le $\mathscr{L}_{\mathscr{C}}$-strutture (per la Definizione 22). □

3.4.3 Il teorema fondamentale dell'analisi canonica

L'analisi canonica può a buon diritto rivendicare la natura di vero e proprio oggetto logico, a cavallo tra ciò che viene tradizionalmente chiamato "sintassi" (il linguaggio, le formule, le derivazioni, in definitiva tutto ciò che è finito) e ciò che viene tradizionalmente chiamato "semantica" (le strutture per il linguaggio, d'abitudine infinite), e questo in un senso molto preciso, come dimostrato dal teorema principale del capitolo (Teorema 15): quando l'analisi canonica non contiene rami scorretti essa è una derivazione logica, altrimenti da un suo ramo scorretto possiamo costruire un contromodello.

Probabilmente non è un caso che l'analisi canonica sia una generalizzazione della nozione di derivazione introdotta all'inizio del Paragrafo 3.3: se infatti (come già scritto all'inizio del Paragrafo 3.3) esistono altre formulazioni della nozione di derivabilità, la "naturalità" della proposta di Gentzen e l'accento messo sulle regole utilizzate permettono di mettere in evidenza la struttura e le simmetrie della nozione di derivazione.

Teorema 15 (Teorema fondamentale dell'analisi canonica). *Sia $\mathscr{L}$ un linguaggio del primo ordine, A una formula chiusa di $\mathscr{L}$ e T una teoria in $\mathscr{L}$.*

Per l'analisi canonica senza tagli $\pi = Sup\{\pi_n : n \in \mathbb{N}\}$ di A si presentano tre possibilità (che si escludono due a due):

1. *π è finita e tutte le foglie di π sono regole 0-arie di LK: in tal caso π è una derivazione senza tagli di A;*
2. *π è finita ed esiste una foglia di π che è un'ipotesi definitiva: in tal caso possiamo costruire una $\mathscr{L}$-struttura, il cui supporto è l'insieme (numerabile) dei termini chiusi di un'opportuna estensione di $\mathscr{L}$, che non soddisfa A;*
3. *π ha un ramo infinito: in tal caso possiamo costruire una $\mathscr{L}$-struttura, il cui supporto è l'insieme (numerabile) dei termini chiusi di un'opportuna estensione di $\mathscr{L}$, che non soddisfa A.*

Per l'analisi canonica con tagli $\pi = Sup\{\pi_n : n \in \mathbb{N}\}$ di A da T, si presentano due possibilità (che si escludono):

1. *π è finita: in tal caso π è una derivazione di A da T;*
2. *π ha un ramo infinito: in tal caso possiamo costruire una $\mathcal{L}$-struttura, il cui supporto è l'insieme (numerabile) dei termini chiusi di un'opportuna estensione di $\mathcal{L}$, che soddisfa T e non soddisfa A.*

Dimostrazione. Nel caso senza tagli, sappiamo per l'Osservazione 36 che le ramificazioni di π sono regole di LK diverse dalla regola di taglio: se $\pi = Sup\{\pi_n : n \in \mathbb{N}\}$ è finita e le foglie di π sono regole 0-arie di LK è evidente che π è una derivazione senza tagli di A. Se invece π è finita e qualche foglia di π non è una regola 0-aria di LK, allora tale foglia è necessariamente un'ipotesi definitiva: in tal caso, per il Lemma 4 si può costruire una $\mathcal{L}$-struttura $\mathcal{M}$, il cui supporto è l'insieme (numerabile) dei termini chiusi di un'opportuna estensione di $\mathcal{L}$, tale che $\mathcal{M} \not\models A$.

Analogamente, nel caso con tagli sappiamo per l'Osservazione 42 che le ramificazioni di π sono regole di LK e le foglie di π sono regole 0-arie di LK oppure regole 0-arie di conclusione $\vdash C$ per qualche $C \in T$: se $\pi = Sup\{\pi_n : n \in \mathbb{N}\}$ è finita è dunque evidente che π è una derivazione di A da T.

In entrambi i casi (analisi canonica con o senza tagli), se invece $\pi = Sup\{\pi_n : n \in \mathbb{N}\}$ è infinita, allora per le Osservazioni 38 e 44 si tratta di un albero numerabile, e dunque per il lemma di König numerabile (la Proposizione 2), π ha un ramo infinito. Per il Lemma 4, si può allora costruire una $\mathcal{L}$-struttura $\mathcal{M}$, il cui supporto è l'insieme (numerabile) dei termini chiusi di un'opportuna estensione di $\mathcal{L}$, e tale che:

- $\mathcal{M} \not\models A$, nel caso dell'analisi canonica senza tagli di A;
- $\mathcal{M} \vdash T$ e $\mathcal{M} \not\models A$, nel caso dell'analisi canonica con tagli di A da T. $\qquad\square$

Osservazione 48. *L'uso della versione numerabile del lemma di König (la Proposizione 2) permette di affermare che la dimostrazione del teorema fondamentale dell'analisi canonica non usa l'assioma di scelta.*

Osservazione 49. *Abbiamo appena dimostrato che nel caso in cui l'analisi canonica senza tagli di A non è una derivazione, si può costruire un contromodello di A. D'altra parte, un noto risultato di Church, che dimostreremo nel Volume 2, afferma che non esiste alcuna procedura meccanica che permetta di stabilire se una formula del primo ordine è derivabile o meno. La nostra dimostrazione permette di mettere molto precisamente il dito sull'unico punto che non può in alcun modo essere reso effettivo: appurare il carattere finito o meno dell'analisi canonica senza tagli. Nel caso generale non c'è modo di prevedere se l'analisi canonica senza tagli di una formula del primo ordine sia finita o meno, l'unica maniera è calcolarla (e questo calcolo potrebbe non terminare mai). Nota però questa caratteristica dell'analisi canonica senza tagli, possiamo rispondere in maniera effettiva alla domanda se A sia derivabile o meno.*

In particolare, nel caso in cui la formula A sia proposizionale (o più generalmente non contenga il quantificatore $\exists$), abbiamo una procedura meccanica (si dice *anche "di decisione") per determinare se A sia derivabile o meno: per l'Osservazione 36 nell'analisi canonica senza tagli π di una tale formula occorrono solo sottoformule estese di A e pertanto non potrà mai occorrere una formula esistenziale, da cui segue per l'Osservazione 45 che un ramo scorretto di π è necessariamente finito, pertanto tutti i rami di π sono finiti e dunque (per il lemma di König numerabile) π è finita. La costruzione di π è allora effettiva (termina in un numero finito di passi): in tal caso potremo sempre esibire una derivazione di A (la stessa analisi canonica senza tagli π) oppure costruire in modo effettivo un contromodello di A.* Abbiamo appena dato (in particolare) una dimostrazione della decidibilità del calcolo proposizionale[68].

3.5 Conseguenze del teorema fondamentale: teoremi di completezza, eliminabilità del taglio, compattezza, Löwenheim-Skolem

Concludiamo il capitolo su dimostrabilità e soddisfacibilità, dimostrando tutti i risultati di base che sono stati ottenuti dalla logica matematica sulla dimostrabilità e sulla soddisfacibilità delle formule logiche del primo ordine e sulle relazioni tra queste nozioni[69]: teoremi di completezza ed eliminabilità del taglio (Paragrafo 3.5.1), teorema di completezza forte (Paragrafo 3.5.2), teorema di compattezza (Paragrafo 3.5.3), teorema di Löwenheim-Skolem (Paragrafo 3.5.4). Tutti i risultati sono conseguenze immediate del teorema fondamentale dell'analisi canonica.

3.5.1 Teorema di completezza ed eliminabilità del taglio

Da sempre dietro il concetto di dimostrazione c'è l'idea di un argomento irrefragabile, che non potrà mai in alcun modo essere confutato. Con gli strumenti a nostra disposizione, possiamo porre la questione in termini molto precisi: si tratta di sapere se la derivabilità di una formula del primo ordine equivalga o meno all'impossibilità di falsificarla. Il teorema di completezza risponde positivamente a questa questione.

Il teorema di correttezza (Teorema 14) ci garantisce che fissato un punto di vista (un valore per le variabili speciali, cioè una struttura), le regole di *LK* "preservano la verità", e quindi se una formula è dimostrabile in *LK* non potrà essere falsificabile (gli assiomi sono soddisfatti da qualsiasi punto di vista, e le regole preservano la verità). Vogliamo mostrare che vale anche il viceversa, cioè il teorema di completezza, dimostrato da Kurt Gödel nel 1930. Questo risultato asserisce che l'insieme delle regole del calcolo dei predicati è "completo": se una formula (chiusa del primo ordine) non è derivabile logicamente (quindi secondo la nostra definizione mediante le regole di *LK*), allora essa è falsificabile (secondo la definizione data nell'Osserva-

---

[68] Si noti che questa dimostrazione di decidibilità riposa sulla presenza delle ipotesi definitive: se avessimo considerato solo il caso dell'analisi canonica con tagli, quest'argomento non sarebbe stato valido.

[69] Coerentemente con il nostro approccio, i risultati verranno stabiliti -almeno per ora- per i linguaggi numerabili: si veda in merito l'Osservazione 60.

zione 25). In altri termini, se non è possibile derivare logicamente A non è perché le regole che ci siamo dati non sono sufficienti allo scopo, ma perché esiste un punto di vista (una struttura) dal quale A è falsa, ed è quindi "giusto" che non sia logicamente derivabile.

Dimostreremo in realtà un risultato più forte (Teorema 16), e cioè che se una formula (chiusa del primo ordine) non è derivabile logicamente *senza tagli*, allora essa è falsificabile. Poiché questo discende dal fatto che ogni ramo scorretto dell'analisi canonica senza tagli di una formula A del primo ordine permette di costruire un contromodello di A, possiamo pensare ai rami dell'analisi canonica senza tagli di A come ai tentativi di falsificare A: se tutti i tentativi falliscono, allora l'analisi canonica senza tagli di A è una derivazione di A in LK, mentre in caso contrario ogni tentativo di falsificare A coronato di successo (ramo finito o infinito) è sostanzialmente un contromodello di A.

Teorema 16 (Teorema di completezza). *Sia $\mathscr{L}$ un linguaggio del primo ordine e sia A una formula chiusa di $\mathscr{L}$.*

Se A non è falsificabile[70], allora A è derivabile senza tagli nel calcolo dei sequenti.

Dimostrazione.   Si consideri l'analisi canonica senza tagli π di A. Poiché A non è falsificabile, possiamo escludere i Casi 2 e 3 del Teorema 15: pertanto (per il Teorema 15), π è una derivazione senza tagli di A.   □

Osservazione 50. *Non essendo stato usato l'assioma di scelta nella dimostrazione del Teorema 15, il Teorema 16 rimane stabilito senza assioma di scelta.*
Nel caso in cui la formula chiusa A è derivabile, l'analisi canonica senza tagli di A fornisce una derivazione di A in cui occorrono esclusivamente sottoformule (estese) di A, mentre se esiste un ramo scorretto dell'analisi canonica senza tagli di A, per determinare un contromodello di A basta attribuire un valore opportuno (seguendo i Lemmi 3 e 4, e ancor più precisamente seguendo le loro dimostrazioni) alle sottoformule atomiche di A che occorrono nel ramo: si può invece attribuire qualunque valore a qualsiasi altra formula atomica del linguaggio.

Una proprietà fondamentale dell'analisi canonica senza tagli è di essere...senza tagli! Il teorema fondamentale dell'analisi canonica ci "regala" di conseguenza il teorema di eliminabilità del taglio: se una formula A è derivabile, lo è senza far uso della regola del taglio.

Teorema 17 (Teorema di eliminabilità del taglio). *Se la formula chiusa A del linguaggio $\mathscr{L}$ è derivabile logicamente, allora è derivabile senza far uso della regola di taglio.*

Dimostrazione.   Se A è derivabile logicamente, allora per il teorema di correttezza (Teorema 14) A non è falsificabile, e dunque per il teorema fondamentale dell'analisi canonica (Teorema 15) l'analisi canonica senza tagli di A è una derivazione (senza tagli!) di A.   □

---

[70] Cioè se $\neg A$ non è soddisfacibile.

Il risultato seguente è una conseguenza immediata del Teorema 17 (ricordando l'Osservazione 29):

Corollario 1 (Proprietà della sottoformula). *Se la formula A è derivabile, allora esiste una derivazione π di A nella quale occorrono esclusivamente sottoformule (estese) di A.*

Corollario 2. *Il sistema LK è non contraddittorio: per qualunque formula A del linguaggio, è impossibile in LK derivare logicamente sia A che $\neg A$.*

Dimostrazione.   Se esistesse una formula A tale che fossero derivabili sia $\vdash A$ che $\vdash \neg A$, allora applicando la regola di taglio a queste due derivazioni otterremmo una derivazione del sequente vuoto. Per il Corollario 1, esisterebbe allora una derivazione logica del sequente vuoto contenente solo sottoformule estese del sequente vuoto. Non essendovi sottoformule del sequente vuoto, l'unica possibilità perché questo fosse dimostrabile sarebbe che esistesse una regola 0-aria di LK avente come conclusione proprio il sequente vuoto. Ma sappiamo bene che questo non è il caso. $\square$

Osservazione 51. *Tornando alla logica proposizionale, un'altra delle conseguenze del teorema fondamentale dell'analisi canonica è che una formula proposizionale A è derivabile sse A è derivabile senza tagli e senza far uso della regola di contrazione. Infatti, se A è derivabile allora per il Teorema 14 la formula A non è falsificabile, e quindi per il Teorema 15 l'analisi canonica senza tagli di A è una derivazione di A: nel caso in cui A è proposizionale (più generalmente nel caso in cui A non contiene occorrenze del quantificatore $\exists$) si verifica facilmente che l'analisi canonica senza tagli di A non contiene regole di contrazione.*

Osservazione 52. *Il Teorema 17 può considerarsi il preludio del teorema di eliminazione del taglio di Gentzen (il Teorema 22). Va però specificato che il Teorema 17 non dice nulla su come si possa eliminare il taglio da una derivazione; esso afferma solo che la nozione di derivabilità può prescindere dalla regola di taglio, e nella ricerca di una derivazione per una formula del primo ordine si può fare a meno del taglio. Interessarsi al modo con cui è possibile eliminare i tagli da una derivazione presuppone il passaggio concettuale tra il Capitolo 3 ed il Capitolo 4: si passa dallo studio della derivabilità a quello delle derivazioni, così come si passa dal Capitolo 3 al Capitolo 5 spostando l'interesse dalla soddisfacibilità allo studio delle strutture.*

3.5.2 Teorema di completezza forte

Vogliamo ora generalizzare il teorema di completezza al caso in cui vi siano delle ipotesi, e cioè dimostrare che non solo quando una formula non è falsificabile è derivabile, ma che questo rimane vero anche sotto le ipotesi T (essendo T una qualsiasi teoria): se la formula chiusa A non è falsificabile da strutture che soddisfano T allora A è derivabile da T. Detto in altri termini, vale l'esatto viceversa del Teorema 14 di correttezza: se $T \models A$ allora A è derivabile logicamente da T. Non è possibile in questo caso fare a meno della regola di taglio: per "usare" gli assiomi di una teoria T sarà infatti in generale necessario applicare una regola di taglio. Faremo dunque ricorso alla costruzione dell'analisi canonica con tagli ed al teorema fondamentale ad essa associato: proprio la presenza dei tagli non permette di affermare che (in senso stretto) l'enunciato del Teorema 18 è più forte dell'enunciato del Teorema 16.

Teorema 18 (Teorema di completezza forte). *Sia $\mathscr{L}$ un linguaggio del primo ordine, T una teoria in $\mathscr{L}$, ed A una formula chiusa.*

Se la teoria $T \cup \{\neg A\}$ non è soddisfacibile, allora A è derivabile logicamente da T.

Dimostrazione. Consideriamo l'analisi canonica con tagli π di A da T. Poiché $T \cup \{\neg A\}$ non è soddisfacibile, per il Teorema 15 l'analisi π non ha rami infiniti: pertanto (sempre per il Teorema 15), π è una derivazione di A da T. $\square$

Osservazione 53. *Anche nel caso del teorema di completezza forte, non avendo noi usato l'assioma di scelta nella dimostrazione del Teorema 15, il Teorema 18 rimane stabilito senza assioma di scelta.*

Osservazione 54. *Formulato in termini forse più tradizionali, il teorema di completezza forte stabilisce l'equivalenza tra $T \models A$ e $T \vdash A$, dove T è una teoria in un linguaggio $\mathscr{L}$ ed A una formula chiusa di $\mathscr{L}$. Di conseguenza, d'ora in poi useremo indifferentemente le due notazioni.*

Questa equivalenza porta anche all'equivalenza tra la nozione di soddisfacibilità di una teoria T (Definizione 23) e la non contraddittorietà di T (cioè l'impossibilità di derivare da T al tempo stesso una formula chiusa A e la sua negazione). Se infatti T è soddisfacibile, allora (per il Teorema 14) non è possibile derivare da T sia A che $\neg A$ per alcuna formula chiusa A; e viceversa, se T non è soddisfacibile, allora $T \models F$ e quindi (per il Teorema 18) $T \vdash F$, da cui segue che per qualunque formula chiusa A vale sia $T \vdash A$ che $T \vdash \neg A$.

3.5.3 Teorema di compattezza

Il termine "compatto" viene usato in diversi ambiti della matematica, ma in ognuno di essi l'intuizione che vogliamo esprimere è la possibilità di ricondurre la validità di una proprietà su insiemi qualsiasi alla validità della stessa proprietà su insiemi *finiti*.

La questione che ci poniamo è la seguente: "è compatta la logica del primo ordine?". La proprietà sulla quale ci concentriamo è la soddisfacibilità, e il problema è dunque quello di sapere se la soddisfacibilità di un insieme di formule del primo ordine è o meno riconducibile alla sua soddisfacibilità *finita* (Definizione 23). Il teorema di compattezza risponde positivamente a questa questione.

Osserviamo subito che il teorema di compattezza è molto legato alle capacità espressive del linguaggio del primo ordine (si veda in merito il Paragrafo 5.3), e che la questione della potenza espressiva della logica del primo ordine potrebbe da sola giustificare la domanda posta sulla compattezza (si veda sempre il Paragrafo 5.3 per ulteriori dettagli).

Il teorema di compattezza della logica del primo ordine è uno dei risultati fondamentali della logica matematica e viene anche comunemente considerato il punto di partenza di quella branca della logica che prende il nome di *teoria dei modelli*. Storicamente, sembra che il teorema di compattezza sia apparso come una conseguenza del teorema di completezza forte di Gödel del 1930 (Teorema 18). Noi lo dimostreremo direttamente dal teorema fondamentale dell'analisi canonica, ma il lettore non avrà difficoltà a dimostrarlo usando invece il teorema di completezza forte. Si veda però in merito l'Osservazione 56.

Teorema 19 (Teorema di compattezza). *Sia $\mathscr{L}$ un linguaggio del primo ordine e T una teoria in $\mathscr{L}$. Se T è finitamente soddisfacibile, allora T è soddisfacibile.*

Dimostrazione. Se la teoria T in $\mathscr{L}$ non è soddisfacibile, allora anche $T \cup \{\neg\mathbf{F}\}$ non è soddisfacibile, e dunque per il teorema fondamentale dell'analisi canonica (Teorema 15), l'analisi canonica con tagli π di $\mathbf{F}$ da T è una derivazione di $\mathbf{F}$ da T, ed essendo un oggetto finito esisterà un sottoinsieme finito T_f di T tale che π è una derivazione di $\mathbf{F}$ da T_f. Per il Teorema 14 di correttezza $T_f \models \mathbf{F}$, cioè T_f non è soddisfacibile.   □

Osservazione 55. *Si può facilmente dimostrare che i due enunciati seguenti sono equivalenti al teorema di compattezza:*

1. *Se la teoria T nel linguaggio $\mathscr{L}$ non è soddisfacibile, allora esiste un sottoinsieme finito di T che non è soddisfacibile.*
2. *Se T è una teoria in $\mathscr{L}$ ed A una formula chiusa, allora $T \models A$ sse esiste un sottoinsieme finito T_0 di T t.c. $T_0 \models A$.*

Osservazione 56. *Si potrebbe porre una domanda metodologica sulla dimostrazione del Teorema 19: mentre la questione della compattezza della logica del primo ordine fa riferimento solo alla nozione di soddisfacibilità, il teorema fondamentale dell'analisi canonica (così come il teorema di completezza forte) presuppone la nozione di derivabilità logica, che non è (a priori) insita in quella di soddisfacibilità. Ci si può allora chiedere se sia possibile dimostrare il teorema di compattezza senza far riferimento alla nozione di derivabilità logica (e quindi senza passare dal teorema fondamentale dell'analisi canonica né dal teorema di completezza forte). La risposta è positiva, ed è contenuta nel Paragrafo 5.1.*

Osserviamo inoltre, come già fatto per i risultati finora dimostrati, che anche il teorema di compattezza per i linguaggi numerabili è stato dimostrato senza far uso dell'assioma di scelta (si veda anche l'Osservazione 60).

3.5.4 Teorema di Löwenheim-Skolem

Il teorema di Löwenheim-Skolem è uno dei risultati fondamentali sulla logica del primo ordine: fu enunciato nel 1915 (quindi ben prima del teorema di completezza e del teorema di compattezza) da Löwenheim, e la sua dimostrazione fu perfezionata nel 1920 da Skolem. Con gli strumenti a nostra disposizione oggi, possiamo dare una versione più generale del teorema, e lo faremo nel Capitolo 5 (si vedano i Teoremi 34 e 35), ma già la dimostrazione del teorema fondamentale dell'analisi canonica permette di dimostrare la seguente versione del teorema di Löwenheim-Skolem (che è sostanzialmente quella originariamente data da Löwenheim):

Teorema 20 (Teorema di Löwenheim-Skolem). *Sia $\mathscr{L}$ un linguaggio del primo ordine (di cardinalità numerabile) e sia T una teoria in $\mathscr{L}$. Se T è soddisfacibile, allora esiste una $\mathscr{L}$-struttura, il cui supporto è l'insieme numerabile dei termini chiusi di un'opportuna estensione di $\mathscr{L}$, che soddisfa T.*

Dimostrazione. Se T è soddisfacibile, allora esiste una $\mathscr{L}$-struttura $\mathscr{M}$ tale che $\mathscr{M} \models T$, cioè $T \not\models \mathbf{F}$, e per correttezza (Teorema 14) sarà dunque $T \not\vdash \mathbf{F}$. Consideriamo l'analisi canonica con tagli π di $\mathbf{F}$ da T: da $T \not\vdash \mathbf{F}$ segue per il Teorema 15 l'esistenza di un ramo infinito in π, a partire dal quale possiamo costruire una $\mathscr{L}$-struttura $\mathscr{N}$, il cui supporto è l'insieme numerabile dei termini chiusi di un'opportuna estensione di $\mathscr{L}$, tale che $\mathscr{N} \models T$ (e $\mathscr{N} \models \neg\mathbf{F}$ cioè $\mathscr{N} \models \mathbf{V}$). □

Osservazione 57. *Il teorema di Löwenheim-Skolem mette con forza l'accento sulla "canonicità" delle $\mathscr{L}$-strutture che abbiamo chiamato "linguistiche" nell'introduzione. Più precisamente, data una teoria T in $\mathscr{L}$, possiamo considerare l'analisi canonica di $\mathbf{F}$ da T ed applicare il Teorema 15: se essa è finita, allora T non è soddisfacibile, altrimenti sappiamo costruire una $\mathscr{L}$-struttura linguistica (che dipenderà solo da T e da $\mathscr{L}$) che soddisfa T. Possiamo dunque ricavare tutte le informazioni in merito alla soddisfacibilità di T senza uscire dal linguaggio entro cui la teoria T è scritta.*

Osservazione 58. *Anche in questo caso, si noti che la dimostrazione del Teorema 20 non fa uso dell'assioma di scelta (contrariamente a quella della sua generalizzazione: il Teorema 34).*

Osservazione 59. *Una conseguenza del teorema di Löwenheim-Skolem è che data una teoria T nel linguaggio $\mathscr{L}$ del primo ordine numerabile e data una formula chiusa A di $\mathscr{L}$, se ogni modello numerabile di T soddisfa A, allora $T \models A$. Infatti, per il teorema di Löwenheim-Skolem se $T \cup \{\neg A\}$ avesse un modello non numerabile avrebbe anche un modello numerabile.*

Osservazione 60. *Tutti i risultati dimostrati in questo Capitolo 3 fanno riferimento ad un linguaggio numerabile, ed è lecito chiedersi cosa accade per i linguaggi più che numerabili e perché abbiamo scelto di restringerci finora a linguaggi numerabili.*

Avendo noi messo in primo piano l'analisi canonica, che è una generalizzazione della nozione di derivazione di LK introdotta da Gentzen, è del tutto naturale restringersi al caso dei linguaggi numerabili, in quanto in teoria della dimostrazione (dove l'oggetto di studio sono le derivazioni logiche) non siamo a conoscenza di ambiti in cui sia di interesse lo studio di linguaggi più che numerabili. Questi sono invece di prima importanza in teoria dei modelli, e sarà pertanto utile tornare sulla cardinalità del linguaggio nel Capitolo 5, in particolare per dare una dimostrazione del teorema di compattezza anche per i linguaggi più che numerabili.

Vediamo per concludere cosa ne è dei risultati dimostrati in questo capitolo quando la cardinalità del linguaggio è più che numerabile:

- *il teorema di compattezza per i linguaggi più che numerabili si può dimostrare senza passare dal teorema di completezza forte (si veda il Paragrafo 5.1, dove viene usata la tecnica tradizionale dei testimoni di Henkin). Da notare che in tal caso sarà necessario usare l'assioma di scelta nel caso di linguaggi più che numerabili, mentre nel caso di linguaggi numerabili anche con la tecnica di Henkin si può dimostrare il teorema senza far uso dell'assioma di scelta (coerentemente con la dimostrazione data in precedenza);*
- *usando una tecnica simile a quella che verrà usata nel Capitolo 5 per dimostrare il teorema di compattezza, è possibile dare un'altra dimostrazione (introducendo il modello di Henkin) del teorema di completezza forte per i linguaggi numerabili. Ma mentre è facile estendere la tecnica di Henkin ai linguaggi più che numerabili (il che permette in definitiva di dimostrare il teorema di completezza forte anche per i linguaggi più che numerabili), non è così per la dimostrazione che abbiamo dato. Questo che in un certo senso può essere visto come un limite dell'analisi canonica, può d'altra parte ben essere compreso come un'evidenza di quanto "più costruttiva" sia la dimostrazione che fa uso dell'analisi canonica rispetto a quella che usa il modello di Henkin;*
- *il teorema di Löwenheim-Skolem può essere raffinato ed esteso a linguaggi di cardinalità qualsiasi: ci occuperemo dell'argomento nel Paragrafo 5.6;*
- *l'eliminabilità del taglio non ha molto senso in ambito più che numerabile: essa fa riferimento alla maniera con cui è possibile derivare logicamente una formula logica, e come già scritto le derivazioni vengono studiate nell'ambito di linguaggi numerabili.*

4

Verso la teoria della dimostrazione: il teorema di eliminazione del taglio per *LK*

Se l'oggetto di studio della *teoria della dimostrazione* sono le dimostrazioni, l'ambizione e la difficoltà di questa branca della logica appaiono smisurate, per la vastità e la profondità dell'argomento. Ridimensioniamo dunque immediatamente entrambe, chiarendo che ci occuperemo qui solo di fornire alcuni elementi basilari per una prima riflessione sulle dimostrazioni logiche, e più precisamente sulla loro rappresentazione mediante derivazioni logiche nel calcolo dei sequenti *LK* di Gentzen, che abbiamo già convenuto di chiamare semplicemente derivazioni.

Il salto concettuale tra il Capitolo 3 ed il Capitolo 4, consiste nello spostare l'attenzione dalla dimostrabilità logica (codificata mediante la derivabilità in *LK*) alle dimostrazioni logiche (codificate mediante le derivazioni di *LK*). Questo passaggio è del tutto paragonabile a quello dal Capitolo 3 al Capitolo 5, cioè dallo studio della soddisfacibilità allo studio delle strutture per i linguaggi del primo ordine. Tra le tante differenze tra questi due passaggi, ne segnaliamo una che ci appare molto rilevante: mentre la rappresentazione matematica del concetto di modello è sostanzialmente accettata dalla comunità scientifica (la nostra Definizione 19), buona parte della ricerca in teoria della dimostrazione si occupa proprio di elaborare forme di rappresentazione del concetto di dimostrazione logica. Per questo motivo assume un ruolo centrale l'insieme di trasformazioni delle derivazioni di *LK* definite da Gentzen per dimostrare il suo celebre teorema di eliminazione del taglio (Teoremi 21 e 22): queste trasformazioni sembrano cogliere un aspetto essenziale della natura delle dimostrazioni logiche. Tanto che parte dei teorici della dimostrazione ha ormai cambiato punto di vista, anteponendo le trasformazioni alla rappresentazione delle dimostrazioni logiche: si cercano rappresentazioni che godano di buone proprietà rispetto alle trasformazioni definite da Gentzen, in particolare attraverso lo studio di invarianti rispetto a tali trasformazioni.

L'essenziale del capitolo sarà quindi dedicato allo studio delle trasformazioni introdotte da Gentzen per *LK*, in una versione più moderna. Nel Paragrafo 4.1, introduciamo l'insieme delle trasformazioni $\mathcal{T}$ (Paragrafo 4.1.1) che serviranno poi per dimostrare il teorema di eliminazione del taglio per *LK* seguendo due strategie diverse (Paragrafo 4.1.2 e Paragrafo 4.1.3): oltre a proprietà strettamente logiche,

V.M. Abrusci, L. Tortora de Falco: *Logica. Volume 1 – Dimostrazioni e modelli al primo ordine*, UNITEXT – La Matematica per il 3+2 80, DOI 10.1007/978-88-470-5538-4_4,
© Springer-Verlag Italia 2014

sfrutteremo anche alcune caratteristiche strutturali delle derivazioni. Concludiamo elencando alcuni risultati sulla complessità computazionale della procedura definita da Gentzen (Paragrafo 4.1.4).

Come il teorema di compattezza per la teoria dei modelli, il teorema di eliminazione del taglio può ben essere considerato come il risultato di partenza della teoria della dimostrazione, e le sue conseguenze sono dunque un intero settore di ricerca; nel Paragrafo 4.2 presentiamo molto brevemente qualche risultato che segue abbastanza immediatamente dal teorema di eliminazione del taglio, dando spesso solo qualche indicazione sulle dimostrazioni.

In tutto il capitolo, considereremo fissato un linguaggio del primo ordine $\mathcal{L}$ numerabile.

4.1 Eliminazione del taglio

Nel dimostrare il suo teorema di eliminazione del taglio, Gentzen era certamente influenzato dalla questione della "purezza" di una dimostrazione in una determinata disciplina: in logica, si tratta di sapere se è sempre possibile trasformare effettivamente una dimostrazione logica di una proposizione logica in una dimostrazione "pura" di questa stessa proposizione (nel caso di *LK* si parla di derivazione analitica, come specificato in 3.3.2.2). Il teorema di Gentzen risponde positivamente alla domanda per le derivazioni (di *LK*) delle formule del primo ordine, poiché ne discende, come vedremo nel Paragrafo 4.2, il Teorema 24. Si ricordi d'altra parte, che per ottenere la sola proprietà della sottoformula è sufficiente (come già menzionato nel Capitolo 3) il Corollario 1, che come sappiamo implica anche la coerenza del sistema (Corollario 2).

Ma non è tanto il risultato conseguito da Gentzen ad aver attirato l'attenzione delle generazioni che l'hanno seguito. Ciò che influenzò buona parte della teoria della dimostrazione dopo Gentzen fu il metodo da lui introdotto per dimostrare il suo teorema: egli definì un insieme di *trasformazioni* elementari e mostrò che data una qualsiasi derivazione del primo ordine, applicando mediante un'appropriata procedura tali trasformazioni alla derivazione di partenza, si può ottenere una derivazione che non faccia uso della regola di taglio. Queste trasformazioni sono state (e sono tuttora) utilizzate come strumento di studio delle dimostrazioni logiche, soprattutto dagli anni '60 del secolo scorso in poi, quando venne fuori che una dimostrazione logica può essere vista come un processo computazionale la cui esecuzione corrisponde all'applicazione delle procedure di Gentzen alla dimostrazione stessa[1]. La procedura definita da Gentzen diventa allora una maniera di spiegare *l'interazione* tra dimostrazioni logiche che *comunicano* mediante la regola di taglio. Proprio pensando alla regola di taglio come alla comunicazione tra due processi, si può avere una prima intuizione sulla complessità della procedura: se il taglio è il collegamento

---

[1] Questo approccio "computazionale" alle dimostrazioni si basa sulla *Corrispondenza Curry-Howard* tra dimostrazioni e programmi, scoperta appunto negli anni '60, che ha portato ad un significativo rinnovamento della teoria della dimostrazione negli ultimi venti anni del '900.

elettrico che permette ai due connettori maschio e femmina di connettersi tra loro, l'eliminazione del taglio corrisponde ad eliminare i connettori e connettere direttamente tra loro i fili elettrici. Si intuisce allora che buona parte della difficoltà (e della complessità computazionale ad essa associata) della procedura di eliminazione del taglio risiede nella gestione della regola di contrazione che, sempre seguendo l'analogia con i circuiti, fa di tanti fili un solo filo (nel gergo delle telecomunicazioni e delle reti di computer, si parla di "multiplexing"). Più generalmente, assumendo questo punto di vista "computazionale" sulle dimostrazioni logiche, appare chiara l'importanza assunta dalle regole strutturali di indebolimento e contrazione: gestiscono la cancellazione e la duplicazione, operazioni cruciali di qualunque sistema di calcolo.

Presteremo dunque molta attenzione alle trasformazioni definite da Gentzen ed alle loro varianti (Paragrafo 4.1.1), cercando in particolare di mettere in evidenza alcuni rudimentali invarianti di queste procedure. Sempre con un occhio attento agli invarianti, mostreremo poi come sia possibile combinare tra loro queste trasformazioni in modo da conseguire il risultato di Gentzen, e lo faremo in due modi diversi (Paragrafo 4.1.2 e Paragrafo 4.1.3), per concludere con alcune osservazioni sulla complessità computazionale della procedura definita da Gentzen (Paragrafo 4.1.4).

L'enunciato del teorema di eliminazione del taglio che dimostreremo non è esattamente quello dimostrato originariamente da Gentzen. In particolare, vogliamo mettere in evidenza quando le trasformazioni che andremo a definire non introducono, nelle derivazioni, regole strutturali: alla nostra prima formulazione del teorema di Gentzen (nella quale non viene fatta menzione delle regole strutturali) segue una seconda formulazione che tiene invece conto di questa caratteristica.

Teorema 21 (Teorema di eliminazione del taglio (Hauptsatz)). *Esiste una procedura P^2, che associa ad ogni derivazione π di un sequente $\vdash \Gamma$ di $\mathscr{L}$ una derivazione $P(\pi)$ di $\vdash \Gamma$ che non contiene alcuna occorrenza della regola di taglio.*

Teorema 22 (Raffinamento dell'Hauptsatz). *Esiste una procedura P che associa ad ogni derivazione moltiplicativa (risp. additiva) π di un sequente $\vdash \Gamma$ di $\mathscr{L}$ una derivazione moltiplicativa (risp. additiva) $P(\pi)$ di $\vdash \Gamma$ che non contiene alcuna occorrenza della regola di taglio. Inoltre, se π non fa uso di regole strutturali, allora anche $P(\pi)$ non fa uso di regole strutturali.*

Osservazione 61. *È in realtà possibile generalizzare l'enunciato del Teorema 22 a derivazioni contenenti sia regole additive che regole moltiplicative, con un accorgimento: applicando le regole assioma, taglio e contrazione a formule dello stesso stile (additivo/moltiplicativo). Per spiegare precisamente cosa intendiamo dire, sarebbe necessaria qualche ulteriore definizione (il lettore avrà notato che abbiamo fatto riferimento alla nozione di "formula additiva/moltiplicativa" e non più di "regola additiva/moltiplicativa"). Nel caso del taglio, la necessità di tale vincolo apparirà chiaramente nella definizione dell'insieme $\mathscr{T}$ delle trasformazioni*

---

[2] Vedremo che questa procedura è "effettiva": si può ragionevolmente considerare come un esempio di ciò che viene comunemente chiamato algoritmo.

introdotto nel Paragafo 4.1.1: se ci troviamo ad esempio nel caso che chiameremo $(\wedge_m/\vee_a)$, *e cioè ad applicare un passo della procedura ad un taglio sulla coppia di formule* $(A \wedge B, \neg A \vee \neg B)$, *dove* $A \wedge B$ *è conclusione principale di una regola* $\wedge_m$ *mentre* $\neg A \vee \neg B$ *è conclusione principale di una regola* $\vee_a$, *risulta inevitabile come vedremo introdurre regole strutturali.*

Osservazione 62. *L'enunciato del Teorema 22 mette in evidenza gli invarianti cui si faceva riferimento: l'assenza di regole strutturali viene preservata da alcune trasformazioni, e precisamente (come vedremo nel Paragrafo 4.1.1) da quelle che non "mischiano" gli "stili" (moltiplicativo ed additivo). Come già osservato si tratta di invarianti piuttosto rudimentali, ma vi poniamo particolare attenzione perché sono la traccia di un fenomeno profondo, che viene oggi studiato mediante la* semantica denotazionale. *L'idea della semantica denotazionale è studiare i processi computazionali mediante degli invarianti; in teoria della dimostrazione questo approccio è successivo alla scoperta della natura computazionale delle derivazioni logiche cui si accennava in precedenza.*

Il sistema di regole scelto nel Capitolo 3 per definire l'analisi canonica, pur risultando ottimale per stabilire relazioni tra soddisfacibilità e derivabilità, diventa insoddisfacente quando vogliamo studiare la "struttura" delle derivazioni logiche. In particolare infatti, tale sistema di regole non soddisfa le ipotesi del Teorema 22, ed un'analisi con strumenti più raffinati (ad esempio mediante la semantica denotazionale) ne rivelerebbe le debolezze. Con gli strumenti a nostra disposizione, possiamo affermare che tale sistema non soddisfa la conclusione del Teorema 22: le trasformazioni che stiamo per definire introducono, quando applicate a derivazioni del sistema in questione, regole strutturali che non sono presenti nella derivazione a cui le trasformazioni vengono applicate.

Dimostrazione (del teorema di eliminazione del taglio). Lo schema generale della dimostrazione è il seguente.

1. Si definisce sull'insieme Π delle derivazioni un insieme di trasformazioni $\mathcal{T}$.
2. Si osserva che la struttura ad albero delle derivazioni fornisce un ordine naturale con il quale eliminare i tagli: si può cominciare dall'alto, cioè eliminando quei tagli "sopra" i quali non vi sono altri tagli. Una derivazione con un solo taglio che è anche l'ultima regola della derivazione viene chiamata *quasi senza tagli*. Se riusciamo ad eliminare l'unico taglio da una derivazione quasi senza tagli, allora sfruttando l'ordine arborescente sui tagli di una derivazione qualsiasi potremo eliminarli uno ad uno (partendo dall'alto) applicando la procedura solo a derivazioni quasi senza tagli (formalmente, procedendo per induzione sul numero dei tagli presenti nella derivazione).
3. Il punto cruciale della dimostrazione è dunque l'eliminazione dell'unico taglio di una derivazione quasi senza tagli. Si definisce sull'insieme Π_0 delle derivazioni quasi senza tagli una misura, e precisamente una funzione $\sharp : \Pi_0 \longrightarrow \mathbb{N} \times \mathbb{N}$. Si conclude dimostrando, per induzione sull'insieme $\mathbb{N} \times \mathbb{N}$ ordinato lessicograficamente (Definizione 5 e Osservazione 8), che applicando oculatamente le trasformazioni di $\mathcal{T}$ a qualunque derivazione $\pi \in \Pi_0$ si ottiene una derivazione

senza tagli. Più precisamente, si dimostra che applicando oculatamente le trasformazioni di $\mathcal{T}$ ad una qualsiasi derivazione $\pi \in \Pi_0$:

- si ottiene una derivazione senza tagli π' di *LK*

oppure

- si ottiene un numero finito di derivazioni $\pi_1, \ldots, \pi_n \in \Pi_0$ tali che per ogni $i \in \{1, \ldots, n\}$ vale $\sharp(\pi_i) < \sharp(\pi)$.

Vi sono molti modi di procedere, ma la chiave della dimostrazione sta nella definizione dell'insieme $\mathcal{T}$. Noi definiremo un insieme di trasformazioni "atomiche" ovvero un insieme di "piccoli passi" di trasformazione, che chiameremo $\mathcal{T}$, e che non sarà però l'insieme delle trasformazioni che useremo per applicare la strategia dimostrativa appena presentata. Quest'ultima verrà applicata a due insiemi diversi di trasformazioni (che forniranno due dimostrazioni alternative del teorema di eliminazione del taglio), che chiameremo nel seguito $\mathcal{T}_{glob}$ e $\mathcal{T}_{rev}$. Entrambi questi insiemi di trasformazioni sono ottenuti combinando opportunamente le trasformazioni di $\mathcal{T}$: l'insieme $\mathcal{T}_{glob}$ definendo passi elementari più "globali", l'insieme $\mathcal{T}_{rev}$ sfruttando inoltre la "dualità" reversibilità/irreversibilità delle regole logiche (mediante il Lemma 5 detto "lemma di reversibilità").

4.1.1 Primo passo: definizione di $\mathcal{T}$

La forma generale di una regola di taglio in una derivazione π è la seguente:

$$
\cfrac{
\cfrac{\substack{\pi_1 \\ \vdots}}{\vdash \Gamma, A} R_1 \qquad
\cfrac{\substack{\pi_2 \\ \vdots}}{\vdash \Delta, \neg A} R_2
}{\vdash \Gamma, \Delta} \; cut \; .
$$

$$\vdots$$

Poichè le trasformazioni che definiremo modificheranno solamente la parte della derivazione che è al di sopra della regola *cut*, supporremo nel definire queste trasformazioni che la regola del taglio sia l'ultima regola della derivazione. Nel caso generale, basterà considerare la sottoderivazione la cui ultima regola sia la regola *cut*, operare la trasformazione su di essa, e sostituire la derivazione così ottenuta nella derivazione di partenza. Per questo bisogna che tutte le nostre trasformazioni preservino il sequente conclusione, cosa che verificheremo passo per passo, nel definire le trasformazioni.

Definiamo ora l'insieme $\mathscr{T}$, in funzione del tipo di regole R_1 ed R_2 di π.

$(\vee_m/\wedge_m)$ Se $R_1 = \wedge_m$ è una regola che introduce $A = B \wedge C$ ed $R_2 = \vee_m$ è una regola che introduce $\neg A = \neg B \vee \neg C$, allora π_1 e π_2 saranno rispettivamente le due derivazioni seguenti:

$$
\begin{array}{cc}
\pi_{11} & \pi_{12} \\
\vdots & \vdots \\
\vdash \Gamma_1, B & \vdash \Gamma_2, C
\end{array}
$$
$$\frac{\vdash \Gamma_1, B \qquad \vdash \Gamma_2, C}{\vdash \Gamma, B \wedge C}\ R_1$$

$$
\begin{array}{c}
\pi_2' \\
\vdots \\
\end{array}
$$
$$\frac{\vdash \Delta, \neg B, \neg C}{\vdash \Delta, \neg B \vee \neg C}\ R_2\ .$$

In questo caso la trasformazione associa a π la derivazione seguente[3]:

$$
\begin{array}{ccc}
\pi_2' & \pi_{11} & \\
\vdots & \vdots & \pi_{12} \\
 & & \vdots
\end{array}
$$
$$\frac{\dfrac{\vdash \Delta, \neg B, \neg C \qquad \vdash \Gamma_1, B}{\vdash \Gamma_1, \Delta, \neg C}\ cut \qquad \vdash \Gamma_2, C}{\vdash \Gamma, \Delta}\ cut\ .$$

Il sequente conclusione è lo stesso di π. Non abbiamo aggiunto regole strutturali. Questo è uno dei "casi-chiave" (*key cases*) della procedura introdotta da Gentzen.

$(\wedge_a/\vee_a)$ Se $R_1 = \wedge_a$ è una regola che introduce $A = B \wedge C$ ed $R_2 = \vee_a^1$ oppure $R_2 = \vee_a^2$ è una regola che introduce $\neg A = \neg B \vee \neg C$, allora π_1 e π_2 saranno rispettivamente le due derivazioni seguenti:

$$
\begin{array}{cc}
\pi_{11} & \pi_{12} \\
\vdots & \vdots \\
\vdash \Gamma, B & \vdash \Gamma, C
\end{array}
$$
$$\frac{\vdash \Gamma, B \qquad \vdash \Gamma, C}{\vdash \Gamma, B \wedge C}\ R_1$$

$$
\begin{array}{ccc}
\pi_2' & & \pi_2' \\
\vdots & \text{oppure} & \vdots \\
\dfrac{\vdash \Delta, \neg B}{\vdash \Delta, \neg B \vee \neg C}\ R_2 & & \dfrac{\vdash \Delta, \neg C}{\vdash \Delta, \neg B \vee \neg C}\ R_2\ .
\end{array}
$$

In questo caso la trasformazione associa a π la derivazione seguente:

$$
\begin{array}{ccc}
\begin{array}{cc} \pi_2' & \pi_{11} \\ \vdots & \vdots \\ \dfrac{\vdash \Delta, \neg B \quad \vdash \Gamma, B}{\vdash \Gamma, \Delta}\ cut \end{array}
& \text{oppure} &
\begin{array}{cc} \pi_2' & \pi_{12} \\ \vdots & \vdots \\ \dfrac{\vdash \Delta, \neg C \quad \vdash \Gamma, C}{\vdash \Gamma, \Delta}\ cut\ . \end{array}
\end{array}
$$

---

[3] Si osservi che l'ordine nel quale effettuare le due regole di taglio è del tutto arbitrario. Anzi, la necessità stessa di stabilire un ordine è strettamente legata alla rappresentazione delle dimostrazioni logiche in *LK*.

Il sequente conclusione è lo stesso di π. Non abbiamo aggiunto regole strutturali. Questo è uno dei "casi-chiave" (*key cases*) della procedura introdotta da Gentzen.

$(\wedge_m/\vee_a)$ Se $R_1 = \wedge_m$ è una regola che introduce $A = B \wedge C$ ed $R_2 = \vee_a^1$ oppure $R_2 = \vee_a^2$ è una regola che introduce $\neg A = \neg B \vee \neg C$, allora π_1 e π_2 saranno rispettivamente le due derivazioni seguenti:

$$
\begin{array}{ccc}
\pi_{11} & & \pi_{12} \\
\vdots & & \vdots \\
\end{array}
$$

$$
\dfrac{\vdash \Gamma_1, B \qquad \vdash \Gamma_2, C}{\vdash \Gamma, B \wedge C} \ R_1
$$

$$
\begin{array}{ccc}
\pi_2' & & \pi_2' \\
\vdots & \text{oppure} & \vdots \\
\dfrac{\vdash \Delta, \neg B}{\vdash \Delta, \neg B \vee \neg C} \ R_2 & & \dfrac{\vdash \Delta, \neg C}{\vdash \Delta, \neg B \vee \neg C} \ R_2 .
\end{array}
$$

In questo caso la trasformazione associa a π la derivazione seguente:

$$
\begin{array}{ccc}
\pi_2' \qquad \pi_{11} & & \pi_2' \qquad \pi_{12} \\
\vdots \qquad \vdots & \text{oppure} & \vdots \qquad \vdots \\
\dfrac{\dfrac{\vdash \Delta, \neg B \qquad \vdash \Gamma_1, B}{\vdash \Gamma_1, \Delta} \ cut}{\vdash \Gamma, \Delta} & & \dfrac{\dfrac{\vdash \Delta, \neg C \qquad \vdash \Gamma_2, C}{\vdash \Gamma_2, \Delta} \ cut}{\vdash \Gamma, \Delta}
\end{array}
$$

dove la doppia linea indica che abbiamo effettuato gli indebolimenti necessari (in generale più di uno). Il sequente conclusione è lo stesso di π. Questa volta si noti che abbiamo aggiunto regole strutturali che non erano presenti nella derivazione π di partenza.

$(\vee_m/\wedge_a)$ Se $R_1 = \wedge_a$ è una regola che introduce $A = B \wedge C$ ed $R_2 = \vee_m$ è una regola che introduce $\neg A = \neg B \vee \neg C$, allora π_1 e π_2 saranno rispettivamente le due derivazioni seguenti:

$$
\begin{array}{ccc}
\pi_{11} & & \pi_{12} \\
\vdots & & \vdots \\
\end{array}
$$

$$
\dfrac{\vdash \Gamma, B \qquad \vdash \Gamma, C}{\vdash \Gamma, B \wedge C} \ R_1
$$

$$
\pi_2'
$$
$$
\vdots
$$
$$
\dfrac{\vdash \Delta, \neg B, \neg C}{\vdash \Delta, \neg B \vee \neg C} \ R_2 .
$$

In questo caso la trasformazione associa a π la derivazione seguente:

$$
\dfrac{\dfrac{\dfrac{\vdash \Delta, \neg B, \neg C \qquad \vdash \Gamma, B}{\vdash \Gamma, \Delta, \neg C} \ cut \qquad \vdash \Gamma, C}{\vdash \Gamma, \Gamma, \Delta} \ cut}{\vdash \Gamma, \Delta}
$$

dove la doppia linea indica che abbiamo effettuato le contrazioni necessarie (in generale più di una). Il sequente conclusione è lo stesso di π. Si noti che anche questa volta (come nel caso $(\wedge_m/\vee_a)$) abbiamo aggiunto regole strutturali che non erano presenti nella derivazione π di partenza.

$(\mathbf{F}/\mathbf{V})_{molt}$ Se $R_1 = \mathbf{V}$ è una regola moltiplicativa che introduce $A = \mathbf{V}$ ed $R_2 = \mathbf{F}$ è una regola che introduce $\neg A = \mathbf{F}$, allora π_1 e π_2 saranno rispettivamente le due derivazioni seguenti:

$$\overline{\vdash \mathbf{V}}$$

$$\pi'_2$$
$$\vdots$$
$$\frac{\vdash \Delta}{\vdash \Delta, \mathbf{F}}\ R_2\ .$$

In questo caso la trasformazione associa a π la derivazione seguente:

$$\pi'_2$$
$$\vdots$$
$$\vdash \Delta\ .$$

Il sequente conclusione non cambia. Non abbiamo aggiunto regole strutturali. Questo è uno dei "casi-chiave" (*key cases*) della procedura introdotta da Gentzen.

$(\mathbf{F}/\mathbf{V}_{add})$ Se[4] $R_1 = \mathbf{V}$ è una regola logica additiva ($\top$) che introduce $A = \mathbf{V}$ ed $R_2 = \mathbf{F}$ è una regola che introduce $\neg A = \mathbf{F}$, allora π_1 e π_2 saranno rispettivamente le due derivazioni seguenti:

$$\overline{\vdash \Gamma, \mathbf{V}}$$

$$\pi'_2$$
$$\vdots$$
$$\frac{\vdash \Delta}{\vdash \Delta, \mathbf{F}}\ R_2\ .$$

In questo caso la trasformazione associa a π la derivazione seguente:

$$\pi'_2$$
$$\vdots$$
$$\frac{\vdash \Delta}{\vdash \Gamma, \Delta}$$

---

[4] Si noti che di proposito questo passo non è stato indicato con $(\mathbf{F}/\mathbf{V})_{add}$, in quanto la formulazione della regola che introduce la costante logica $\mathbf{F}$ è una sola ed è moltiplicativa; vedremo infatti che nel caso in specie possono apparire regole strutturali che non erano presenti prima della riduzione, contrariamente a quanto accadeva nel caso $(\mathbf{F}/\mathbf{V})_{molt}$ precedente e più generalmente in tutti i casi di regole logiche "dello stesso stile".

dove la doppia linea indica che abbiamo effettuato gli indebolimenti necessari (in generale più di uno). Il sequente conclusione è lo stesso di π. Si noti che anche questa volta abbiamo aggiunto regole strutturali che non erano presenti nella derivazione π di partenza.

($\forall/\exists$)   Per definire correttamente questa trasformazione, abbiamo bisogno di qualche accorgimento sulle variabili, in linea con quanto fatto nel Capitolo 3 per definire la sostituzione di un termine in una formula (Definizione 17). Il lettore che non voglia addentrarsi negli aspetti più tecnici della definizione di questo passo può ignorare l'Osservazione 63 ed ogni riferimento alle derivazioni che chiameremo "pulite", pensando che la sostituzione necessaria per definire questa trasformazione venga effettuata "correttamente".

Osservazione 63. *È possibile estendere alle derivazioni di LK la Definizione 16 di equivalenza tra formule: due derivazioni sono equivalenti quando "differiscono solo per il nome delle loro variabili vincolate". Sappiamo ormai che dare una definizione "ragionevolmente precisa" richiede un pò di attenzione.*

In questa osservazione, faremo nuovamente riferimento alla Definizione 12 di formula (quindi prima del quozientamento rispetto alla relazione $\sim$ della Definizione 16). Se Γ e Γ' sono due multinsiemi di formule, scriveremo $\Gamma \sim \Gamma'$ per indicare l'esistenza di una presentazione $A_1, \ldots, A_n$ (risp. $A_1', \ldots, A_n'$) di Γ (risp. Γ') tale che $A_i \sim A_i'$ per ogni $i \in \{1, \ldots, n\}$. Si noti che se $A' \sim A$ (risp. $\Gamma' \sim \Gamma$) allora l'insieme delle variabili che occorrono libere in A (risp. Γ) coincide con l'insieme delle variabili che occorrono libere in A' (risp. Γ').

Una formula D che soddisfa le seguenti proprietà viene chiamata pulita*:*

- *nessuna variabile occorre sia vincolata che libera in D;*
- *ogni variabile vincolata di D è vincolata da esattamente un(a occorrenza di) quantificatore.*

Conseguenza immediata della Definizione 16 è che data una formula C, è sempre possibile trovare una formula pulita D tale che $C \sim D$.

Un sequente Γ si dice pulito *quando tutte le formule di Γ sono pulite ed inoltre nessuna variabile occorre sia vincolata che libera in Γ[5]. Vale anche per i sequenti la proprietà enunciata per le formule: dato un sequente Γ, è sempre possibile trovare un sequente pulito Γ' tale che $\Gamma \sim \Gamma'$.*

Volendo estendere la relazione $\sim$ alle derivazioni, si può procedere per induzione sul numero delle regole della derivazione, e gli accorgimenti da prendere sono molto simili a quelli presi per le formule: va tenuto presente che anche se la derivazione π_0 di $P(y)$ non è equivalente alla derivazione π_0' di $P(z)$, potrebbe accadere che la derivazione π di $\forall y P(y)$ sia equivalente alla derivazione π' di $\forall z P(z)$, dove π e π' sono le derivazioni ottenute applicando una regola ($\forall$) a π_0 e π_0'. Rispetto al

---

[5] Non è invece opportuno richiedere che ogni variabile vincolata di Γ sia vincolata da esattamente un quantificatore, perché in un sequente premessa di una regola contrazione occorrono diverse occorrenze della stessa formula.

caso delle formule, nel caso delle derivazioni bisogna anche stare attenti alle varia-
bili proprie delle regole $(\forall)^6$*: al momento di fare una sostituzione del termine t alla*
variabile z nella derivazione π*, se vogliamo poter sostituire* tutte *le occorrenze di z,*
è opportuno anche sincerarsi del fatto che z non sia una variabile propria di qual-
che regola $(\forall)$*; se lo fosse, basterà naturalmente sostituirla con un'altra variabile.*
In definitiva, si ottiene la definizione seguente, dove per analogia con quanto fatto
per le formule, scriveremo $\pi(x_1,\ldots,x_n)$ *per indicare che le variabili che occorrono*
libere in π *sono tutte elementi dell'insieme* $\{x_1,\ldots,x_n\}$*.*

Supponiamo che π *(risp.* π'*) abbia come sequente conclusione* $\vdash \Gamma$ *(risp.* $\vdash \Gamma'$*),*
che sia $\Gamma \sim \Gamma'$ *e che sia R l'ultima regola di* π *(risp.* π'*):*

- *se R è una regola 0-aria di LK, allora* $\pi \sim \pi'$*;*
- *se* $R \neq (\forall)$*, e se* π_1 *(risp.* π_1 *e* π_2*) è la (risp. sono le) sottoderivazione(i) premes-*
sa(e) di R, allora da $\pi_1 \sim \pi_1'$ *(risp. da* $\pi_1 \sim \pi_1'$ *e* $\pi_2 \sim \pi_2'$*) segue che* $\pi \sim \pi'$*;*
- *se* $R = (\forall)$*, la derivazione* π *sarà della forma*

$$\pi_0(y,x_1,\ldots,x_n)$$
$$\vdots$$
$$\frac{\vdash \Gamma_0, A(y,x_1,\ldots,x_n)}{\vdash \Gamma_0, \forall x A(x,x_1,\ldots,x_n)} \; R.$$

Supponiamo che la derivazione π' *sia della forma*

$$\pi_0'(z,x_1,\ldots,x_n)$$
$$\vdots$$
$$\frac{\vdash \Gamma_0', A'(z,x_1,\ldots,x_n)}{\vdash \Gamma_0', \forall u A'(u,x_1,\ldots,x_n)} \; R$$

con $\Gamma_0 \sim \Gamma_0'$ *e* $\forall u A'(u,x_1,\ldots,x_n) \sim \forall x A(x,x_1,\ldots,x_n)$*.*
Se esiste $\pi_1(y,x_1,\ldots,x_n)$ *(risp.* $\pi_1'(z,x_1,\ldots,x_n)$*) tale che* $\pi_1(y,x_1,\ldots,x_n) \sim$
$\pi_0(y,x_1,\ldots,x_n)$ *(risp.* $\pi_1'(z,x_1,\ldots,x_n) \sim \pi_0'(z,x_1,\ldots,x_n)$*) e nella quale non ap-*
paiono come variabili proprie di qualche regola $\forall$ *né y né z, indichiamo con*
w una variabile che non occorre né in $\pi_1(y,x_1,\ldots,x_n)$ *né in* $\pi_1'(z,x_1,\ldots,x_n)$*,*
e denotiamo con $\pi_1(w,x_1,\ldots,x_n)$ *(risp.* $\pi_1'(w,x_1,\ldots,x_n)$*) la derivazione ottenu-*
ta sostituendo in $\pi_1(y,x_1,\ldots,x_n)$ *(risp.* $\pi_1'(z,x_1,\ldots,x_n)$*) tutte le occorrenze di y*
(risp. z) con w: se $\pi_1(w,x_1,\ldots,x_n) \sim \pi_1'(w,x_1,\ldots,x_n)$*, allora* $\pi \sim \pi'$*.*

Si tratta ora di definire la nozione di "derivazione pulita", mostrare come per for-
mule e sequenti che data una derivazione ne esiste sempre una pulita ad essa equi-
valente e definire il passo $(\forall/\exists)$ *di eliminazione del taglio sulle derivazioni pulite*
(in modo analogo a quanto fatto nel definire la sostituzione di un termine ad una
variabile in una formula: Definizione 17). Ciò che abbiamo in mente è che in una
derivazione pulita ad ogni variabile propria corrisponda esattamente *una regola di*
intoduzione del $\forall$*, e che siano due a due disgiunti i tre insiemi seguenti: l'insieme*
delle variabili proprie, l'insieme delle variabili vincolate, l'insieme delle variabili

---

^{6} Si veda il Paragrafo 3.3.1.3.3 per la definizione di variabile propria di una regola $(\forall)$.

libere. L'aspetto un pò ambiguo sta nella distinzione tra "variabile propria" e "variabile libera" di una derivazione, nel senso che fatalmente le occorrenze di una variabile propria sono libere, eppure vorremmo distinguerle dalle "altre" occorrenze di variabili libere, e ci riusciremo solo in parte (ma quanto basta per dare una definizione corretta del passo ($\forall/\exists$) di eliminazione del taglio). Concettualmente la definizione è piuttosto chiara, e riposa sulla fondamentale caratteristica delle variabili vincolate e proprie di una derivazione di poter essere rinominate a piacere (con i dovuti accorgimenti). Se vogliamo essere più precisi però, la definizione diventa fastidiosa e procede per induzione sulla derivazione[7] α, distinguendo i casi possibili a seconda dell'ultima regola R di α (e facendo riferimento alla formulazione delle regole di LK del Paragrafo 3.3.1):

- *se R è una regola 0-aria, α è pulita quando la conclusione di R è un sequente pulito;*
- *se R è una regola unaria contrazione (risp. F, $\vee_m$) con conclusione un sequente pulito, e se α_1 è la derivazione avente come conclusione il sequente premessa di R, la derivazione α è pulita quando lo è α_1[8];*
- *se $R = (W)$, la situazione è la seguente:*

$$\begin{array}{c} \alpha_1 \\ \vdots \\ \dfrac{\vdash \Gamma}{\vdash \Gamma, A} \ (W) \end{array}$$

la derivazione α è pulita quando α_1 è pulita, la conclusione di R è un sequente pulito, le variabili che occorrono in A non sono variabili proprie di α_1, le variabili vincolate (risp. libere) di A non occorrono libere (risp. vincolate) in α_1;

- *se $R = (\vee_a)$, la situazione è la seguente:*

$$\begin{array}{c} \alpha_1 \\ \vdots \\ \dfrac{\vdash \Gamma, A}{\vdash \Gamma, A \vee B} \ (\vee_a) \end{array}$$

la derivazione α è pulita quando α_1 è pulita, la conclusione di R è un sequente pulito, le variabili che occorrono in B non sono variabili proprie di α_1, le variabili vincolate (risp. libere) di B non occorrono libere (risp. vincolate) in α_1;

- *se $R = (\exists)$, la situazione è la seguente:*

$$\begin{array}{c} \alpha_1 \\ \vdots \\ \dfrac{\vdash \Gamma, A(t/x)}{\vdash \Gamma, \exists x A} \ (\exists) \end{array}$$

---

[7] Come già scritto, abbiamo scelto di non "nascondere" questo genere di difficoltà, ritenendo che se non hanno ancora una soluzione davvero convincente vuol forse dire che nascondono aspetti non ancora completamente compresi.

[8] In questi casi non abbiamo introdotto nuove variabili e neanche cambiato "statuto" (vincolato, libero, proprio) ad alcuna di esse.

la derivazione α è pulita quando α_1 è pulita, la conclusione di R è un sequente pulito, x non occorre libera in α_1 ed x non è una variabile propria di α_1;

- *se $R = (\forall)$, la situazione è la seguente (y non occorre libera in Γ):*

$$\alpha_1$$

$$\vdots$$

$$\frac{\vdash \Gamma, A(y/x)}{\vdash \Gamma, \forall x A} \; (\forall)$$

la derivazione α è pulita quando α_1 è pulita, la conclusione di R è un sequente pulito, y non occorre vincolata in α_1 (e quindi in particolare in Γ), non è variabile propria di α_1, ed x non occorre libera in α_1 (in particolare $x \neq y$ e più generalmente x è diversa da tutte le variabili proprie di α)[9];

- *nel caso di una regola binaria, introduciamo preliminarmente l'insieme $V(\pi)$ (risp. $VP(\pi)$, $VV(\pi)$, $VL(\pi)$) delle variabili (risp. variabili proprie, variabili vincolate, variabili libere) della derivazione π, dove s'intende che $x \in V(\pi)$ (risp. $x \in VP(\pi)$, $x \in VV(\pi)$, $x \in VL(\pi)$) quando x occorre (risp. occorre come variabile propria, occorre come variabile vincolata, occorre come variabile libera) in qualche formula di π[10]. Per un sequente Γ, denotiamo con $V(\Gamma)$ l'insieme delle variabili che occorrono (libere o vincolate) in qualche formula di Γ.*
  Se $R = (cut), \wedge_m, \wedge_a$, e se chiamiamo α_1 ed α_2 le due derivazioni aventi come conclusione rispettivamente Γ_1 e Γ_2, i due sequenti premesse di R, la derivazione α è pulita quando α_1 ed α_2 lo sono, la conclusione di R è un sequente pulito, e per $i, j \in \{1, 2\}$ ed $i \neq j$ si ha $VP(\alpha_i) \cap (VV(\alpha_j) \cup VP(\alpha_j) \cup V(\Gamma_j)) = VV(\alpha_i) \cap VL(\alpha_j) = \emptyset$.

Risulta chiaro per definizione che una sottoderivazione di una derivazione pulita è anch'essa pulita. Si può dimostrare (per induzione sulla derivazione) che data una qualsiasi derivazione pulita α di LK, valgono le seguenti proprietà:

- *se $y \in VP(\alpha)$ allora y è variabile propria di esattamente una regola $\forall$ di α;*
- *$VP(\alpha) \cap VV(\alpha) = \emptyset$;*
- *$VV(\alpha) \cap VL(\alpha) = \emptyset$;*
- *se x occorre libera nel sequente conclusione di α allora $x \notin VP(\alpha)$.*

Si dimostra anche d'altra parte (sempre per induzione sulla derivazione α) che data una qualsiasi derivazione α esiste una derivazione pulita α' di LK tale che $\alpha \sim \alpha'$.

Possiamo ora riprendere la definizione del passo $(\forall/\exists)$ dell'insieme $\mathscr{T}$: se $R_1 = \forall$ è una regola che introduce $A = \forall x B(x, x_1, \ldots, x_n)$ ed $R_2 = \exists$ è una regola che introduce

---

[9] A rigore può accadere che y (al pari delle altre variabili proprie di α_1) non occorra in α_1, ed in tal caso specifichiamo che x è diversa da tutte le variabili proprie di α.

[10] Si osservi che per ogni derivazione π che contenga almeno una regola $(\forall)$ nella cui premessa occorra la variabile propria, vale $VP(\pi) \cap VL(\pi) \neq \emptyset$, poiché una variabile propria di π -che occorre in π- occorre sempre libera in π.

$\neg A = \exists x \neg B(x, x_1, \ldots, x_n)$, allora π_1 e π_2 saranno rispettivamente le due derivazioni seguenti:

$$\pi_1'$$
$$\vdots$$

$$\frac{\vdash \Gamma, B(y, , x_1, \ldots, x_n)}{\vdash \Gamma, \forall x B(x, x_1, \ldots, x_n)} R_1$$

$$\pi_2'$$
$$\vdots$$

$$\frac{\vdash \Delta, \neg B(t/x, x_1, \ldots, x_n)}{\vdash \Delta, \exists x \neg B(x, , x_1, \ldots, x_n)} R_2 .$$

Per l'Osservazione 63, possiamo scegliere π pulita ed equivalente alla derivazione di partenza. Ne seguirà da un lato che esiste un'unica occorrenza di y come variabile propria in π, e dall'altro che le variabili che occorrono libere in $\Delta, \neg B(t/x, x_1, \ldots, x_n)$ non occorrono vincolate in π: in particolare una variabile che occorre nel termine t non occorre vincolata in π_1. La sostituzione $\pi_1'(t/y, x_1, \ldots, x_n)$ sarà allora la sostituzione di t in π_1' ad ogni occorrenza della variabile y. In questo caso la trasformazione associa a π la derivazione seguente:

$$\pi_1'(t/y, x_1, \ldots, x_n) \qquad\qquad \pi_2'$$
$$\vdots \qquad\qquad\qquad\qquad \vdots$$

$$\frac{\vdash \Gamma, B(t/y, x_1, \ldots, x_n) \qquad \vdash \Delta, \neg B(t/x, x_1, \ldots, x_n)}{\vdash \Gamma, \Delta} .$$

Si noti che lo scopo dell'Osservazione 63 è fare in modo che:

1. Nella sostituzione di t ad y in π_1', si sostituiscano le occorrenze di y che sono "le stesse" di quella che occorre in $B(y, x_1, \ldots, x_n)$[11]: in particolare è necessario per questo evitare che esista un'occorrenza di y che sia variabile propria di un'altra regola ($\forall$) (ciò renderebbe scorretta l'operazione di sostituzione), il che ci è garantito dal fatto che in una derivazione pulita le variabili proprie sono due a due disgiunte tra loro.
2. Le variabili di t non siano vincolate in $\pi_1'(t/y, x_1, \ldots, x_n)$, e questo è garantito dal fatto che quando π è pulita si ha (con le notazioni dell'Osservazione 63) $VV(\pi) \cap VL(\pi) = \emptyset$.

Se chiamiamo π' la derivazione così ottenuta, la trasformata della derivazione π di partenza sarà la classe di equivalenza di π'.

Il sequente conclusione non cambia. Non abbiamo aggiunto regole strutturali. Questo è uno dei "casi-chiave" (*key cases*) della procedura introdotta da Gentzen.

---

[11] Proprio questo è il punto in cui l'operazione non è completamente riuscita: in esercizio, si trovi un esempio di derivazione in cui la definizione impone la sostituzione di occorrenze di variabili che non si vorrebbero sostituire, anche se questo non impedisce che la definizione della trasformazione ($\forall/\exists$) sia corretta.

(*ax*)   Se almeno una delle due derivazioni π_1 e π_2 consta di una sola regola che è una regola assioma di conclusione $\neg A, A$, allora (supponendo ad esempio che sia il caso di π_2, nell'altro la situazione è perfettamente simmetrica) la conclusione $\vdash \Delta, \neg A$ di π_2 sarà $\vdash A, \neg A$ (cioè $\Delta = A$), e trasformiamo la derivazione π nella derivazione π_1 di conclusione $\vdash \Gamma, A = \vdash \Gamma, \Delta$.

Il sequente conclusione non cambia. Non abbiamo aggiunto regole strutturali.

(*W*)   Se almeno una tra le regole R_1 ed R_2 è un indebolimento di conclusione principale la formula attiva nella regola di taglio (cioè se A è conclusione principale di un indebolimento oppure $\neg A$ è conclusione principale di un indebolimento), allora supponendo ad esempio che sia R_1 un indebolimento di conclusione A (nel caso in cui è R_2 un indebolimento di conclusione principale $\neg A$ la situazione è perfettamente simmetrica) avremo per π_1 la derivazione seguente:

$$
\begin{array}{c}
\pi_1' \\
\vdots \\
\hline
\vdash \Gamma \\
\hline
\vdash \Gamma, A
\end{array} R_1 \, .
$$

In tal caso la trasformata di π sarà la derivazione seguente:

$$
\begin{array}{c}
\pi_1' \\
\vdots \\
\vdash \Gamma \\
\hline
\hline
\vdash \Gamma, \Delta
\end{array}
$$

dove la doppia linea indica che abbiamo effettuato gli indebolimenti necessari (in generale più di uno). Il sequente conclusione è lo stesso. Questa volta abbiamo aggiunto regole strutturali, ma ce n'erano già nella derivazione di partenza π.

È importante notare che nel caso in cui entrambe le regole R_1 ed R_2 siano indebolimenti che introducono la formula di taglio, dobbiamo effettuare una scelta, che conduce a due derivazioni essenzialmente diverse (in un caso π_1' e nell'altro π_2').

(*C*)   Se almeno una tra le regole R_1 ed R_2 è una contrazione di conclusione principale la formula attiva nella regola di taglio (cioè se A è conclusione principale di una contrazione oppure $\neg A$ è conclusione principale di una contrazione), allora supponendo ad esempio che sia R_1 una contrazione di conclusione A (nel caso in cui è R_2 una contrazione di conclusione principale $\neg A$ la situazione è perfettamente simmetrica) avremo per π_1 la derivazione seguente:

$$
\begin{array}{c}
\pi_1' \\
\vdots \\
\hline
\vdash \Gamma, A, A \\
\hline
\vdash \Gamma, A
\end{array} R_1 \, .
$$

In tal caso la trasformata di π sarà la derivazione seguente:

$$
\cfrac{
  \cfrac{
    \cfrac{
      \begin{array}{cc}
        \pi_1' & \pi_2 \\
        \vdots & \vdots \\
        \vdash \Gamma, A, A & \vdash \Delta, \neg A
      \end{array}
    }{\vdash \Gamma, A, \Delta}\ cut
    \qquad
    \begin{array}{c}
      \pi_2 \\
      \vdots \\
      \vdash \Delta, \neg A
    \end{array}
  }{\vdash \Gamma, \Delta, \Delta}\ cut
}{\vdash \Gamma, \Delta}
$$

dove la doppia linea indica che abbiamo effettuato le contrazioni necessarie (in generale più di una). Il sequente conclusione è lo stesso. Questa volta abbiamo aggiunto regole strutturali, ma ce n'erano già nella derivazione di partenza π.

È importante notare che anche nel caso in cui entrambe le regole R_1 ed R_2 siano contrazioni che introducono la formula di taglio, dobbiamo effettuare una scelta, che conduce a due derivazioni essenzialmente diverse (in un caso duplicheremo π_2 e nell'altro π_1).

(cc)   Concludiamo la lista delle trasformazioni con quella maggiormente legata alla struttura arborescente del calcolo dei sequenti. Mentre è sensato dire che le altre trasformazioni introdotte sono tutte legate alla struttura logica delle derivazioni, si ha la netta sensazione che il passo commutativo ("commutative cut" in inglese, da cui l'abbreviazione (cc)) sia semplicemente dovuto ad un difetto della rappresentazione. Il passo consiste infatti nello spostare pezzi di derivazione per metterli "al posto giusto", con l'idea che applicheremo poi gli altri passi.

Se almeno una tra le regole R_1 ed R_2 non ha come conclusione principale la formula attiva nella regola di taglio (cioè se A non è conclusione principale di R_1 oppure $\neg A$ non è conclusione principale di R_2), allora si effettua una semplice "permutazione di regole": supponiamo ad esempio che sia R_1 una regola di conclusione principale l'occorrenza di formula $C \in \Gamma$. Bisogna distinguere il caso in cui R_1 è unaria, 0-aria, e quello in cui è binaria.

Se R_1 è unaria, allora π_1 sarà

$$
\cfrac{
  \cfrac{
    \begin{array}{c}
      \pi_1' \\
      \vdots
    \end{array}
  }{\vdash \Gamma_1, A}\ R_1'
}{\vdash \Gamma, A}\ R_1
$$

In questo caso, la trasformata di π sarà la derivazione seguente:

$$
\cfrac{
  \cfrac{
    \cfrac{
      \begin{array}{c}
        \pi_1' \\
        \vdots
      \end{array}
    }{\vdash \Gamma_1, A}\ R_1'
    \qquad
    \cfrac{
      \begin{array}{c}
        \pi_2 \\
        \vdots
      \end{array}
    }{\vdash \Delta, \neg A}\ R_2
  }{\vdash \Gamma_1, \Delta}\ cut
}{\vdash \Gamma, \Delta}\ R_1
$$

Se R_1 è 0-aria, allora R_1 è la regola logica additiva $\top$ che introduce la costante $\mathbf{V}$ (l'occorrenza di formula C è la conclusione principale della regola $\mathbf{V}$): il passo si denota $(\top - cc)$, la derivazione π_1 sarà semplicemente

$$\frac{}{\vdash \mathbf{V}, A, \Gamma_1} (\top)$$

dove $\Gamma = \mathbf{V}, \Gamma_1$ e la trasformata di π verrà ottenuta cancellando π_2: otterremo dunque

$$\frac{}{\vdash \mathbf{V}, \Gamma_1, \Delta} (\top) \ .$$

Se invece R_1 è binaria, allora bisogna distinguere il caso in cui A appaia in una sola delle premesse (cioè quando $R_1 = \wedge_m$ o quando $R_1 = cut$) dal caso in cui A appaia in entrambe le premesse (cioè quando $R_1 = \wedge_a$). Nel primo caso (supponendo ad esempio che sia $R_1 = \wedge_m$ e che A appaia nella premessa di sinistra) π_1 sarà

$$\frac{\genfrac{}{}{0pt}{}{\pi_{11}}{\vdots} \quad \frac{}{\Gamma_{11}, A, E} R_{11} \qquad \frac{\genfrac{}{}{0pt}{}{\pi_{12}}{\vdots}}{\Gamma_{12}, F} R_{12}}{\vdash \Gamma, A} R_1$$

dove $\Gamma = \Gamma_{11}, \Gamma_{12}, E \wedge F$.

In questo caso, la trasformata di π sarà la derivazione seguente:

$$\frac{\frac{\frac{\pi_{11}}{\Gamma_{11}, A, E} R_{11} \quad \frac{\pi_2}{\vdash \Delta, \neg A} R_2}{\vdash \Gamma_{11}, E, \Delta} cut \qquad \frac{\pi_{12}}{\Gamma_{12}, F} R_{12}}{\vdash \Gamma, \Delta} R_1 \ .$$

La situazione è leggermente diversa quando A è nel contesto di una regola $\wedge_a$. In tal caso π_1 sarà

$$\frac{\frac{\pi_{11}}{\Gamma_1, A, E} R_{11} \qquad \frac{\pi_{12}}{\Gamma_1, A, F} R_{12}}{\vdash \Gamma, A} R_1$$

dove $\Gamma = \Gamma_1, E \wedge F$.

In questo caso, la trasformata di π sarà la derivazione seguente:

$$\frac{\frac{\frac{\pi_{11}}{\Gamma_1, A, E} R_{11} \ \frac{\pi_2}{\vdash \Delta, \neg A} R_2}{\vdash \Gamma_1, E, \Delta} cut \quad \frac{\frac{\pi_{12}}{\Gamma_1, A, F} R_{12} \ \frac{\pi_2}{\vdash \Delta, \neg A} R_2}{\vdash \Gamma_1, F, \Delta} cut}{\vdash \Gamma, \Delta} R_1 \ .$$

Si osservi che in tal caso π_2 è stata duplicata, ma non è stata introdotta alcuna regola strutturale. Possiamo dunque concludere che applicando un passo (cc) il sequente conclusione non cambia, e non si aggiungono regole strutturali (è infatti chiaro che per simmetria quanto detto si applica anche al caso in cui sia la regola R_2 di π_2 ad avere un'occorrenza di formula diversa da $\neg A$ come conclusione principale).

Si noti che anche nel caso (cc) potrebbe esserci una scelta da effettuare nella modalità di applicazione della trasformazione: quando da un lato R_1 non ha come conclusione principale la formula A e dall'altro anche R_2 non ha come conclusione principale la formula $\neg A$.

Osservazione 64. *Per dimostrare il Teorema 21, mostreremo come usando i passi elementari appena introdotti sia possibile definire un insieme $\mathcal{T}_{glob}$ (e successivamente un insieme $\mathcal{T}_{rev}$) di passi di trasformazione "più globali" che permettano, applicati opportunamente, di trasformare una derivazione qualsiasi in una derivazione senza tagli. Si noti che se i passi di $\mathcal{T}_{glob}$ e di $\mathcal{T}_{rev}$ saranno tutti ottenuti componendo tra loro opportuni passi dell'insieme $\mathcal{T}$ che abbiamo appena definito, allora avremo anche automaticamente dimostrato il Teorema 22 se non avremo usato i passi che introducono nuove regole strutturali, e cioè i passi $(\vee_m/\wedge_a)$, $(\wedge_m/\vee_a)$, $(\mathbf{F}/\mathbf{V}_{add})$. È chiaro che partendo da una derivazione moltiplicativa (risp. additiva) non verranno mai utilizzati i passi incriminati, semplicemente perché in essi sono sempre implicate regole logiche di diverso "stile", cosa che è esclusa nella derivazione considerata. Pertanto dimostrando con questa tecnica il Teorema 21 avremo anche dimostrato il Teorema 22.*

Gli sviluppi recenti della teoria della dimostrazione hanno mostrato quanto sia importante (soprattutto dal punto di vista dell'interpretazione algoritmica del processo di eliminazione del taglio) la distinzione tra gli "stili" (additivo/moltiplicativo) delle regole logiche: vi sono sistemi deduttivi in cui questa differenza viene internalizzata nella sintassi delle formule, nel senso che regole dello stesso tipo ma di stile diverso (ad esempio le due regole che introducono la congiunzione) introducono formule diverse.

4.1.2 Secondo passo: definizione di $\mathcal{T}_{glob}$ e prima strategia dimostrativa

I tagli, e conseguentemente le trasformazioni ad essi associate (che chiameremo nel seguito anche "passi di riduzione"), possono suddividersi in due categorie:

* i tagli logici (il generico taglio logico si denoterà con (L)): sono i tagli di tipo $(\vee_m/\wedge_m)$, $(\wedge_a/\vee_a)$, $(\wedge_m/\vee_a)$, $(\vee_m/\wedge_a)$, $(\mathbf{F}/\mathbf{V})_{molt}$, $(\mathbf{F}/\mathbf{V}_{add})$, $(\forall/\exists)$;
* i tagli strutturali (il generico taglio strutturale si denoterà con (S)): sono tutti gli altri tagli.

Si noti che ad ogni taglio logico si può applicare un solo tipo di passo di riduzione (che sarà anch'esso denominato "logico"). Invece ad un taglio di tipo (S) dato possono applicarsi passi di riduzione diversi, ma comunque non passi logici.

L'insieme $\mathcal{T}_{glob}$ contiene i passi elementari "logici" (anche il generico passo logico si denoterà con (L)), che sono i passi $(\vee_m/\wedge_m)$, $(\wedge_a/\vee_a)$, $(\wedge_m/\vee_a)$, $(\vee_m/\wedge_a)$, $(\mathbf{F}/\mathbf{V})_{molt}$, $(\mathbf{F}/\mathbf{V}_{add})$, $(\forall/\exists)$ ed i passi "strutturali" (anche il generico passo strutturale si denoterà con (S)) che si ottengono componendo un certo numero di volte gli altri passi, e cioè i passi (cc) (incluso il passo $(\top - cc)$), (C), (W), (ax).

Si tratta dunque di definire il passo (S): un tale passo si applica quando non si può applicare alcun passo logico, cioè quando (con le notazioni scelte) almeno una tra le due regole R_1 ed R_2 non è una regola logica che introduce la formula attiva nel taglio. Supponiamo per fissare le idee che R_2 non sia una regola logica che introduce la formula $\neg A$. Si può allora "tracciare la storia" dell'occorrenza di $\neg A$ attiva nella regola di taglio: questa storia si può rappresentare anch'essa sotto forma di albero ("l'albero strutturale di $\neg A$ in π_2"), le cui foglie corrispondono nella derivazione π_2 alle regole che hanno introdotto $\neg A$, ognuna delle quali è una regola logica avente $\neg A$ come conclusione principale (che denoteremo genericamente *Log* nella rappresentazione che segue), oppure una regola assioma, oppure un indebolimento avente $\neg A$ come conclusione principale, oppure una regola $\top$ nella quale $\neg A$ fa parte del contesto. Non ci sono altre possibilità, il che porta a rappresentare schematicamente la derivazione π_2 come segue:

$$
\cfrac{\vdots}{\vdash \neg A, \Lambda}\,Log \qquad \cfrac{}{\vdash \neg A, A}\,(ax) \qquad \cfrac{\vdash \Theta}{\vdash \Theta, \neg A}\,(W) \qquad \cfrac{}{\vdash \neg A, \Sigma, \mathbf{V}}\,(\top)
$$

$$
\cfrac{\qquad\qquad\qquad\qquad\qquad\qquad\qquad\qquad}{\vdash \Delta, \neg A}\,R_2
$$

dove Σ, Θ, Λ sono multinsiemi di formule.

L'applicazione del passo (S) alla derivazione π consiste nelle operazioni seguenti:

- per ogni foglia che è un assioma, si sostituisce in π_2 la regola assioma (e la sua conclusione $\vdash \neg A, A$) con la derivazione π_1 di $\vdash \Gamma, A$;
- per ogni foglia che è una regola logica di conclusione $\vdash \Lambda, \neg A$ (la conclusione principale essendo $\neg A$), se chiamiamo α la sottoderivazione di π_2 di conclusione $\vdash \Lambda, \neg A$, si sostituisce in π_2 la sottoderivazione α con la derivazione seguente:

$$
\cfrac{\overset{\pi_1}{\underset{\vdots}{\vdash \Gamma, A}} \qquad \overset{\alpha}{\underset{\vdots}{\vdash \Lambda, \neg A}}}{\vdash \Gamma, \Lambda}\,cut;
$$

- per ogni foglia che è una regola di indebolimento di premessa $\vdash \Theta$ e di conclusione $\vdash \Theta, \neg A$ (la conclusione principale essendo $\neg A$), si sostituisce in π_2 questa regola di indebolimento con il numero di indebolimenti necessari per derivare $\vdash \Gamma, \Theta$ da $\vdash \Theta$;
- per ogni foglia che è una regola $\top$ di conclusione $\vdash \neg A, \Sigma, \mathbf{V}$, si sostituisce in π_2 questa regola $\top$ con una regola $\top$ di conclusione $\vdash \Gamma, \Sigma, \mathbf{V}$;
- applicando i punti precedenti, abbiamo sostituito tutti i sequenti conclusione delle foglie dell'albero strutturale di $\neg A$ in π_2 con i sequenti ottenuti dai primi sostituendo l'occorrenza di $\neg A$ con un occorrenza di Γ. Per ottenere una derivazione

di *LK*, modifichiamo tutte le regole presenti nell'albero strutturale di ¬*A* in π_2 sostituendo ovunque ¬*A* con Γ[12].

Appare chiaro, per quanto detto finora, che ogni passo (*S*) si ottiene componendo opportunamente un certo numero di passi diversi da quelli logici (i passi (*cc*), (*C*), (*W*), (*ax*)). Si tratta ora di mostrare una procedura che applicando i passi (*S*) ed (*L*) che abbiamo a disposizione, permette di eliminare i tagli da qualunque derivazione di *LK*. Per fare ciò distinguiamo due tipi di taglio strutturale:

1. i tagli di tipo (S_1) in cui entrambe le regole R_1 ed R_2 non sono regole logiche che introducono la formula attiva nella regola di taglio;
2. i tagli di tipo (S_2) in cui esattamente una tra R_1 ed R_2 è una regola logica che introduce la formula attiva nella regola di taglio.

Il punto fondamentale da mettere in luce è che i tre tipi possibili per le regole di taglio sono naturalmente ordinati come segue: (S_1) > (S_2) > (*L*), dove l'ordine può essere pensato intuitivamente come "quantità di energia". Mostreremo che quando il processo di eliminazione del taglio (le trasformazioni di $\mathscr{T}_{glob}$) vengono applicate opportunamente questa "quantità di energia" diminuisce sempre (Proposizione 8), il che permette di dimostrare l'eliminazione del taglio per le derivazioni dette "quasi senza tagli" (Proposizione 9), da cui segue immediatamente la dimostrazione del Teorema 21 e quindi per quanto già detto anche quella del Teorema 22.

Diremo nel seguito che una derivazione π di un sequente ⊢ Γ è *quasi senza tagli* (o quasi cut-free) quando π contiene un'unica occorrenza *R* della regola di taglio, ed *R* è l'ultima regola di π. Chiameremo *grado* di una derivazione quasi senza tagli π, e denoteremo con $deg(\pi)$, il grado della sua unica formula di taglio. Chiameremo *energia* di una derivazione quasi senza tagli π, e denoteremo con $en(\pi)$, il "livello energetico" di π che è pari a 0 (risp. 1, 2) se *R* è un taglio di tipo (*L*) (risp. (S_2), (S_1)).

Proposizione 8. *Sia π una derivazione quasi senza tagli.*
(i) *Se l'ultima regola di π è un taglio di tipo (S_1), allora applicando un passo (S) a π si ottiene una derivazione π' in cui tutti i tagli sono di tipo (S_2).*
(ii) *Se l'ultima regola di π è un taglio di tipo (S_2), allora applicando un passo (S) a π si ottiene una derivazione π' in cui tutti i tagli sono di tipo (L).*

Dimostrazione.   Evidente per definizione del passo (*S*).   □

Proposizione 9 (Eliminazione del taglio per le derivazioni quasi cut-free). *Se π è una derivazione quasi senza taglio di ⊢ Γ, allora applicando solo trasformazioni dell'insieme $\mathscr{T}_{glob}$ è possibile trasformare π in una derivazione $P(\pi)$ di ⊢ Γ che non contiene alcuna occorrenza della regola di taglio.*

---

[12] Quando ¬*A* è semplice contesto in una regola ci limiteremo semplicemente a sostituire ¬*A* con Γ. Se invece ¬*A* è attiva nella regola, allora questa regola è necessariamente una contrazione, ed in tal caso sostituiremo la contrazione su ¬*A* con il numero di contrazioni necessarie su Γ.

Dimostrazione.   Si procede per induzione sulla coppia $(deg(\pi), en(\pi))$ ordinata lessicograficamente (Definizione 5 e Osservazione 8). Se il taglio di π è di tipo (L), applicando il passo logico associato otteniamo una derivazione π' con uno o due tagli di grado strettamente minore: applicando (eventualmente 2 volte una dopo l'altra ed a due derivazioni diverse) l'ipotesi induttiva, si può concludere.

Se invece il taglio di π è di tipo (S_2), allora applicando un passo (S) otteniamo una derivazione π' contenente un certo numero (eventualmente nullo) di tagli aventi come formula attiva la stessa formula attiva in R, e tutti di tipo (L) per la Proposizione 8: potremo applicare per concludere l'ipotesi induttiva ad ogni sottoderivazione di π' quasi senza tagli.

Se infine il taglio di π è di tipo (S_1), allora applicando un passo (S) otteniamo una derivazione π' contenente un certo numero (eventualmente nullo) di tagli aventi come formula attiva la stessa formula attiva in R, e tutti di tipo (S_2) per la Proposizione 8: anche in questo caso potremo applicare per concludere l'ipotesi induttiva ad ogni sottoderivazione di π' quasi senza tagli.   □

Per concludere la dimostrazione del Teorema 21 (e quindi del Teorema 22) di eliminazione del taglio, basta ora applicare la Proposizione 9 ad una qualsiasi derivazione con tagli. Utilizziamo qui la struttura di albero delle derivazioni. Si procede per induzione sul numero dei tagli della derivazione, partendo da quelli più vicini alle foglie: se la derivazione contiene tagli, vi sarà sempre una sottoderivazione quasi senza tagli a cui applicare la Proposizione 9. Si conclude poi applicando l'ipotesi induttiva.

4.1.3 Terzo passo: definizione di $\mathcal{T}_{rev}$ e seconda strategia dimostrativa

La proprietà di reversibilità di alcune regole logiche è molto più forte di quanto possa apparire a prima vista, tanto che è possibile, in un sistema in cui non si "mischiano" gli stili delle regole, farne una proprietà delle formule e delle derivazioni. La seconda strategia dimostrativa sfrutta proprio questa osservazione (espressa dal Lemma 5), per dimostrare il Teorema 22. In tutto il seguito di questo paragrafo considereremo derivazioni in cui le regole logiche per $\wedge$ e per $\vee$ sono tutte formulate moltiplicativamente oppure sono tutte formulate additivamente. Ricordiamo che per l'Osservazione 64 ne consegue che una dimostrazione del Teorema 21 (ottenuta usando solo trasformazioni di $\mathcal{T}$) fornisce automaticamente una dimostrazione del Teorema 22.

Introduciamo una misura della complessità di una derivazione π di *LK* legata alla presenza di regole strutturali in π: si tratta della *complessità strutturale di π*, che denoteremo con $compl_S(\pi)$. Poiché la definizione che segue di $compl_S(\pi)$ riposa sulla nozione di grado di una formula (pari al numero di costanti logiche presenti in essa, si veda in merito l'Osservazione 19), non potremo misurare mediante $compl_S(\pi)$ il "peso" delle regole strutturali di π aventi come conclusione principale una formula di grado nullo; ma questo non pone problemi rispetto all'uso che faremo di questa nozione. Intuitivamente, $compl_S(\pi)$ è il numero delle regole strutturali di π moltiplicato per il grado delle formule su cui sono state applicate tali regole. Più precisamente, la definizione è per induzione sul numero di regole di π: se chiamiamo R l'ultima regola di π, allora:

- se R è una regola 0-aria (un assioma oppure una regola che introduce $\mathbf{V}$), allora $compl_S(\pi) = 0$;
- se R è una regola binaria (cioè un taglio, $\wedge_m$ oppure $\wedge_a$), avente come premesse le derivazioni π_1 e π_2, allora $compl_S(\pi) = compl_S(\pi_1) + compl_S(\pi_2)$;
- se R è una regola unaria diversa da una regola strutturale, e se la premessa di R è la derivazione π_1, allora $compl_S(\pi) = compl_S(\pi_1)$;
- se R è una regola strutturale su A avente la derivazione π_1 come premessa, allora $compl_S(\pi) = compl_S(\pi_1) + deg(A)$, dove abbiamo denotato con $deg(A)$ il grado della formula A.

Il lemma che segue esprime una forma di reversibilità ben più forte di quella finora considerata: quando una "formula reversibile" A è derivabile, è sempre possibile trovare una derivazione la cui ultima regola abbia come conclusione principale proprio la formula A.

Lemma 5 (Reversibilità).

1. *Sia π una derivazione, nella formulazione moltiplicativa di LK, di conclusione $\Gamma, A \vee B$.*
   Esiste allora, nella formulazione moltiplicativa di LK, una derivazione π^{rev} di conclusione $\Gamma, A \vee B$ ed ottenibile applicando trasformazioni di $\mathscr{T}_{glob}$ alla seguente derivazione:

$$
\cfrac{\begin{array}{c}\pi\\ \vdots\\ \vdash \Gamma, A\vee B\end{array} \qquad \cfrac{\cfrac{\vdash \neg A, A \qquad \vdash \neg B, B}{\vdash A, B, \neg A \wedge \neg B}\,(\otimes)}{\vdash A \vee B, \neg A \wedge \neg B}\,(\invamp)}{\vdash \Gamma, A \vee B}\;cut\quad .
$$

   La derivazione π^{rev} ha come ultima regola una regola logica che introduce la formula $A \vee B$, e soddisfa $compl_S(\pi^{rev}) \leqslant compl_S(\pi)$. Inoltre, se è π senza tagli allora tale sarà anche π^{rev}.

2. *Sia π una derivazione, nella formulazione additiva di LK, di conclusione $\Gamma, A \wedge B$.*
   Esiste allora, nella formulazione additiva di LK, una derivazione π^{rev} di conclusione $\Gamma, A \wedge B$ ed ottenibile applicando trasformazioni di $\mathscr{T}_{glob}$ alla seguente derivazione:

$$
\cfrac{\begin{array}{c}\pi\\ \vdots\\ \vdash \Gamma, A\wedge B\end{array} \qquad \cfrac{\cfrac{\vdash \neg A, A}{\vdash \neg A \vee \neg B, A}\,(\oplus_1) \qquad \cfrac{\vdash \neg B, B}{\vdash \neg A \vee \neg B, B}\,(\oplus_2)}{\vdash \neg A \vee \neg B, A \wedge B}\,(\&)}{\vdash \Gamma, A \wedge B}\;cut\quad .
$$

   La derivazione π^{rev} ha come ultima regola una regola logica che introduce la formula $A \wedge B$, e soddisfa $compl_S(\pi^{rev}) \leqslant compl_S(\pi)$. Inoltre, se è π senza tagli allora tale sarà anche π^{rev}.

3. *Sia π una derivazione, nella formulazione moltiplicativa di LK, di conclusione $\Gamma, \mathbf{F}$.*
   Esiste allora, nella formulazione moltiplicativa di LK, una derivazione π^{rev} di conclusione $\Gamma, \mathbf{F}$ ed ottenibile applicando trasformazioni di $\mathcal{T}_{glob}$ alla seguente derivazione:

$$
\cfrac{
  \vdash \Gamma, \mathbf{F} \qquad
  \cfrac{\cfrac{}{\vdash \mathbf{V}}\ (1)}{\vdash \mathbf{V}, \mathbf{F}}\ (\bot)
}{\vdash \Gamma, \mathbf{F}}\ cut
$$

La derivazione π^{rev} ha come ultima regola una regola logica che introduce la formula $\mathbf{F}$, e soddisfa $compl_S(\pi^{rev}) \leqslant compl_S(\pi)$. Inoltre, se è π senza tagli allora tale sarà anche π^{rev}.

4. *Sia π una derivazione, nella formulazione additiva di LK, di conclusione $\Gamma, \mathbf{V}$.*
   Esiste allora, nella formulazione additiva di LK, una derivazione π^{rev} di conclusione $\Gamma, \mathbf{V}$ ed ottenibile applicando trasformazioni di $\mathcal{T}_{glob}$ alla seguente derivazione:

$$
\cfrac{
  \vdash \Gamma, \mathbf{V} \qquad
  \cfrac{}{\vdash \mathbf{V}, \mathbf{F}}\ (\top)
}{\vdash \Gamma, \mathbf{V}}\ cut
$$

La derivazione π^{rev} ha come ultima regola una regola logica che introduce la formula $\mathbf{V}$, e soddisfa $compl_S(\pi^{rev}) \leqslant compl_S(\pi)$. Inoltre, se è π senza tagli allora tale sarà anche π^{rev}.

5. *Sia π una derivazione, nella formulazione moltiplicativa (risp. additiva) di LK, di conclusione $\Gamma, \forall x A$.*
   Esiste allora, nella formulazione moltiplicativa (risp. additiva) di LK, una derivazione π^{rev} di conclusione $\Gamma, \forall x A$ ed ottenibile applicando trasformazioni di $\mathcal{T}_{glob}$ alla seguente derivazione:

$$
\cfrac{
  \vdash \Gamma, \forall x A \qquad
  \cfrac{\cfrac{\vdash \neg A, A}{\vdash \exists x \neg A, A}\ (\exists)}{\vdash \exists x \neg A, \forall x A}\ (\forall)
}{\vdash \Gamma, \forall x A}\ cut
$$

La derivazione π^{rev} ha come ultima regola una regola logica che introduce la formula $\forall x A$, e soddisfa $compl_S(\pi^{rev}) \leqslant compl_S(\pi)$. Inoltre, se è π senza tagli allora tale sarà anche π^{rev}.

Dimostrazione. Il caso della regola $(\top)$ è immediato: applicando un passo (S) (più precisamente un passo $(\top - cc)$) si ottiene la derivazione avente come unica regola una regola $\top$ di conclusione $\Gamma, \mathbf{V}$ che gode di tutte le proprietà richieste.

Faremo la dimostrazione nel dettaglio nel caso $A \vee B$, ma osserviamo che in tutti i casi il punto fondamentale è che nella derivazione che nell'enunciato del lemma viene tagliata con π (alla quale ci si riferisce spesso come alla "eta-espansione" dell'assioma) l'ultima regola è la regola reversibile (mentre l'unica altra regola presente – assiomi esclusi – è irreversibile). Nel caso $A \vee B$ in esame, applicando un passo (S) otteniamo la derivazione seguente:

$$
\cfrac{
\cfrac{
\vdash \Gamma, A \vee B \qquad
\cfrac{\vdash \neg A, A \qquad \vdash \neg B, B}{\vdash A, B, \neg A \wedge \neg B}\ (\otimes)
}{\vdash \Gamma, A, B}\ cut
}{\vdash \Gamma, A \vee B}\ (\invamp)
$$

con π sopra $\vdash \Gamma, A \vee B$.

Successivamente, se la conclusione principale dell'ultima regola di π è proprio una regola $\vee_m$ che introduce $A \vee B$, non facciamo nulla. Altrimenti applichiamo un passo (S_2) alla sottoderivazione di conclusione $\vdash \Gamma, A, B$ seguente:

$$
\cfrac{
\vdash \Gamma, A \vee B \qquad
\cfrac{\vdash \neg A, A \qquad \vdash \neg B, B}{\vdash A, B, \neg A \wedge \neg B}\ (\otimes)
}{\vdash \Gamma, A, B}\ cut
$$

In entrambi i casi, otteniamo in tal modo una derivazione α di $\vdash \Gamma, A, B$ tale che:

1. Qualunque regola strutturale presente in π ed avente come conclusione $A \vee B$ è stata sostituita in α con la medesima regola strutturale avente come conclusione A e la medesima regola strutturale avente come conclusione B (essendo A, B il contesto del sequente $\vdash A, B, \neg A \wedge \neg B$).
2. Se π è senza tagli, allora tutti i tagli presenti in α sono di tipo (L) per la Proposizione 8.

Per la Proprietà 1, $compl_S(\alpha) \leqslant compl_S(\pi)$. Se π contiene dei tagli, prendendo come π^{rev} proprio α alla quale si aggiunge l'ultima regola $\vee_m$ di conclusione principale $A \vee B$ otteniamo una derivazione che soddisfa le proprietà richieste. Se invece π è senza tagli, allora consideriamo il generico taglio c (necessariamente di tipo (L) per la Proprietà 2) presente in α:

$$
\cfrac{
\cfrac{\vdash \Lambda_c, A, B}{\vdash \Lambda_c, A \vee B}\ (\invamp) \qquad
\cfrac{\vdash \neg A, A \qquad \vdash \neg B, B}{\vdash A, B, \neg A \wedge \neg B}\ (\otimes)
}{\vdash \Lambda_c, A, B}\ c
$$

con β_c sopra $\vdash \Lambda_c, A, B$.

Chiamiamo γ_c la sottoderivazione di α qui sopra considerata. Applicando a γ_c (quindi ad α) un passo di riduzione (L) e due passi di riduzione (S) (per l'esattezza due passi (ax)), otteniamo la derivazione senza tagli β_c: chiaramente $compl_S(\beta_c) = compl_S(\gamma_c)$. Possiamo allora sostituire in α ogni sottoderivazione γ_c con la sottoderivazione β_c corrispondente: otteniamo in tal modo una derivazione δ di Γ, A, B tale che $compl_S(\delta) = compl_S(\alpha)$. Le derivazione π^{rev} cercata sarà allora δ alla quale si aggiunge l'ultima regola $\vee_m$ di conclusione principale $A \vee B$: π^{rev} è senza tagli e $compl_S(\pi^{rev}) = compl_S(\delta) = compl_S(\alpha) \leqslant compl_S(\pi)^{13}$. □

Osservazione 65. *Il Lemma 5 mostra come sia possibile spostare le regole struttu-rali da una formula reversibile alle sue sottoformule immediate, operazione che fa diminuire la complessità strutturale di una derivazione contenente regole strutturali su formule reversibili. Si noti che tale caratteristica (espressa nel lemma dalla di-seguaglianza $compl_S(\pi^{rev}) \leqslant compl_S(\pi)$) non viene esplicitamente utilizzata nella dimostrazione del lemma, e non lo sarà nella dimostrazione del teorema di elimi-nazione del taglio, anche se si intuisce che possa contribuire a trasformare una derivazione in una derivazione senza tagli.*

L'insieme delle trasformazioni $\mathcal{T}_{rev}$ è costituito da tutti i passi (L) "dello stesso sti-le", cioè i passi $(\vee_m/\wedge_m)$, $(\mathbf{F}/\mathbf{V})_{molt}$, $(\forall/\exists)$ per la versione moltiplicativa ed i passi $(\wedge_a/\vee_a)$, $(\forall/\exists)$ per la versione additiva, e dai passi (S) con la seguente modifica: prima di applicare un passo (S), se una delle due formule attive nel taglio è una for-mula A del tipo considerato nel Lemma 5 che non è conclusione principale di una regola logica, si applica un passo (rev) consistente nel sostituire la sottoderivazione α premessa del taglio ed avente A tra le sue conclusioni con la derivazione α^{rev} intro-dotta nel Lemma 5. Questo significa in particolare che i passi (S_1) si applicheranno solamente se la formula di taglio è di grado nullo.

Proposizione 10 (Eliminazione del taglio per le derivazioni quasi cut-free). *Se π è una derivazione quasi senza tagli del sequente $\vdash \Gamma$ in cui le regole logiche per $\wedge$ e per $\vee$ sono tutte formulate moltiplicativamente oppure tutte formulate additivamen-te, allora applicando solo trasformazioni dell'insieme $\mathcal{T}_{rev}$ è possibile trasformare π in una derivazione $P(\pi)$ di $\vdash \Gamma$ che non contiene alcuna occorrenza della regola di taglio.*

Dimostrazione.   Si procede come nel caso della dimostrazione della Proposizione 9 per induzione sulla coppia $(deg(\pi), en(\pi))$ ordinata lessicograficamente.

Se il taglio di π è di tipo (L), applicando il passo logico associato otteniamo una derivazione π' con uno o due tagli di grado strettamente minore: applicando (even-tualmente 2 volte una dopo l'altra ed a due derivazioni diverse) l'ipotesi induttiva, si può concludere.

Se la formula di taglio di π è di grado nullo, allora si procede come nella dimo-strazione della Proposizione 9.

Altrimenti, esattamente una delle due formule di taglio è di uno dei tipi consi-derati nel Lemma 5, e ci riferiremo ad essa nel seguito della dimostrazione come ad una *formula reversibile*. Se il taglio di π è di tipo (S_2) e la formula reversibile attiva nel taglio è conclusione principale di una regola logica, allora si procede come nella

---

[13] Sarebbe corretto -e anche opportuno per motivi sui quali non ci estendiamo in questa sede- os-servare che, anche nel caso in cui la derivazione π di partenza contenga dei tagli, i "residui" del taglio di partenza sono tutti di tipo (L) e si possono eliminare tutti come fatto nel caso π senza ta-gli, ottenendo una derivazione π^{rev} che oltre alle proprietà richieste dal lemma non contenga alcun "residuo" della regola di taglio di partenza.

dimostrazione della Proposizione 9 applicando un passo (S). Se invece la formula reversibile attiva nel taglio non è conclusione principale di una regola logica, allora applichiamo un passo (rev): per il Lemma 5 otteniamo una derivazione quasi senza tagli dello stesso grado della derivazione di partenza ed il cui unico taglio sarà di tipo (L): potremo dunque applicare l'ipotesi induttiva.

Se infine il taglio di π è di tipo (S_1) (e la formula di taglio ha grado non nullo), allora necessariamente la formula reversibile attiva nel taglio non è conclusione principale di una regola logica. Anche in questo caso applichiamo un passo (rev): per il Lemma 5 otteniamo una derivazione quasi senza tagli dello stesso grado della derivazione di partenza ed il cui unico taglio sarà di tipo (S_2); e potremo dunque applicare l'ipotesi induttiva.   □

Per concludere la dimostrazione del Teorema 22 di eliminazione del taglio, basta come già osservato procedere per induzione sul numero dei tagli di una qualsiasi derivazione con tagli, applicando la Proposizione 10.

Osservazione 66. *Una derivazione senza tagli viene a volte chiamata "normale", ed il processo di riduzione dei tagli viene chiamato "normalizzazione". Il teorema di eliminazione del taglio viene allora chiamato teorema di normalizzazione "debole" per LK: esiste una procedura che permette di normalizzare qualunque derivazione (cioè di trasformarla in una derivazione senza tagli).*

La misura definita sulle derivazioni diminuisce ad ogni passo, quando applichiamo la procedura alle derivazioni quasi senza tagli: abbiamo dunque scelto una strategia di riduzione, stabilendo un ordine (anche se non è un ordine totale) nel quale applicare le nostre trasformazioni. Rammentiamo inoltre che in vari casi vi sono più possibilità in quanto alla trasformazione da applicare: la procedura da noi definita non è "deterministica". È uno dei motivi per i quali nell'enunciato del teorema di eliminazione del taglio abbiamo evitato di usare per P la parola "funzione": il non determinismo fa sí che una derivazione π possa essere trasformata in derivazioni π_1 e π_2 senza tagli e tali che $\pi_1 \neq \pi_2$.

Recenti lavori in teoria della dimostrazione hanno portato a definire procedure deterministiche di trasformazione delle derivazioni di LK. Per tali procedure valgono le proprietà di "normalizzazione forte" e di "confluenza": qualunque sia la strategia di riduzione applicata, questa porta sempre -in un numero finito di passi- ad una derivazione senza tagli (normalizzazione forte) e qualunque sia la strategia di riduzione applicata, questa porta sempre alla stessa derivazione senza tagli (confluenza). Entrambe queste proprietà sono cruciali nell'approccio computazionale alla teoria della dimostrazione.

4.1.4 Cenni sulla complessità della procedura di eliminazione del taglio

Accenniamo ora a qualche risultato sulla complessità della procedura di eliminazione del taglio. Sia n il grado massimo delle formule di taglio di π, e k la lunghezza massima dei rami di π (vista come albero, *ma senza contare le regole strutturali*): chiameremo nel seguito n (risp. k) il grado massimo (risp. il rango) di π.

Denoteremo in questo paragrafo con 2_n^x, la funzione da $\mathbb{N}$ in $\mathbb{N}$ chiamata *torre di esponenziali di altezza* n, e definita per induzione su n come segue: $2_0(x) = x$ e $2_{k+1}(x) = 2^{2_k(x)}$. Per ogni intero $n \in \mathbb{N}$ la funzione 2_n^x è una funzione *elementare*. L'insieme delle funzioni elementari verrà introdotto e studiato nel Volume 2.

Valgono i seguenti risultati.

1. Se π è una derivazione di $\vdash \Gamma$ di grado massimo n e di rango k, allora esiste una derivazione senza tagli di $\vdash \Gamma$ di rango non superiore a $2_n(2k + 2)$.

2. Teorema di Orevkov (1982): Esiste una successione $\{C_k\}$ di formule del primo ordine tali che, per ogni k:

   - esiste una derivazione (con tagli) di C_k di rango lineare in k^{14};
   - tutte le derivazioni senza tagli di C_k hanno rango almeno iperesponenziale in k^{15}.

3. Per la successione $\{C_k\}$ di formule del primo ordine del teorema di Orevkov, il numero di passi di eliminazione del taglio (della procedura $\mathcal{T}_{glob}$) che trasformano una derivazione (con tagli) di C_k di rango lineare in k in una (qualsiasi) derivazione senza tagli di C_k è iperesponenziale in k.

4.2 Qualche conseguenza immediata del teorema di eliminazione del taglio

Si può paragonare il peso del teorema di eliminazione del taglio per la moderna teoria della dimostrazione con quello del teorema di compattezza per la teoria dei modelli (come vedremo nel Capitolo 5). Lo scopo dichiarato del capitolo essendo quello di muovere i primi passi in teoria della dimostrazione, non intendiamo certo elencare qui di seguito le conseguenze del teorema di eliminazione del taglio; presentiamo solo (succintamente) alcuni risultati che ne discendono più o meno immediatamente.

Teorema 23. *Sia M un insieme di formule di $\mathcal{L}$ chiuso per sostituzione (cioè se $\vdash \Gamma(x) \in M$, allora $\vdash \Gamma(t/x) \in M$ per qualsiasi termine t)*[16].

Qualunque derivazione di $\vdash \Gamma$ da M può essere trasformata in una derivazione di $\vdash \Gamma$ da M in cui tutte le formule attive in una regola di taglio sono formule di M (o negazioni di formule di M).

La dimostrazione del Teorema 23 si ottiene usando la stessa procedura con la quale sono stati dimostrati i Teoremi 21 e 22 e sfruttando la chiusura per sostituzione di M. Si noti che in caso occorrano in M assiomi che non sono formule chiuse, la condizione di chiusura per sostituzione è necessaria nell'enunciato del Teorema 23, come si può vedere facilmente. Infatti, se $\vdash A(x) \in M$, allora per poter eliminare il taglio

---

[14] Per la precisione esistono α e k_0 tali che per $k \geqslant k_0$ il rango di C_k non supera αk.

[15] Per la precisione esistono α e k_0 tali che per $k \geqslant k_0$ il rango di qualsiasi derivazione senza tagli di C_k è almeno pari a $\alpha 2_k(0)$.

[16] In particolare quando M contiene solo formule chiuse (e quindi per qualunque teoria) questa condizione sarà sempre soddisfatta.

seguente (in una derivazione di $\vdash \Gamma$ da M) è necessario che sia anche $\vdash A(t) \in M$:

$$\vdots$$

$$\cfrac{\cfrac{\vdash A(x)}{\vdash \forall x A(x)} \; (\forall) \qquad \cfrac{\vdash \neg A(t), \Gamma}{\vdash \exists x \neg A(x), \Gamma} \; (\exists)}{\vdash \Gamma} \; cut.$$

Il seguente teorema, noto col nome di "proprietà della sottoformula", è fondamentale. La sua versione debole è già stata dimostrata nel Capitolo 3, nella forma del Corollario 1, come conseguenza del Teorema 17 di eliminabilità del taglio. Ma nella sua pienezza, questo risultato è proprio l'obiettivo dichiarato da Gentzen nel dimostrare l'Hauptsatz (il Teorema 21).

Teorema 24 (Proprietà della sottoformula). *Ogni derivazione di un sequente* $\vdash \Gamma$ *di $\mathscr{L}$ può essere trasformata in una derivazione π di $\vdash \Gamma$ nella quale occorrono esclusivamente sottoformule (estese) di formule di Γ: se $\vdash A_1, \ldots, A_n$ occorre in π allora (per ogni $i \in \{1, \ldots, n\}$) A_i è sottoformula (estesa) di qualche formula di Γ.*

Dimostrazione. Discende immediatamente dal Teorema 21, ricordando (come nel caso del Corollario 1) l'Osservazione 29. $\square$

La proposizione seguente non è una conseguenza del teorema di eliminazione del taglio e non viene utilizzata nel seguito: permette però di capire la generalità del Teorema 25 del sequente mediano, e di conseguenza la generalità del Teorema 26 di Herbrand.

Proposizione 11. *Qualunque sia la formula F di $\mathscr{L}$, esiste una formula G tale che si può derivare il sequente $\vdash F \leftrightarrow G$, e tale che G è in forma normale prenessa: $G = Q_1 x_1 \ldots Q_n x_n G'$, $Q_i \in \{\forall, \exists\}$ e G' è una formula senza quantificatori.*

Dimostrazione. Lasciata in esercizio, sulla base delle indicazioni seguenti.

1. Siano P e Q due predicati unari. Dimostrare (in LK) che la formula $(\forall x P(x)) \lor Q(y)$ equivale a $\forall x (P(x) \lor Q(y))$ e che la formula $(\exists x P(x)) \lor Q(y)$ equivale a $\exists x (P(x) \lor Q(y))$.
2. Più generalmente, dimostrare che se A e B sono due formule e se x non appare libera in B, allora sono dimostrabili i sequenti $\vdash ((\forall x A) \lor B) \leftrightarrow (\forall x (A \lor B))$ e $\vdash ((\exists x A) \lor B) \leftrightarrow (\exists x (A \lor B))$.
3. Generalizzare al caso di un numero di variabili qualsiasi e dimostrare che date A e B due formule tali che $x_1, \ldots, x_n$ (risp. $y_1, \ldots, y_m$) non appaiono libere in B (risp. in A), per ogni scelta di quantificatori $Q_1, \ldots, Q_n$ e $P_1, \ldots, P_m$ ($Q_i, P_j \in \{\exists, \forall\}$) è dimostrabile

$$\vdash ((Q_1 x_1 \ldots Q_n x_n A) \lor (P_1 y_1 \ldots P_m y_m B)) \leftrightarrow (Q_1 x_1 \ldots Q_n x_n P_1 y_1 \ldots P_m y_m (A \lor B)).$$

4. Dimostrare il teorema per induzione sull'altezza della formula A (caso base: A atomica, passo induttivo per $\exists, \forall, \lor, \land$, usando naturalmente il Punto 3 e la stessa proprietà espressa dal Punto 3 per il connettivo $\land$, ottenibile in modo analogo). $\square$

Teorema 25 (Teorema del sequente mediano). *Sia Γ un multinsieme di formule in forma normale prenessa del linguaggio $\mathscr{L}$.*

Qualunque derivazione di $\vdash \Gamma$ in LK può essere trasformata in una derivazione senza tagli π di $\vdash \Gamma$ tale che:

1. *esiste una sottoderivazione π_1 di π di conclusione $\vdash \Gamma_1$ (detto "sequente mediano di π"), con assiomi atomici ed indebolimenti solo su formule atomiche, e che non fa uso di regole sui quantificatori (non occorrono in π_1 né regole $\forall$ né regole $\exists$);*
2. *tutte le regole di π che non sono regole di π_1 sono regole strutturali, oppure regole che introducono i quantificatori (regole $\forall$ oppure $\exists$).*

Dimostrazione. Lasciata in esercizio. Si tenga conto che il Teorema 21 permette di trasformare la derivazione di partenza in una derivazione senza tagli di $\vdash \Gamma$; si tratta dunque di trasformare quest'ultima in una derivazione π con le proprietà volute. Si dimostra prima come qualunque derivazione senza tagli possa essere trasformata in una derivazione (sempre senza tagli) con assiomi atomici ed indebolimenti solo su formule atomiche, e poi (per induzione su di una tale derivazione) come questa possa trasformarsi in una derivazione con le proprietà volute.   □

Teorema 26 (Teorema di Herbrand). *Sia $A = \forall y \exists x B$ una formula di $\mathscr{L}$, dove B è una formula senza quantificatori.*

Ogni derivazione di A può essere trasformata in una derivazione della forma seguente:

$$
\begin{array}{c}
\pi' \\
\vdots \\
\hline
\dfrac{\dfrac{\vdash B(t_1/x),\ldots,B(t_n/x)}{\vdash \exists x B, \ldots, \exists x B} \; (\exists) \; n \; volte}{\dfrac{\vdash \exists x B}{\vdash \forall y \exists x B} \; (\forall)} \; (C) \; n-1 \; volte
\end{array}
$$

dove $t_1, \ldots, t_n$ sono $n \geqslant 1$ termini. In particolare, otteniamo una derivazione di conclusione $B(t_1/x) \vee \ldots \vee B(t_n/x)$ applicando alla sottoderivazione π' di conclusione $\vdash B(t_1/x), \ldots, B(t_n/x)$ il numero opportuno di regole logiche $\vee_m$.

Dimostrazione. I dettagli vengono lasciati in esercizio, ma la struttura dell'argomento è chiara: il Teorema 21 permette di trasformare la derivazione di partenza in una derivazione senza tagli di $\forall y \exists x B$; il Lemma 5 permette di trasformare la derivazione così ottenuta in una derivazione senza tagli avente come ultima regola la regola reversibile $(\forall)$, e quest'ultima derivazione si può trasformare, applicando il Teorema 25 del sequente mediano alla sottoderivazione di conclusione $\exists x B$ e premessa dell'ultima regola $(\forall)$, nella derivazione cercata.   □

5

Verso la teoria dei modelli: alcune conseguenze del teorema di compattezza

In modo simile a quanto fatto passando dal Capitolo 3 al Capitolo 4, spostiamo in questo capitolo la nostra attenzione dallo studio della proprietà di soddisfacibilità di una formula o di una teoria del primo ordine allo studio delle strutture per il linguaggio che soddisfano la formula o la teoria. Tale studio è l'oggetto di quella branca della logica che porta il nome di *teoria dei modelli*. Abbiamo visto nel Capitolo 3 come associare ad ogni linguaggio del primo ordine le strutture per tale linguaggio, e ad ogni teoria in un linguaggio i suoi modelli. Se invece disponiamo già di una struttura e vogliamo studiarne le proprietà, possiamo associare alla struttura un linguaggio del primo ordine che permetta di esprimerne le caratteristiche (ad esempio di parlare degli elementi della struttura), e tentare di codificare nel linguaggio le proprietà della struttura mediante una teoria. Certamente tale teoria avrà la struttura di partenza come modello, ma in generale essa avrà anche altri modelli, e può essere interessante studiare le proprietà che li accomunano. Appare allora immediatamente chiara una differenza rilevante con l'approccio che sottende il Capitolo 3: mentre quando stabiliamo relazioni tra le nozioni di derivabilità e di soddisfacibilità è ragionevole restringersi a linguaggi di cardinalità numerabile (si veda in merito l'Osservazione 60), nel momento in cui ci interessiamo alle strutture, la presenza (ad esempio) di una quantità più che numerabile di simboli di costante può essere utile per studiare le strutture algebriche più che numerabili come particolari strutture per un certo linguaggio, ed è dunque molto naturale. In tutto il capitolo (salvo esplicita menzione del contrario) faremo pertanto riferimento a linguaggi di cardinalità qualsiasi.

Il risultato di partenza della teoria dei modelli è senz'altro il teorema di compattezza, dimostrato nel Capitolo 3 soltanto per i linguaggi numerabili. Cominceremo il capitolo (Paragrafo 5.1) fornendo una dimostrazione alternativa del teorema di compattezza, che non farà uso del Teorema 15 né del Teorema 18 e che permetterà

V.M. Abrusci, L. Tortora de Falco: *Logica. Volume 1 – Dimostrazioni e modelli al primo ordine,* UNITEXT – La Matematica per il 3+2 80, DOI 10.1007/978-88-470-5538-4_5,
© Springer-Verlag Italia 2014

di stabilire il Teorema 19 anche per i linguaggi più che numerabili[1], facendo uso dell'assioma di scelta.

Nel Paragrafo 5.2, adatteremo le dimostrazioni del teorema di compattezza e dei principali risultati presentati nel Capitolo 3 ai cosiddetti *linguaggi con uguaglianza*, che sono quelli usati in teoria dei modelli: il simbolo "=" non è un qualunque simbolo di predicato di arietà 2 del linguaggio, bensì la "vera" uguaglianza, e qualunque struttura per il linguaggio dovrà dare a tale simbolo di predicato come valore la relazione di uguaglianza sul supporto della struttura. Questo richiede qualche adattamento nelle dimostrazioni considerate in precedenza.

Applicheremo poi, nel Paragrafo 5.3, il teorema di compattezza (per i linguaggi con uguaglianza) per dimostrare alcuni risultati classici che evidenziano dei limiti "intrinsici" delle capacità espressive dei linguaggi del primo ordine.

Introdurremo nel Paragrafo 5.4 alcune nozioni di base di teoria dei modelli, che verranno utilizzate nel Paragrafo 5.5 per dimostrare i teoremi di preservazione: mostreremo come sia possibile caratterizzare, in modo puramente model-teoretico, la complessità logica di alcune teorie.

Presenteremo una generalizzazione del Teorema 20 di Löwenheim-Skolem nel Paragrafo 5.6, e le affiancheremo la versione "ascendente" dello stesso risultato (il Teorema 35). La combinazione di questi due risultati ci fornirà, nel Paragrafo 5.7, una condizione sufficiente per dimostrare la completezza di una teoria (il "test di Vaught"), che applicheremo nel caso particolare della teoria degli ordini lineari densi senza estremi.

5.1 Dimostrazione del teorema di compattezza per linguaggi di cardinalità qualsiasi

Vogliamo dimostrare il Teorema 19 nel caso di un linguaggio di cardinalità qualsiasi: lo faremo usando una tecnica introdotta da Henkin, e facendo ricorso all'assioma di scelta. Osserviamo (come già accennato nell'Osservazione 60) che nel caso dei linguaggi numerabili, questa stessa tecnica può essere adattata per fornire una dimostrazione che non faccia uso dell'assioma di scelta (coerentemente con la dimostrazione del Teorema 19 fornita nel Capitolo 3).

Introduciamo la nozione di teoria "con testimoni" nel linguaggio. Questi vengono anche chiamati "testimoni di Henkin" in onore del logico che li introdusse.

Definizione 30 (Teoria con testimoni). *Sia T una teoria nel linguaggio $\mathscr{L}$. Si dice che T ha testimoni in $\mathscr{L}$ quando per ogni formula con esattamente una variabile libera[2] $F(x)$ di $\mathscr{L}$, esiste un simbolo di costante c_F di $\mathscr{L}$ tale che la formula (chiusa) $\exists x F(x) \to F(c_F/x)$ sia una formula di T.*

---

[1] Il lettore amante della cosiddetta "purezza dei metodi" potrà anche apprezzare, in questa nuova dimostrazione, l'assenza di qualunque riferimento alla nozione di derivabilità, nozione che non appare nell'enunciato del teorema di compattezza. Si ricordi in merito l'Osservazione 56.

[2] Con l'espressione "$F(x)$ è una formula con esattamente una variabile libera" (a volte scriveremo anche "$F(x)$ è una formula avente x come unica variabile libera"), s'intende che la variabile x oc-

Faremo uso dei due lemmi seguenti:

Lemma 6 (con AS). *Sia $\mathscr{L}$ un linguaggio e T una teoria in $\mathscr{L}$ finitamente soddisfacibile.*

Esiste un linguaggio $\mathscr{L}' \supseteq \mathscr{L}$ ottenuto aggiungendo ad $\mathscr{L}$ dei simboli di costante e tale che $\mathscr{L}'$ ha la stessa cardinalità di $\mathscr{L}$, ed esiste una teoria $T' \supseteq T$ in $\mathscr{L}'$, tali che:

- T' *è finitamente soddisfacibile;*
- T' *ha dei testimoni in $\mathscr{L}'$.*

Lemma 7 (con AS). *Sia T una teoria in un linguaggio $\mathscr{L}$ finitamente soddisfacibile.*

Esiste allora un'estensione T' (in $\mathscr{L}$) di T, finitamente soddisfacibile e massimale, cioè tale che per ogni formula chiusa F di $\mathscr{L}$, abbiamo $F \in T'$ oppure $\neg F \in T'$.

Con l'uso dei due lemmi possiamo dimostrare il Teorema 19 di compattezza per linguaggi di cardinalità qualsiasi. Si noti che l'assioma di scelta servirà per dimostrare i due lemmi.

Dimostrazione   (del teorema di compattezza). Per il Lemma 6, esiste un linguaggio $\mathscr{L}' \supseteq \mathscr{L}$ ottenuto aggiungendo (eventualmente) ad $\mathscr{L}$ dei simboli di costante, $\mathscr{L}'$ della stessa cardinalità di $\mathscr{L}$, ed una teoria $T' \supseteq T$ in $\mathscr{L}'$ finitamente soddisfacibile che ha testimoni in $\mathscr{L}'$.

Per il Lemma 7, esiste allora un'estensione T'' di T' (in $\mathscr{L}'$), finitamente soddisfacibile e massimale. Poichè T'' contiene T' (e T' e T'' sono due teorie nello stesso linguaggio), possiamo dire che anche T'' ha dei testimoni in $\mathscr{L}'$. Per concludere, basterà dimostrare che esiste una $\mathscr{L}'$-struttura $\mathscr{M}$ che soddisfa T'': una tale struttura $\mathscr{M}$ soddisferà anche la teoria T' in $\mathscr{L}'$, e la restrizione $\mathscr{M}|_{\mathscr{L}}$ della struttura $\mathscr{M}$ al linguaggio $\mathscr{L}$ (ottenuta "dimenticando" i valori dei simboli di $\mathscr{L}'$ che non sono simboli di $\mathscr{L}$) soddisferà la teoria T.

Rimane dunque da dimostrare che una teoria T in un linguaggio $\mathscr{L}$ che ammette dei testimoni, è massimale, ed è finitamente soddisfacibile, è anche soddisfacibile. Per fare ciò costruiremo una $\mathscr{L}$-struttura $\mathscr{M}$ che soddisfi T[3].

Come nel caso della dimostrazione del Lemma 3 del Capitolo 3, prendiamo come insieme di base M l'insieme dei termini chiusi di $\mathscr{L}$. Nel caso in cui non vi siano termini chiusi in $\mathscr{L}$, le uniche formule atomiche del linguaggio sono le lettere proposizionali (per l'ipotesi sull'esistenza dei testimoni non possono esserci variabili per predicati di arietà $k \geqslant 1$). La struttura che cerchiamo in questo caso è proposizionale: è una distribuzione di valori di verità, come indicato nell'Osservazione 22.

---

corre libera in $F(x)$. Per le convenzioni da noi adottate, questo implica anche che ogni occorrenza in $F(x)$ di qualunque variabile $y \neq x$ è vincolata.

[3] Si osservi che, intuitivamente, la struttura cercata *è esattamente* la teoria T; una teoria massimale è una struttura in quanto permette di dare un valore a tutte le formule chiuse: è un "punto di vista". La parte che segue della dimostrazione si può vedere come una verifica del fatto che la definizione di struttura che ci siamo dati non tradisce la nostra intuizione che T è una struttura.

In presenza di termini chiusi, come già osservato nella dimostrazione del Lemma 3 del Capitolo 3, un termine chiuso di $\mathscr{L}$ a parametri in $\mathscr{M}$ è una coppia il cui primo elemento è un termine $t(x_1,\ldots,x_n)$ di $\mathscr{L}$ (per qualche $n \geqslant 0$) ed il cui secondo elemento è una n-upla $(\tau_1,\ldots,\tau_n)$ di termini chiusi di $\mathscr{L}$: come nella dimostrazione del Lemma 3 del Capitolo 3, poniamo $t_{\mathscr{M}}[\tau_1,\ldots,\tau_n] = t(\tau_1/x_1,\ldots,\tau_n/x_n)$[4]. Abbiamo anche già osservato che dalla definizione appena data discende in particolare che il valore di un termine chiuso (senza parametri) t di $\mathscr{L}$ è il termine stesso: $t_{\mathscr{M}} = t$.

Rammentiamo che una generica formula atomica chiusa di $\mathscr{L}$ a parametri in $\mathscr{M}$ (diversa da una costante logica) è in questo caso una coppia il cui primo elemento è una formula atomica $R(x_1,\ldots,x_n) = R(t_1(x_1,\ldots,x_n),\ldots,t_k(x_1,\ldots,x_n))$ (per qualche $n \geqslant 0$) ed il cui secondo elemento è una n-upla $(\tau_1,\ldots,\tau_n)$ di termini chiusi di $\mathscr{L}$. Data una qualunque tale formula, per massimalità di T vale almeno una delle due affermazioni seguenti, mentre per l'ipotesi di finita soddisfacibilità di T non possono valere entrambe, e quindi in definitiva vale esattamente una di esse:

- $R(t_1(\tau_1/x_1,\ldots,\tau_n/x_n),\ldots,t_k(\tau_1/x_1,\ldots,\tau_n/x_n)) \in T$;
- $\neg R(t_1(\tau_1/x_1,\ldots,\tau_n/x_n),\ldots,t_k(\tau_1/x_1,\ldots,\tau_n/x_n)) \in T$.

Possiamo dunque definire il valore di $R[\tau_1,\ldots,\tau_n]$ in $\mathscr{M}$ come segue:

- se $R(t_1(\tau_1/x_1,\ldots,\tau_n/x_n),\ldots,t_k(\tau_1/x_1,\ldots,\tau_n/x_n)) \in T$ poniamo $(\tau_1,\ldots,\tau_n) \in R_{\mathscr{M}}$;
- se invece $\neg R(t_1(\tau_1/x_1,\ldots,\tau_n/x_n),\ldots,t_k(\tau_1/x_1,\ldots,\tau_n/x_n)) \in T$, poniamo $(\tau_1,\ldots,\tau_n) \notin R_{\mathscr{M}}$.

Si noti che avendo incluso nella definizione precedente il caso $n = 0$, abbiamo definito sia il valore delle variabili speciali proposizionali che quello delle variabili speciali per predicati k-arie con $k \geqslant 1$, che è quanto richiesto dalla Definizione 19. Sempre per l'ipotesi di finita soddisfacibilità di T, avremo $\mathbf{F} \notin T$ (e quindi per massimalità $\mathbf{V} \in T$). In definitiva, per la definizione di interpretazione appena data, avremo per ogni formula atomica chiusa F di $\mathscr{L}$: $F \in T$ sse $\mathscr{M} \models F$.

Più generalmente, dimostreremo che per ogni formula chiusa F di $\mathscr{L}$:

$$(\star)\ F \in T \text{ sse } \mathscr{M} \models F.$$

La soddisfacibilità di T sarà una conseguenza immediata di $(\star)$.

Cominciamo con qualche osservazione:

1. per ogni formula chiusa F: $F \in T$ sse $\neg F \notin T$;
2. se $F_1,\ldots,F_n \models F$ ed $F_1,\ldots,F_n \in T$, allora $F \in T$;
3. se $\exists x F(x) \in T$ (con $F(x)$ formula di $\mathscr{L}$ avente x come unica variabile libera), allora esiste un simbolo di costante c di $\mathscr{L}$ tale che $F(c/x) \in T$.

Il Punto 1 è una conseguenza immediata del fatto che T è finitamente soddisfacibile e massimale.

Per il Punto 2: se $F \notin T$, allora per massimalità $\neg F \in T$, e allora per la finita soddisfacibilità di T la teoria $\{F_1,\ldots,F_n,\neg F\}$ è soddisfacibile, il che contraddice l'ipotesi $F_1,\ldots,F_n \models F$.

---

[4] Si veda la Nota 64.

Il Punto 3 segue dal Punto 2, poichè T ha dei testimoni in $\mathscr{L}^5$: $\exists x F(x) \rightarrow F(c/x) \in T$, per un certo simbolo di costante c. Dunque poichè $\exists x F(x), \exists x F(x) \rightarrow F(c/x) \models F(c/x)$, il Punto 2 permette di concludere.

Dimostriamo ora $(\star)$ per induzione sull'altezza della formula chiusa F.

* Abbiamo già osservato che per F atomica vale $(\star)$.
* Se $F = G \vee H$, allora $\mathscr{M} \models G \vee H$ sse $\mathscr{M} \models G$ oppure $\mathscr{M} \models H$ sse (per ipotesi induttiva) $G \in T$ oppure $H \in T$. Supponiamo ad esempio che sia $G \in T$. Allora poichè $G \models G \vee H$, avremo $G \vee H \in T$ (Punto 2).
  Viceversa, se $G \vee H \in T$, allora $\neg G \wedge \neg H \notin T$ (Punto 1). Poichè $\neg G, \neg H \models \neg G \wedge \neg H$, per il Punto 2 $\neg G \notin T$ oppure $\neg H \notin T$, e quindi per ipotesi induttiva avremo $\mathscr{M} \not\models \neg G$ oppure $\mathscr{M} \not\models \neg H$. Quindi $\mathscr{M} \not\models \neg G \wedge \neg H$ e cioè $\mathscr{M} \models G \vee H$.
* Se $F = G \wedge H$, allora sfruttando il caso precedente ed il Punto 1 (e applicando (ii) dell'Osservazione 24) otteniamo le seguenti equivalenze: $\mathscr{M} \models G \wedge H \iff \mathscr{M} \not\models \neg G \vee \neg H \iff \neg G \vee \neg H \notin T \iff G \wedge H \in T^6$.
* Se $F = \exists x G(x)$, supponiamo che $G(x)$ sia una formula di $\mathscr{L}$ avente x come unica variabile libera (il caso in cui x non appaia libera in G viene lasciato in esercizio). Se $\mathscr{M} \models \exists x G(x)$, allora esiste $m \in M$ tale che $\mathscr{M} \models G[m]$. Ma poichè M è l'insieme dei termini chiusi di $\mathscr{L}$, m è un termine chiuso, e quindi $\mathscr{M} \models G[m] \iff \mathscr{M} \models G(m/x)$ (Osservazione 47). Di conseguenza si può applicare l'ipotesi induttiva a $G(m/x)$, e concludere che $G(m/x) \in T$. Se fosse $\neg \exists x G(x) \in T$, allora non sarebbe T finitamente soddisfacibile (la teoria $\{G(m/x), \neg \exists x G(x)\}$ non sarebbe soddisfacibile). Dunque per massimalità di T avremo $\exists x G(x) \in T$.
  Viceversa, sia $\exists x G(x) \in T$. Per il Punto 3, sarà $G(c/x) \in T$ per un certo simbolo di costante c di $\mathscr{L}^7$. Per ipotesi induttiva $\mathscr{M} \models G(c/x)$, cioè $\mathscr{M} \models G[c]$, e quindi $\mathscr{M} \models \exists x G(x)$.
* Se $F = \forall x G(x)$, allora per il punto precedente e per il Punto 1 valgono le equivalenze seguenti: $\mathscr{M} \models \forall x G(x) \iff \mathscr{M} \not\models \exists x \neg G(x) \iff \exists x \neg G(x) \notin T \iff \forall x G(x) \in T$. $\square$

Dimostriamo ora i due lemmi.

Dimostrazione (*del Lemma 6*). Cominciamo con l'osservare che se non vi sono in $\mathscr{L}$ formule con esattamente una variabile libera (è il caso ad esempio di un linguaggio proposizionale), il lemma è dimostrato con $T' = T$ ed $\mathscr{L}' = \mathscr{L}$. Se invece esiste in $\mathscr{L}$ una formula $F(x)$ con esattamente una variabile libera, allora il numero di queste formule è pari alla cardinalità di $\mathscr{L}$: certamente non può essere superiore, ma neanche inferiore poiché per ogni formula chiusa A di $\mathscr{L}$, $A \wedge F(x)$ è una formula di

---

[5] Si osservi che è questo il solo momento in cui si utilizza l'esistenza di testimoni per T.

[6] Si noti che per applicare il caso precedente abbiamo sfruttato il fatto che l'altezza di $\neg G \vee \neg H$ è pari a quella di $G \wedge H$, sfruttando l'Osservazione 19.

[7] Questa è l'unica utilizzazione che si fa del Punto 3, e quindi come già osservato il solo momento in cui si utilizza l'esistenza di testimoni per T.

$\mathscr{L}$ con esattamente una variabile libera[8]. Possiamo dunque supporre che le formule con esattamente una variabile libera siano tante quante le formule del linguaggio.

Siano $C_1, \ldots, C_n, \ldots$ insiemi di nuovi simboli di costante, tutti della stessa cardinalità del linguaggio $\mathscr{L}$ e due a due disgiunti. Sia $\mathscr{L}_0 = \mathscr{L}$, e per ogni intero $n \geqslant 1$ poniamo $\mathscr{L}_n = \mathscr{L} \cup C_1 \cup \ldots \cup C_n$; denotiamo infine con $\mathscr{F}_n$ l'insieme delle formule con una variabile libera di $\mathscr{L}_n$. Ci si può convincere facilmente che $\mathscr{F}_n$ ha la stessa cardinalità di $\mathscr{L}_n$ e di $\mathscr{L}$: pertanto esiste una corrispondenza biunivoca tra $\mathscr{L}_n$ e l'insieme C_{n+1}. Possiamo allora mediante l'assioma di scelta, definire una successione $(f_n)_{n \in \mathbb{N}}$ tale che f_i sia una corrispondenza biunivoca da $\mathscr{F}_n$ in C_{n+1}. Per induzione su n, definiamo una successione di teorie $(T_n)_{n \in \mathbb{N}}$ tale che:

1. T_n è una teoria in $\mathscr{L}_n$ finitamente soddisfacibile;
2. se $F(x) \in \mathscr{F}_n$, allora esiste un simbolo di costante c_F di C_{n+1} tale che la formula $\exists x F(x) \to F(c_F) \in T_{n+1}$; più precisamente $c_F = f_n(F(x))$.

Poniamo $T_0 = T$, $\mathscr{L}_0 = \mathscr{L}$ e $T_{n+1} = T_n \cup \{\exists x F(x) \to F(c_F/x) : F(x) \in \mathscr{F}_n\}$. Cominciamo col dimostrare che la teoria T_{n+1} in $\mathscr{L}_{n+1}$ è finitamente soddisfacibile: sia W_{n+1} un sottoinsieme finito di T_{n+1}. Sarà $W_{n+1} \subset W_n \cup \{\exists x F_i(x) \to F_i(c_{F_i}/x) : F_i(x) \in \mathscr{F}_n, 0 \leqslant i \leqslant k\}$, dove W_n è un sottoinsieme finito di T_n e k un intero opportuno. Per ipotesi induttiva, esiste una struttura $\mathscr{M}$ per $\mathscr{L}_n$ che soddisfa W_n. Poichè $\mathscr{M}$ è una struttura per $\mathscr{L}_n$, ed i simboli di costante di C_{n+1} non occorrono in $\mathscr{L}_n$, per fare di $\mathscr{M}$ una struttura per $\mathscr{L}_{n+1}$, bisogna definire l'interpretazione dei simboli di costante di C_{n+1}. Naturalmente, per la soddisfacibilità di W_{n+1} a noi interessa definire opportunamente l'interpretazione delle costanti $c_{F_0}, \ldots, c_{F_k}$, quella delle altre costanti non influirà sulla soddisfacibilità di W_{n+1}. Più precisamente, dobbiamo definire opportunamente l'interpretazione delle costanti c_{F_i} tali che $\mathscr{M} \models \exists x F_i(x)$ (in caso contrario sarà sempre vero che $\mathscr{M} \models \exists x F_i(x) \to F_i(c_{F_i}/x)$). Sia $\{i_1, \ldots, i_h\}$ il sottoinsieme di $\{0, \ldots, k\}$ tale che per ogni $j \in \{i_1, \ldots, i_h\}$, $\mathscr{M} \models \exists x F_j(x)$. Per $j \in \{i_1, \ldots, i_h\}$, fissiamo (arbitrariamente) $m_j \in M$ tale che $\mathscr{M} \models F_j[m_j]$ e poniamo $(c_{F_j})_{\mathscr{M}} = m_j$. Si noti che per $i \neq j$ avremo $c_{F_i} \neq c_{F_j}$ (a causa dell'iniettività di f_n), e dunque possiamo definire $(c_{F_i})_{\mathscr{M}}$ indipendentemente da $(c_{F_j})_{\mathscr{M}}$. Per qualunque altro simbolo di costante $c \in C_{n+1}$, poniamo $(c)_{\mathscr{M}} = a$, dove a è un qualsiasi elemento di M (che sappiamo essere non vuoto). Otteniamo in tal modo una struttura $\mathscr{M}$ per $\mathscr{L}_{n+1}$, tale che per ogni $i \in \{0, \ldots, k\}$ vale $\mathscr{M} \models \exists x F_i(x) \to F_i(c_{F_i}/x)$: dunque $\mathscr{M} \models W_{n+1}$ e T_{n+1} è finitamente soddisfacibile.

Definiamo ora la teoria T' ed il linguaggio $\mathscr{L}'$ di cui il lemma asserisce l'esistenza. Poniamo $\mathscr{L}' = \mathscr{L} \cup (\bigcup_{i \in \mathbb{N}} C_i)$ e $T' = \bigcup_{n \in \mathbb{N}} T_n$. La teoria T' in $\mathscr{L}'$ estende T.

Dimostriamo per concludere che T' è finitamente soddisfacibile e che T' ha dei testimoni in $\mathscr{L}'$. Sia $F(x)$ una formula ad una variabile libera di $\mathscr{L}'$. Per definizione di $\mathscr{L}'$, esiste un intero n tale che $F(x)$ è una formula di $\mathscr{L}_n$; per definizione di T_{n+1}, sarà $\exists x F(x) \to F(c_F/x) \in T_{n+1} \subset T'$ (si rammenta che $c_F = f_n(F(x))$). La teoria T' ha dunque dei testimoni in $\mathscr{L}'$.

---

[8] Anche qui come in precedenza stiamo implicitamente usando il già citato teorema di Cantor-Bernstein.

D'altra parte, la teoria T' è finitamente soddisfacibile: questo segue immediatamente dal fatto che T_n lo è per ogni n. Infatti, se W' è una parte finita di T', allora per definizione di T', esiste un intero n tale che W' è una parte finita di T_n. Si può allora concludere osservando che, banalmente, una struttura per $\mathscr{L}_n$ che soddisfa W' si può estendere in una struttura per $\mathscr{L}'$ che soddisfa W': basta interpretare i simboli di costante di $\mathscr{L}'\backslash\mathscr{L}_n$, ad esempio tutti nello stesso elemento dell'insieme di base della struttura per $\mathscr{L}_n$.   □

Dimostrazione (del Lemma 7). Utilizzeremo l'assioma di scelta sotto forma del lemma di Zorn[9]: un insieme parzialmente ordinato $\mathscr{E}$ tale che tutti i suoi sottoinsiemi totalmente ordinati ammettono un maggiorante in $\mathscr{E}$ contiene un elemento massimale.

Sia $\mathscr{E} = \{\mathscr{B} : \mathscr{B}$ è un insieme di formule chiuse di $\mathscr{L}$, $\mathscr{B} \supseteq T$, $\mathscr{B}$ è finitamente soddisfacibile$\}$.

L'insieme $\mathscr{E}$ è un sottoinsieme dell'insieme delle parti dell'insieme delle formule chiuse di $\mathscr{L}$. L'insieme delle parti dell'insieme delle formule chiuse di $\mathscr{L}$ si può naturalmente ordinare per inclusione, ed $\mathscr{E}$ eredita questa struttura di insieme parzialmente ordinato.

Sia $\mathscr{D}$ un sottoinsieme totalmente ordinato di $\mathscr{E}$. Se $\mathscr{D} = \emptyset$, allora $T \in \mathscr{E}$ è un maggiorante di $\mathscr{D}$. Se invece $\mathscr{D}$ è non vuoto, allora l'unione $\mathscr{W}$ di tutti gli elementi di $\mathscr{D}$ è un insieme di formule chiuse di $\mathscr{L}$ che contiene T ed è finitamente soddisfacibile (ogni sottoinsieme finito di $\mathscr{W}$ è sottoinsieme finito di un qualche elemento di $\mathscr{D}$ e tutti gli elementi di $\mathscr{D}$ sono finitamente soddisfacibili): $\mathscr{W}$ è dunque un elemento di $\mathscr{E}$ ed un maggiorante di $\mathscr{D}$. Per il lemma di Zorn, concludiamo che esiste un elemento massimale T' di $\mathscr{E}$.

Dimostriamo che T' soddisfa la conclusione del lemma. La teoria T' in $\mathscr{L}$ è un'estensione di T finitamente soddisfacibile (poichè T' è un elemento di $\mathscr{E}$). Bisogna dimostrare che T' è massimale (nel senso dell'enunciato del lemma). Se per assurdo esistesse una formula chiusa F di $\mathscr{L}$ tale che $F \notin T'$ e $\neg F \notin T'$, allora $T' \cup \{F\}$ e $T' \cup \{\neg F\}$ sarebbero due estensioni proprie di T'. Per massimalità di T', avremo $T' \cup \{F\} \notin \mathscr{E}$ e $T' \cup \{\neg F\} \notin \mathscr{E}$: deve allora necessariamente esistere un sottoinsieme finito $\mathscr{B}'$ di T' ed un sottoinsieme finito $\mathscr{B}''$ di T', tali che $\mathscr{B}' \cup \{F\}$ e $\mathscr{B}'' \cup \{\neg F\}$ non sono soddisfacibili. Di conseguenza il sottoinsieme finito $\mathscr{B}' \cup \mathscr{B}''$ di T' non è soddisfacibile (altrimenti la $\mathscr{L}$-struttura $\mathscr{M}$ che soddisfa $\mathscr{B}' \cup \mathscr{B}''$ dovrebbe necessariamente soddisfare anche $\mathscr{B}' \cup \{F\}$ oppure $\mathscr{B}'' \cup \{\neg F\}$). E questo contraddice l'appartenenza di T' all'insieme $\mathscr{E}$.   □

Osservazione 67. *Il termine "compattezza" con il quale ci si riferisce al Teorema 19 può anche essere giustificato dall'equivalenza tra il Teorema 19 per il calcolo proposizionale e la compattezza dello spazio topologico $\{0,1\}^{\mathscr{V}}$ (essendo $\mathscr{V}$ l'insieme delle variabili proposizionali) munito della topologia prodotto ottenuta a partire dallo spazio topologico discreto $\{0,1\}$. Il lettore con le conoscenze di base di topologia potrà dimostrare l'equivalenza in esercizio, oppure fare riferimento alla bibliografia: ad esempio pp.88-90 ed esercizio 13 p. 134 del testo [2].*

---

[9] Si veda il Capitolo 2, ed eventualmente il Volume 2 per maggiori dettagli.

5.2 Linguaggi con uguaglianza

Non appena ci si interessa alle strutture per un linguaggio, e più precisamente a modelli di una teoria, diventa evidentemente indispensabile avere nel linguaggio un simbolo di predicato binario per l'uguaglianza (useremo il consueto simbolo =) e restringersi alle strutture che chiameremo strutture egualitarie per il linguaggio. Questo si può facilmente chiarire tramite alcuni semplici esempi. Nell'Esempio 1 del Paragrafo 5.4.3, scriveremo nel linguaggio $\mathscr{L} = \{\cdot, 1, =\}$ la teoria dei gruppi, ed esprimeremo l'associatività dell'operazione del gruppo mediante la formula $\forall x \forall y \forall z (x \cdot y) \cdot z = x \cdot (y \cdot z)$: è chiaro però che perché una $\mathscr{L}$-struttura che soddisfi questa formula sia effettivamente munita di un'operazione $\cdot_{\mathscr{M}}$ associativa, è necessario che il valore $=_{\mathscr{M}}$ in $\mathscr{M}$ del simbolo di predicato binario $=$ del linguaggio $\mathscr{L}$ sia la relazione $\{(a, a) : a \in M\}$, cioè l'uguaglianza sul supporto di $\mathscr{M}$.

Ancora più concretamente, si supponga di voler esprimere in un certo linguaggio $\mathscr{L}'$ la proprietà di avere esattamente n elementi per qualche intero $n \geqslant 2$: cerchiamo una formula chiusa F di $\mathscr{L}'$ tale che per ogni $\mathscr{L}'$-struttura $\mathscr{M}'$ valga l'equivalenza $\mathscr{M}' \models F \iff M'$ ha esattamente n elementi. Prenderemo $\mathscr{L}' = \{=\}$ e considereremo per $n \geqslant 2$ la formula $F_n = \exists x_1 \dots \exists x_n \bigwedge_{1 \leqslant l \neq k \leqslant n} \neg x_l = x_k$: ogni $\mathscr{L}'$-struttura $\mathscr{M}'$ che soddisfi F_n avrà *almeno* n elementi, e quindi la formula cercata sarà $F_n \wedge \neg F_{n+1}$. Sempre però nell'ipotesi che qualunque $\mathscr{L}'$-struttura $\mathscr{M}'$ dia come valore al simbolo "=" l'uguaglianza sul proprio supporto.

Convenzione

Nel seguito considereremo esclusivamente (salvo esplicita menzione del contrario) linguaggi in cui appaia il simbolo "=" (detti *linguaggi con uguaglianza*) e strutture che diano come valore al simbolo "=" l'uguaglianza sul proprio supporto (dette *strutture egualitarie*).

Si pone allora la questione di dimostrare i risultati finora ottenuti facendo ora riferimento alle strutture egualitarie: mostreremo anche per questa "nuova" nozione di struttura sia il teorema di compattezza (Paragrafo 5.2.1) che quello di completezza forte (Paragrafo 5.2.2); discuteremo anche del teorema di Löwenheim-Skolem (Paragrafo 5.2.3), di cui daremo peraltro una versione più generale nel Paragrafo 5.6.

Se certamente gli enunciati per le strutture egualitarie sono diversi da quelli da noi già stabiliti, questi risulteranno tutti conseguenze abbastanza immediate degli enunciati già dimostrati. Il passaggio dai vecchi enunciati ai nuovi, si può fare grazie ad un lemma che permette di riportare la soddisfacibilità di una formula chiusa da parte di una struttura egualitaria alla soddisfacibilità di un'altra formula chiusa da parte di una struttura non egualitaria. Infatti, se $\mathscr{L}$ è un linguaggio con uguaglianza, possiamo considerare il linguaggio $\mathscr{L}_I$ dove abbiamo sostituito il simbolo $=$ con un predicato binario I. In $\mathscr{L}_I$, possiamo considerare il seguente insieme di assiomi $\mathscr{E}_I$:

1. $\forall x I(x,x)$;
2. $\forall x \forall y (I(x,y) \rightarrow I(y,x))$;
3. $\forall x \forall y \forall z ((I(x,y) \wedge I(y,z)) \rightarrow I(x,z))$,

ed i due (schemi di) assiomi seguenti[10]:

1. per ogni simbolo di predicato R di arietà $n \geqslant 1$ di $\mathscr{L}_I$ (con R diverso da I)

$$\forall x_1 \ldots \forall x_n \forall y_1 \ldots \forall y_n ((I(x_1,y_1) \wedge \ldots \wedge I(x_n,y_n) \wedge R(x_1,\ldots,x_n)) \rightarrow R(y_1,\ldots,y_n));$$

2. per ogni simbolo di funzione f di arietà $n \geqslant 1$ di $\mathscr{L}_I$

$$\forall x_1 \ldots \forall x_n \forall y_1 \ldots \forall y_n ((I(x_1,y_1) \wedge \ldots \wedge I(x_n,y_n)) \rightarrow I(f(x_1,\ldots,x_n),f(y_1,\ldots,y_n))).$$

Ad ogni formula chiusa F di $\mathscr{L}$ corrisponde ovviamente una formula chiusa F_I di $\mathscr{L}_I$ (ottenuta sostituendo tutte le occorrenze del simbolo $=$ con il simbolo I) e viceversa. Di conseguenza, ad ogni teoria T in $\mathscr{L}$ corrisponde una teoria T_I in $\mathscr{L}_I$ (ottenuta sostituendo ogni formula $F \in T$ con F_I) e viceversa. Il lemma di cui ci serviremo è il seguente:

Lemma 8. *Sia $\mathscr{M}$ una struttura per $\mathscr{L}_I$ che soddisfa $\mathscr{E}_I$. Esiste una struttura egualitaria $\mathscr{N}$ per $\mathscr{L}$ tale che per ogni formula chiusa F di $\mathscr{L}$:*

$$\mathscr{N} \models F \iff \mathscr{M} \models F_I.$$

Dimostrazione. Si tratta di trasformare opportunamente la $\mathscr{L}_I$-struttura $\mathscr{M}$ in una $\mathscr{L}$-struttura egualitaria $\mathscr{N}$. Indichiamo con $I_\mathscr{M}$ il valore di I in $\mathscr{M}$: $I_\mathscr{M}$ è una relazione binaria sul supporto M di $\mathscr{M}$ che (per i primi 3 assiomi di $\mathscr{E}_I$) è una relazione di equivalenza su M. Possiamo dunque definire l'insieme quoziente $M/I_\mathscr{M} = N$ che sarà il supporto della struttura egualitaria $\mathscr{N}$ per $\mathscr{L}$ che vogliamo costruire. Indicheremo in seguito con $\overline{m}$ la classe di equivalenza dell'elemento m di M.

Per definire $\mathscr{N}$, rimane da definire l'interpretazione di tutte le variabili speciali di $\mathscr{L}$ (escluso il simbolo di predicato $=$ il cui valore sarà l'uguaglianza tra elementi di N come per tutte le strutture egualitarie). Questo viene fatto come segue:

- le costanti avranno in $\mathscr{N}$ come valore la classe di equivalenza del loro valore in $\mathscr{M}$: se $c_\mathscr{M} = m \in M$, allora $c_\mathscr{N} = \overline{m} \in N$;
- se f è un simbolo di funzione di arietà $k \geqslant 1$ e se $\overline{a_1},\ldots,\overline{a_k} \in N$, allora definiamo $f_\mathscr{N}(\overline{a_1},\ldots,\overline{a_k}) = \overline{f_\mathscr{M}(a_1,\ldots,a_k)}$;
- se R è un simbolo di predicato di arietà $k \geqslant 1$, allora per ogni $\overline{a_1},\ldots,\overline{a_k} \in N$, definiamo $(\overline{a_1},\ldots,\overline{a_k}) \in R_\mathscr{N} \iff (a_1,\ldots,a_k) \in R_\mathscr{M}$;
- se X è una lettera proposizionale, allora $\mathscr{N} \models X \iff \mathscr{M} \models X$.

Si noti che la definizione del valore dei simboli di funzione e predicato in $\mathscr{N}$ è corretta (è ben posta) perché $\mathscr{M} \models \mathscr{E}_I$: ad esempio, sappiamo che se $\overline{a_1} = \overline{b_1},\ldots,\overline{a_k} = \overline{b_k}$, allora $(a_1,\ldots,a_k) \in R_\mathscr{M} \iff (b_1,\ldots,b_k) \in R_\mathscr{M}$.

---

[10] Si tratta di "schemi" di assiomi, in quanto il numero degli assiomi dipende dal numero di simboli di predicato e di funzione di $\mathscr{L}$, che sono potenzialmente infiniti: pertanto non sarebbe corretto parlare semplicemente di "assiomi".

Per induzione sull'altezza del termine $t(x_1, \ldots, x_n)$ di $\mathscr{L}$, si dimostra che per ogni $a_1, \ldots, a_n \in M$, vale:

$$(\star) \qquad \overline{t_{\mathscr{M}}[a_1, \ldots, a_n]} = t_{\mathscr{N}}[\overline{a_1}, \ldots, \overline{a_n}].$$

Ne segue che se $t_1(x_1, \ldots, x_n)$ e $t_2(x_1, \ldots, x_n)$ sono due termini di $\mathscr{L}$, per ogni $a_1, \ldots, a_n \in M$, si ha:

$$\mathscr{N} \models t_1[\overline{a_1}, \ldots, \overline{a_n}] = t_2[\overline{a_1}, \ldots, \overline{a_n}] \iff (t_1)_{\mathscr{N}}[\overline{a_1}, \ldots, \overline{a_n}] = (t_2)_{\mathscr{N}}[\overline{a_1}, \ldots, \overline{a_n}] \iff$$

$$\overline{(t_1)_{\mathscr{M}}[a_1, \ldots, a_n]} = \overline{(t_2)_{\mathscr{M}}[a_1, \ldots, a_n]} \iff \mathscr{M} \models I(t_1[a_1, \ldots, a_n], t_2[a_1, \ldots, a_n]).$$

Nel caso degli altri predicati del linguaggio (dunque comuni ad $\mathscr{L}$ e ad $\mathscr{L}_I$), si può dimostrare (allo stesso modo, usando $(\star)$) che per ogni simbolo di predicato R di arietà $k \geqslant 1$, per ogni $a_1, \ldots, a_n \in M$, si ha:

$$\mathscr{N} \models R(t_1[\overline{a_1}, \ldots, \overline{a_n}], \ldots, t_k[\overline{a_1}, \ldots, \overline{a_n}]) \iff$$

$$\mathscr{M} \models R(t_1[a_1, \ldots, a_n], \ldots, t_k[a_1, \ldots, a_n])$$

Per induzione sull'altezza della formula chiusa $F[a_1, \ldots, a_n]$ di $\mathscr{L}$ a parametri in $\mathscr{M}$, si dimostra infine che $\mathscr{N} \models F[\overline{a_1}, \ldots, \overline{a_n}] \iff \mathscr{M} \models F_I[a_1, \ldots, a_n]$, da cui segue l'enunciato del lemma.   □

5.2.1 Il teorema di compattezza per i linguaggi con uguaglianza

L'enunciato del teorema di compattezza nell'ambito delle strutture egualitarie sarà il seguente:

Teorema 27 (Teorema di compattezza per linguaggi con uguaglianza). *Se un insieme di formule chiuse di un linguaggio (con uguaglianza) $\mathscr{L}$ del primo ordine è finitamente soddisfacibile (da strutture egualitarie), allora è soddisfacibile (da una struttura egualitaria).*

Dimostrazione.   Usando le notazioni introdotte in precedenza, ad una qualunque teoria T in $\mathscr{L}$ è naturalmente associata la teoria $\mathscr{E}_I \cup T_I$ nel linguaggio (senza uguaglianza) $\mathscr{L}_I$. Se T è finitamente soddisfacibile (da strutture egualitarie), allora $\mathscr{E}_I \cup T_I$ è finitamente soddisfacibile (da strutture qualsiasi): la teoria $\mathscr{E}_I \cup T_I^f$ per un sottoinsieme finito T_I^f fissato di T_I, è soddisfatta da qualunque struttura egualitaria per $\mathscr{L}$ che soddisfa T, dando al simbolo I il valore $=$[11]. Per il teorema di compattezza (Teorema 19), la teoria $\mathscr{E}_I \cup T_I$ è dunque soddisfacibile. Dal Lemma 8 segue allora immediatamente l'esistenza di una struttura (egualitaria) per $\mathscr{L}$ che soddisfa T.   □

---

[11] Stiamo cioè considerando la struttura $\mathscr{M}$ per $\mathscr{L}_I$ ottenuta a partire dalla struttura egualitaria $\mathscr{N}$ per $\mathscr{L}$, mantenendo lo stesso supporto e gli stessi valori per i simboli comuni ad $\mathscr{L}$ ed $\mathscr{L}_I$, e ponendo $I_{\mathscr{M}} = \{(a, a) : a \in M\}$.

5.2.2 Correttezza e completezza per i linguaggi con uguaglianza

Sappiamo bene che correttezza e completezza mettono in relazione la nozione di derivabilità logica con quella di soddisfacibilità. Poiché la nozione di struttura egualitaria modifica la nozione di soddisfacibilità, sarà necessario, per dimostrare correttezza e completezza per i linguaggi con uguaglianza, modificare anche la nozione di derivabilità logica di una formula da una teoria definita nel Paragrafo 3.3.2. Questo si può fare aggiungendo al calcolo dei sequenti LK delle regole specifiche per l'uguaglianza, oppure dando sempre per scontato di trovarsi all'interno di una teoria $\mathscr{E}$ dell'uguaglianza, cioè aggiungendo degli assiomi. Sceglieremo quest'ultima soluzione avendo già a disposizione l'insieme $\mathscr{E}$ necessario: si tratta di sostituire, nelle formule chiuse di $\mathscr{E}_I$ definite all'inizio del Paragrafo 5.2, il simbolo I con $=$. Correttezza e completezza (forte) per le strutture egualitarie avranno allora la forma seguente:

Teorema 28 (Teorema di correttezza e di completezza forte per linguaggi con uguaglianza). *Sia $\mathscr{L}$ un linguaggio con uguaglianza del primo ordine, T una teoria in $\mathscr{L}$, A una formula chiusa.*

(i) Se A è derivabile da $T \cup \mathscr{E}$, allora ogni struttura (egualitaria) di $\mathscr{L}$ che soddisfa T soddisfa anche A.

(ii) Se ogni struttura (egualitaria) di $\mathscr{L}$ che soddisfa T soddisfa anche A, allora A è derivabile logicamente da $T \cup \mathscr{E}$.

Dimostrazione. Il punto (i) segue immediatamente dal Teorema 14: una struttura egualitaria $\mathscr{M}$ per $\mathscr{L}$ che soddisfa T è una struttura (qualsiasi non necessariamente egualitaria) per $\mathscr{L}$ che soddisfa $T \cup \mathscr{E}$ (dando al simbolo di uguaglianza di $\mathscr{L}$ come valore in $\mathscr{M}$ la relazione di uguaglianza sul supporto M di $\mathscr{M}$), e quindi per il Teorema 14, sarà $\mathscr{M} \models A$ in $\mathscr{L}$[12].

Il punto (ii) segue dal Teorema 18, usando il Lemma 8 (e le notazioni introdotte in precedenza): consideriamo come nel caso della compattezza il linguaggio $\mathscr{L}_I$, e l'insieme $\mathscr{E}_I$. Data una $\mathscr{L}_I$-struttura qualsiasi $\mathscr{M}_I$ che soddisfa $T_I \cup \mathscr{E}_I$, sappiamo per il Lemma 8 che esiste una $\mathscr{L}$-struttura egualitaria $\mathscr{N}$ tale che $\mathscr{N} \models T$, e dunque per ipotesi $\mathscr{N} \models A$, da cui segue sempre per il Lemma 8 che $\mathscr{M}_I \models A_I$: in $\mathscr{L}_I$ vale quindi $T_I \cup \mathscr{E}_I \models A_I$. Per il Teorema 18, la formula A_I è dunque derivabile logicamente da $T_I \cup \mathscr{E}_I$, cioè in $\mathscr{L}$ la formula chiusa A è derivabile logicamente da $T \cup \mathscr{E}$. □

Osservazione 68. *(i) Avendo noi dimostrato il Teorema 18 solo nel caso in cui il linguaggio sia di cardinalità numerabile, anche il Teorema 28 rimane stabilito solo in questo caso. Abbiamo però già osservato (Osservazione 60), che il Teorema 18 può essere dimostrato (con una tecnica simile a quella utilizzata nel Paragrafo 5.1 per dimostrare il Teorema 19 nel caso di linguaggi di cardinalità qualsiasi) anche nel caso di linguaggi più che numerabili, e pertanto (poiché il Lemma 8 è chiaramente del tutto indipendente dalla cardinalità del linguaggio) anche il Teorema 28 può estendersi al caso di linguaggi di cardinalità qualsiasi.*

---

[12] S'intende qui che $\mathscr{M}$, come struttura egualitaria per $\mathscr{L}$, soddisfa A (e quindi se il simbolo di uguaglianza occorre in A il suo valore in $\mathscr{M}$ è l'uguaglianza).

(ii) Nel caso dei linguaggi più che numerabili sparisce la nozione di analisi canonica, così come l'interesse per la derivabilità delle formule senza far uso della regola di taglio: in questo capitolo non ci interessiamo alle derivazioni e ci interessiamo solo marginalmente alla nozione di derivabilità, pertanto ci basta sapere che rimane valida (anche nell'ambito delle strutture egualitarie) l'equivalenza tra derivabilità logica di una formula da una teoria e impossibilità di falsificare la formula dalla teoria.

5.2.3 Il teorema di Löwenheim-Skolem per i linguaggi con uguaglianza (numerabili)

Dimostreremo nel Paragrafo 5.6 una generalizzazione del Teorema 20 di Löwenheim-Skolem, che verrà stabilita per linguaggi di cardinalità qualsiasi. Vogliamo però dare subito la versione per le strutture egualitarie del Teorema 20 nel caso numerabile.

Teorema 29 (Teorema di Löwenheim-Skolem per linguaggi con uguaglianza).
Sia $\mathscr{L}$ un linguaggio del primo ordine di cardinalità numerabile e sia T una teoria in $\mathscr{L}$. Se T è soddisfacibile (da una struttura egualitaria), allora esiste una $\mathscr{L}$-struttura (egualitaria) finita o numerabile che soddisfa T.

Dimostrazione. Se T è soddisfacibile (da una struttura egualitaria), allora esiste una struttura (egualitaria) $\mathscr{M}$ per $\mathscr{L}$ tale che $\mathscr{M} \models T$, cioè in $\mathscr{L}$ vale $T \not\models \mathbf{F}$: per correttezza (Teorema 28) sarà dunque $T \cup \mathscr{E} \not\vdash \mathbf{F}$ ovvero in $\mathscr{L}_I$ vale $T_I \cup \mathscr{E}_I \not\vdash \mathbf{F}$. Consideriamo l'analisi canonica con tagli π di $\mathbf{F}$ da $T_I \cup \mathscr{E}_I$: da $T_I \cup \mathscr{E}_I \not\vdash \mathbf{F}$ segue per il Teorema 15 l'esistenza di un ramo infinito in π, a partire dal quale possiamo costruire una $\mathscr{L}_I$-struttura $\mathscr{M}_I$, il cui supporto è l'insieme numerabile dei termini chiusi di un'opportuna estensione di $\mathscr{L}_I$, tale che $\mathscr{M}_I \models T_I \cup \mathscr{E}_I$ (e $\mathscr{M}_I \models \neg \mathbf{F}$ cioè $\mathscr{M}_I \models \mathbf{V}$). Per il Lemma 8, esiste dunque una $\mathscr{L}$-struttura (egualitaria) $\mathscr{N}$ tale che $\mathscr{N} \models T$, ed il supporto N di $\mathscr{N}$ è costituito da classi di equivalenza di elementi del supporto M di $\mathscr{M}_I$. Senz'altro dunque la cardinalità di N non supera quella di M, ed è quindi finita o numerabile[13]. □

Osservazione 69. *Possiamo illustrare la necessità dell'aggettivo "finito" nell'enunciato del Teorema 29 mediante un esempio concreto: consideriamo la teoria $T = \{F_n, \neg F_{n+1}\}$ in $\mathscr{L} = \{=\}$, dove F_k è la formula già considerata all'inizio del Paragrafo 5.2 che esprime la proprietà di avere almeno k elementi, per $k \geqslant 2$. Chiaramente T è soddisfacibile (da una struttura egualitaria). Chiamiamo $\mathscr{M}_I$ la struttura numerabile per $\mathscr{L}_I = \{I\}$ (dove I è un simbolo di predicato di arietà 2) fornita dal Teorema 20 di Löwenheim-Skolem[14]: vale $\mathscr{M}_I \models T_I \cup \mathscr{E}_I$. Si noti che nel nostro caso $\mathscr{E}_I$ è costituito solo dai primi tre assiomi, non esistendo in $\mathscr{L}$ simboli diversi dall'uguaglianza. Il valore $I_{\mathscr{M}_I}$ del simbolo I in $\mathscr{M}_I$ è una relazione di equivalenza sul*

---

[13] Ma nulla ci garantisce che N sia infinito.

[14] Si rammenta che il supporto M di $\mathscr{M}_I$ è un insieme numerabile di termini chiusi di un'opportuna estensione di $\mathscr{L}_I$.

supporto (infinito numerabile) M di $\mathcal{M}_I$, e dal fatto che $\mathcal{M}_I \models T_I$ segue che ci sono esattamente n classi di equivalenza. Pertanto la $\mathcal{L}$-struttura egualitaria $\mathcal{N}$ fornita dal Lemma 8 e tale che $\mathcal{N} \models T$ conterrà esattamente n elementi, essendo il quoziente di M rispetto ad $I_{\mathcal{M}_I}$. Vediamo bene in questo caso che il modello egualitario di T fornito dalla dimostrazione del teorema di Löwenheim-Skolem è finito, e non potrebbe essere altrimenti per come abbiamo definito le formule F_n.

L'Osservazione 59 diventa nell'ambito dei linguaggi con uguaglianza:

Osservazione 70. *Una conseguenza del teorema di Löwenheim-Skolem è che data una teoria T nel linguaggio (finito o numerabile) $\mathcal{L}$ e data una formula chiusa F di $\mathcal{L}$, se ogni modello* finito o numerabile *di T soddisfa F, allora $T \models F$. Infatti, per il teorema di Löwenheim-Skolem se $T \cup \{\neg F\}$ avesse un modello non numerabile avrebbe anche un modello finito o numerabile.*

5.3 Limiti espressivi del linguaggio del primo ordine

All'inizio del Paragrafo 5.2, abbiamo espresso mediante la formula $F_n \wedge \neg F_{n+1}$ (dove per $i \geqslant 2$, abbiamo posto $F_i = \exists x_1 \ldots \exists x_i \bigwedge_{1 \leqslant l \neq k \leqslant i} \neg x_l = x_k$) del linguaggio $\mathcal{L} = \{=\}$ la proprietà per una $\mathcal{L}$-struttura $\mathcal{M}$ di avere un supporto con esattamente n elementi. Si può anche facilmente esprimere la proprietà (sempre per una $\mathcal{L}$-struttura $\mathcal{M}$) di avere un supporto infinito mediante la teoria (infinita) $T = \{F_n : n \geqslant 2\}$. Ci si può chiedere se sia possibile esprimere questa stessa proprietà mediante un'unica formula (come abbiamo fatto per la proprietà "avere esattamente n elementi"), e quale sia (se esiste) una teoria in $\mathcal{L}$ (o in una qualche estensione di $\mathcal{L}$) che esprima la proprietà di avere un supporto finito (senza precisare il numero degli elementi di tale supporto). Come vedremo (Proposizione 12), il teorema di compattezza permette di affermare che non c'è modo di esprimere la proprietà "essere finito" mediante una teoria del primo ordine, e non c'è modo di trovare un'unica formula che esprima la proprietà "essere infinito". Vedremo successivamente che argomenti simili (sempre basati sul teorema di compattezza) permettono di dimostrare altre limitazioni del potere espressivo del linguaggio del primo ordine.

Proposizione 12. *Sia $\mathcal{L} = \{=\}$.*

(i) *Non esiste alcun linguaggio $\mathcal{L}^* \supseteq \mathcal{L}$ ed alcuna teoria T in $\mathcal{L}^*$ tale che per ogni $\mathcal{L}^*$-struttura $\mathcal{M}$ valga $\mathcal{M} \models T$ sse il supporto di $\mathcal{M}$ è un insieme finito.*

(ii) *Non esiste alcuna formula chiusa F di $\mathcal{L}^*$ (per qualche $\mathcal{L}^* \supseteq \mathcal{L}$) tale che per ogni $\mathcal{L}^*$-struttura $\mathcal{M}$ valga $\mathcal{M} \models F$ sse il supporto di $\mathcal{M}$ è un insieme infinito.*

Dimostrazione. (i) Supponiamo per assurdo che esista una tale teoria T e consideriamo la seguente teoria T' in $\mathcal{L}^*$: $T' = T \cup \{F_i : i \geqslant 2\}$, dove $F_i = \exists x_1 \ldots \exists x_i \bigwedge_{1 \leqslant l \neq k \leqslant i} x_l \neq x_k$, per $i \geqslant 2$. Poiché esistono insiemi finiti di cardinalità arbitrariamente grande (che per ipotesi di assurdo tutti soddisfano T), la teoria T' è finitamente soddisfacibile: più precisamente qualunque insieme della forma $T \cup \{F_i : 2 \leqslant i \leqslant p\}$ è soddisfatto da una $\mathcal{L}^*$-struttura il cui insieme di base sia finito e contenga almeno p elementi. Ne segue per il teorema di compattezza che T' è soddisfacibile, il che è chiaramente contraddittorio: una struttura che soddisfi T' avrebbe un supporto che dovrebbe al tempo stesso essere finito ed infinito.

(ii) Se per assurdo esistesse una tale formula F, allora l'esistenza della teoria $\{\neg F\}$ sarebbe in contraddizione con (i). $\qquad\qquad\qquad\qquad\qquad\qquad$ □

Osservazione 71. *L'affermazione (i) della Proposizione 12 si esprime anche dicendo che la proprietà "essere finito" non è una proprietà del primo ordine: non esiste alcuna teoria del primo ordine che la esprima. L'affermazione (ii) della Proposizione 12 esprime invece il fatto che la proprietà "essere infinito" non è finitamente assiomatizzabile.*

Introduciamo la nozione (evidente) di equivalenza tra teorie, che verrà usata nel seguito (in particolare nel Paragrafo 5.5).

Definizione 31. *Date T e T' due teorie nel linguaggio $\mathscr{L}$, diremo che T e T' sono equivalenti quando hanno gli stessi modelli: ogni modello di T è modello di T', e viceversa ogni modello di T' è modello di T.*

Osservazione 72. (i) *Poiché la teoria vuota in $\mathscr{L}$ è soddisfatta da qualunque $\mathscr{L}$-struttura (Nota 25), secondo la Definizione 31 essa è equivalente a qualunque insieme T' di formule chiuse che siano tutte soddisfatte da tutte le $\mathscr{L}$-strutture (cioè che siano derivabili per il Teorema 28).*

(ii) *Dire che T e T' sono equivalenti è dire che $T \models F$ (cioè $T \cup \mathscr{E} \vdash F$ per il Teorema 28) per ogni $F \in T'$, e che $T' \models F$ (cioè $T' \cup \mathscr{E} \vdash F$ per il Teorema 28) per ogni $F \in T$.*

(iii) *Capiterà di scrivere che una teoria T in $\mathscr{L}$ è equivalente ad una formula chiusa F di $\mathscr{L}$: s'intende chiaramente che T è equivalente a $\{F\}$.*

Definiamo ora cosa intendiamo dire quando affermiamo che una certa proprietà[15] è (o non è) assiomatizzabile: questo ci permetterà di presentare alcuni altri risultati che mettono in evidenza i limiti espressivi della logica del primo ordine.

Definizione 32. *Sia $\mathscr{L}$ un linguaggio del primo ordine e sia P una proprietà suscettibile di essere goduta da una $\mathscr{L}$-struttura $\mathscr{M}$. Diremo che la proprietà P è assiomatizzabile (risp. finitamente assiomatizzabile) sse esiste una teoria T (risp. una formula chiusa F) in $\mathscr{L}$ tale che per ogni $\mathscr{L}$-struttura $\mathscr{M}$, $\mathscr{M} \models T$ (risp. $\mathscr{M} \models F$) sse $\mathscr{M}$ gode della proprietà P.*

Proposizione 13. *Sia $\mathscr{L}$ un linguaggio del primo ordine.*

Se una teoria in $\mathscr{L}$ è soddisfacibile da strutture di cardinalità finita arbitrariamente grande, allora essa è soddisfacibile da strutture di cardinalità infinita arbitrariamente grande.

---

[15] Faremo riferimento alla nozione intuitiva di "proprietà" di una struttura per un linguaggio.

Dimostrazione. Sia T tale teoria e sia α un cardinale[16] infinito. Consideriamo un insieme $\mathscr{C} = \{c_i\}_{i<\alpha}$ di "nuovi" simboli di costante (s'intende come al solito che nessuno di questi è un simbolo di $\mathscr{L}$), ed il linguaggio $\mathscr{L}' = \mathscr{L} \cup \mathscr{C}$. In $\mathscr{L}'$, possiamo definire la teoria T' seguente: $T' = T \cup \{c_i \neq c_j\}_{i\neq j<\alpha}$. Per ipotesi e per compattezza, la teoria T' in $\mathscr{L}'$ è soddisfacibile, ed è evidente che ogni struttura che soddisfa T' avrà cardinalità almeno pari ad α. In particolare, la teoria T in $\mathscr{L}$ sarà soddisfacibile da strutture di cardinalità (almeno) α.

Diamo (solo per questa volta) i dettagli del ragionamento precedente: se T'_f è un sottoinsieme finito di T', certamente esisterà un intero n_0 tale che $T'_f \subseteq T \cup \{c_i \neq c_j : 0 \leqslant i \neq j \leqslant n_0\}$, e per mostrare la finita soddisfacibilità di T' sarà dunque sufficiente mostrare la soddisfacibilità della teoria $T \cup \{c_i \neq c_j : 0 \leqslant i \neq j \leqslant n_0\}$ in $\mathscr{L}'$ qualunque sia l'intero $n_0 \in \mathbb{N}$. Per ipotesi sappiamo che esiste una $\mathscr{L}$-struttura $\mathscr{M}$ di cardinalità finita k con $k \geqslant n_0 + 1$ che soddisfa T, e possiamo selezionare $n_0 + 1$ elementi (due a due distinti) $a_0, \ldots, a_{n_0}$ del supporto di $\mathscr{M}$. Definiamo, a partire dalla $\mathscr{L}$-struttura $\mathscr{M}$, una $\mathscr{L}'$-struttura $\mathscr{M}'$, ponendo $(c_i)_{\mathscr{M}'} = a_i$ per ogni $i \in \alpha$ tale che $i \leqslant n_0$ e ponendo $(c_i)_{\mathscr{M}'} = a$ per ogni $i \in \alpha$ tale che $i > n_0$, dove a è un elemento fissato (arbitrario) del supporto di $\mathscr{M}$. Chiaramente vale che $\mathscr{M}' \models T \cup \{c_i \neq c_j : 0 \leqslant i \neq j \leqslant n_0\}$, e quindi $\mathscr{M}' \models T'_f$. Per compattezza la teoria T' in $\mathscr{L}'$ è dunque soddisfacibile da una $\mathscr{L}'$-struttura $\mathscr{N}'$. Se chiamiamo $\mathscr{N}$ la $\mathscr{L}$-struttura ottenuta "restringendo" la $\mathscr{L}'$-struttura $\mathscr{N}'$ ad $\mathscr{L}$ (cioè semplicemente "dimenticando" i valori che $\mathscr{N}'$ assegna agli elementi del linguaggio $\mathscr{L}'$ che non sono elementi del linguaggio $\mathscr{L}$: più concretamente i valori delle costanti c_i), otteniamo che $\mathscr{N} \models T$. Si noti ora che (per definizione) il supporto di $\mathscr{N}$ è lo stesso del supporto di $\mathscr{N}'$, e dunque (poiché $\mathscr{N}' \models \{c_i \neq c_j\}_{i\neq j<\alpha}$), la cardinalità di questo supporto è almeno pari al cardinale (infinito) α, ed $\mathscr{N}$ è quindi una $\mathscr{L}$-struttura che soddisfa T di cardinalità non inferiore ad α. $\square$

Proposizione 14. *Sia $\mathscr{L}$ un linguaggio del primo ordine. La nozione di gruppo (risp. campo, anello) numerabile[17] non è assiomatizzabile in $\mathscr{L}$.*

Dimostrazione. Supponiamo che esista una teoria T che assiomatizzi la nozione di gruppo (risp. campo, anello) numerabile e sia α un cardinale infinito più che numerabile qualsiasi. Consideriamo un insieme $\mathscr{C} = \{c_i\}_{i<\alpha}$ di nuovi simboli di costante, ed il linguaggio $\mathscr{L}' = \mathscr{L} \cup \mathscr{C}$. In $\mathscr{L}'$, possiamo definire la teoria T' seguente: $T' = T \cup \{c_i \neq c_j\}_{i\neq j<\alpha}$. Sapendo che esiste un modello di T (cioè un gruppo, un campo, ecc...) di cardinalità numerabile, possiamo affermare che T' è finitamente soddisfacibile. Per compattezza T' è soddisfacibile, ed è evidente che ogni suo modello avrà cardinalità almeno pari ad α. In particolare, la teoria T in $\mathscr{L}$ avrà modelli di cardinalità almeno α, il che è contraddittorio. $\square$

---

[16] Cioè un ordinale che non sia equipotente ad un ordinale minore di esso: si rimanda al Volume 2 per ulteriori spiegazioni.

[17] Dalla dimostrazione appare chiaramente che il risultato può estendersi al caso di cardinalità infinita fissata qualsiasi.

Osservazione 73. *La Proposizione 14 può essere estesa (con la stessa dimostrazione) a qualunque tipo di struttura di cui si conosca l'esistenza di un modello numerabile.*

Proposizione 15. *Sia T una teoria nel linguaggio $\mathscr{L}$ del primo ordine.*

Se esiste una formula chiusa F di $\mathscr{L}$ equivalente a T (cioè tale che per ogni $\mathscr{L}$-struttura $\mathscr{M}$, $\mathscr{M}$ soddisfa T se e soltanto se $\mathscr{M}$ soddisfa F), allora esiste un sottoinsieme finito T_0 di T equivalente a T.

Dimostrazione.   È una conseguenza immediata del teorema di compattezza. Se F è equivalente a T, allora in particolare $T \models F$, e quindi per compattezza (Osservazione 55) esiste un sottoinsieme finito T_0 di T tale che $T_0 \models F$. Ogni $\mathscr{L}$-struttura che soddisfa T_0 soddisfa pertanto anche F, e dunque (poiché F è equivalente a T) soddisfa T. Dunque ogni $\mathscr{L}$-struttura $\mathscr{M}$ che soddisfa T_0 soddisfa anche T, ed il viceversa è evidente.   □

Osservazione 74. *Usando la Proposizione 15, si può elaborare una tecnica che permette di dimostrare che alcune proprietà sono assiomatizzabili senza esserlo finitamente.*

Per dimostrare che in un certo linguaggio una proprietà P è assiomatizzabile ma non è finitamente assiomatizzabile, si procede: 1) assiomatizzando P con infiniti assiomi; 2) affermando che se fosse P finitamente assiomatizzabile esisterebbe (per la Proposizione 15) un sottoinsieme finito dell'insieme infinito inidividuato al passo 1) ad esso equivalente; 3) mostrando che dato un qualsiasi sottoinsieme finito dell'insieme infinito fissato di assiomi, esiste un modello di questo sottoinsieme finito che non soddisfa tutti gli infiniti assiomi.

Proposizione 16. *Sia $\mathscr{L}$ un linguaggio del primo ordine.*

(i)   *La teoria dei gruppi finiti non è assiomatizzabile in $\mathscr{L}$.*

(ii)   *La teoria dei gruppi infiniti non è finitamente assiomatizzabile in $\mathscr{L}$.*

Dimostrazione.   (i) Supponiamo per assurdo che la teoria dei gruppi finiti sia assiomatizzabile: sia T questa teoria del primo ordine. La teoria T è soddisfacibile da strutture di cardinalità finita arbitrariamente grande (esistono gruppi finiti di cardinalità arbitrariamente grande come $(\mathbb{Z}/n\mathbb{Z}, +)$): per la Proposizione 13, la teoria T è dunque soddisfacibile da strutture infinite, il che è ovviamente contraddittorio.

(ii) Applichiamo il metodo descritto nell'Osservazione 74: sia T un'assiomatizzazione (finita) della teoria dei gruppi[18], e consideriamo la teoria $T' = T \cup \{F_i\}_{i \in \mathbb{N}}$, dove $F_i = \exists x_1 \ldots \exists x_i \bigwedge_{1 \leqslant l \neq k \leqslant i} x_l \neq x_k$. La teoria T' non può essere equivalente ad alcun suo sottoinsieme finito, in quanto un sottoinsieme finito di T' sarà senz'altro soddisfatto da un gruppo finito di cardinalità sufficientemente grande (che esiste sempre), e questo stesso gruppo finito non potrà certo soddisfare T'. Pertanto per la Proposizione 15, la teoria dei gruppi infiniti non è finitamente assiomatizzabile.   □

---

[18] Si veda ad esempio quella fornita dall'Esempio 1 del Paragrafo 5.4.3.

Proposizione 17. *Sia $\mathscr{L}$ un linguaggio del primo ordine.*

(i) *La teoria dei campi di caratteristica diversa da zero non è assiomatizzabile in $\mathscr{L}$.*

(ii) *La teoria dei campi di caratteristica zero non è finitamente assiomatizzabile in $\mathscr{L}$.*

Dimostrazione. Qualunque sia il linguaggio $\mathscr{L}$ scelto per scrivere la teoria dei campi, è senz'altro possibile scrivere in $\mathscr{L}$, per ogni $i \geqslant 1$, la formula C_i che esprime il fatto che sommando l'unità moltiplicativa con sé stessa i volte si ottiene un risultato non nullo: se in $\mathscr{L}$ è presente il simbolo di costante 1 (risp. 0) come rappresentante dell'elemento neutro del prodotto (risp. della somma), la formula C_i sarà $1 + \ldots + 1 \neq 0$ (dove 1 è ripetuto i volte).

(i) Supponiamo per assurdo che sia T la teoria dei campi di caratteristica finita, e consideriamo la teoria $T' = T \cup \{C_i : i \in \mathbb{N}\}$. Poiché esistono campi di caratteristica finita arbitrariamente grande (($\mathbb{Z}/p\mathbb{Z}, +, \cdot$), per p numero primo qualsiasi), T' è finitamente soddisfacibile e dunque (per compattezza) T' è soddisfacibile, il che è contraddittorio, visto che qualunque struttura che soddisfi T' è un campo di caratteristica 0.

(ii) Applichiamo il metodo descritto nell'Osservazione 74: sia W un'assiomatizzazione (finita) della teoria dei campi[19], e consideriamo la teoria $W' = W \cup \{C_i : i \in \mathbb{N}\}$. La teoria W' non può essere equivalente ad alcun suo sottoinsieme finito, in quanto un sottoinsieme finito di W' sarà senz'altro soddisfatto da un campo di caratteristica finita sufficientemente grande (che esiste sempre), e questo stesso campo non potrà certo soddisfare W'. Pertanto per la Proposizione 15, la teoria dei campi di caratteristica 0 non è finitamente assiomatizzabile. □

Osservazione 75. *Il teorema di compattezza, su cui si basa la tecnica introdotta nell'Osservazione 74, permette anche di dimostrare che altre teorie del primo ordine sono assiomatizzabili senza esserlo finitamente, come ad esempio la teoria dei campi algebricamente chiusi e la teoria dei campi reali chiusi (un campo reale chiuso è un campo tale che qualsiasi equazione di grado dispari a coefficienti nel campo ha una radice, come ad esempio il campo dei numeri reali).*

Vi sono però teorie del primo ordine non finitamente assiomatizzabili, ed il teorema di compattezza non basta a dimostrarlo: è il caso dell'aritmetica di Peano al primo ordine e della teoria degli insiemi di Zermelo-Fraenkel, che incontreremo nel Volume 2.

Osservazione 76. *La compattezza fornisce un metodo molto generale per dimostrare proprietà del primo ordine: se C_0 è la teoria dei campi di caratteristica 0 ed F è una formula chiusa del linguaggio della teoria dei campi, da $C_0 \models F$ segue che F è vera in tutti i campi di caratteristica superiore ad un certo n_0. Stiamo cioè affermando che dimostrare una proprietà qualsiasi esprimibile da una formula del primo ordine per i campi di caratteristica 0, implica automaticamente che questa stessa proprietà sarà dimostrata in un quadro ben più generale.*

---

[19] In esercizio, si formuli precisamente questa teoria.

5.4 Equivalenza elementare, sottostrutture, sottostrutture elementari

Introduciamo qui di seguito alcune nozioni elementari di teoria dei modelli: isomorfismo, equivalenza elementare, sottostruttura, sottostruttura elementare. Su queste nozioni si basa il cosiddetto "metodo dei diagrammi", che ci permetterà di dimostrare nel Paragrafo 5.5 i teoremi di preservazione.

5.4.1 Isomorfismo ed equivalenza elementare

La nozione naturale di isomorfismo tra strutture per uno stesso linguaggio deve tradurre l'idea che le due strutture, rispetto alla assegnazione di valori dei simboli del linguaggio, si comportano allo stesso modo mediante la funzione che stabilisce la corrispondenza biunivoca tra i supporti:

Definizione 33. *Sia $\mathscr{L}$ un linguaggio del primo ordine, $\mathscr{M}$ ed $\mathscr{N}$ due $\mathscr{L}$-strutture. Un* omomorfismo *di $\mathscr{M}$ in $\mathscr{N}$ è un'applicazione φ di M in N tale che:*

- *per ogni simbolo di costante c di $\mathscr{L}$, $\varphi(c_{\mathscr{M}}) = c_{\mathscr{N}}$;*
- *per ogni intero $n \geqslant 1$ e per ogni simbolo di funzione f di arietà n di $\mathscr{L}$, per ogni $a_1,\ldots,a_n \in M$, vale l'uguaglianza $\varphi(f_{\mathscr{M}}(a_1,\ldots,a_n)) = f_{\mathscr{N}}(\varphi(a_1),\ldots,\varphi(a_n))$;*
- *per ogni lettera proposizionale X, $\mathscr{M} \models X \iff \mathscr{N} \models X$;*
- *per ogni intero $k \geqslant 1$ e per ogni simbolo di predicato R di arietà k, vale l'equivalenza $(a_1,\ldots,a_k) \in R_{\mathscr{M}} \iff (\varphi(a_1),\ldots,\varphi(a_k)) \in R_{\mathscr{N}}$.*

Un isomorfismo *di $\mathscr{M}$ in $\mathscr{N}$ è un omomorfismo φ di $\mathscr{M}$ in $\mathscr{N}$ tale che φ sia una corrispondenza biunivoca di M in N (si usa spesso la notazione $\mathscr{M} \cong \mathscr{N}$).*

A causa della nostra scelta di considerare solo strutture egualitarie, un omomorfismo tra strutture risulta essere sempre iniettivo:

Lemma 9. *Sia $\mathscr{L}$ un linguaggio del primo ordine, $\mathscr{M}$ ed $\mathscr{N}$ due $\mathscr{L}$-strutture. Se φ è un omorfismo di $\mathscr{M}$ in $\mathscr{N}$, allora φ è una funzione iniettiva di M in N.*

Dimostrazione. Ricordando che nelle strutture da noi considerate il valore dell'uguaglianza è sempre l'uguaglianza nella struttura, osserviamo che dalla definizione di omomorfismo discende che $(a,b) \in =_{\mathscr{M}} \iff (\varphi(a),\varphi(b)) \in =_{\mathscr{N}}$, cioè che φ è iniettiva.   □

Proposizione 18. *Siano $\mathscr{M}$ ed $\mathscr{N}$ due $\mathscr{L}$-strutture e sia $\varphi : \mathscr{M} \to \mathscr{N}$ un isomorfismo.*
    Per ogni formula $F(x_1,\ldots,x_n)$ di $\mathscr{L}$ e per ogni $a_1,\ldots,a_n \in M$, vale l'equivalenza $\mathscr{M} \models F[a_1,\ldots,a_n] \iff \mathscr{N} \models F[\varphi(a_1),\ldots,\varphi(a_n)]$.

Dimostrazione. Per induzione sull'altezza della formula $F(x_1,\ldots,x_n)$ di $\mathscr{L}$. l'equivalenza vale per le formule atomiche per la Definizione 33, e nel caso dei connettivi il passo induttivo è immediato. Nel caso dei quantificatori, per dualità rispetto alla negazione sarà sufficiente considerare uno solo dei due quantificatori, ad esempio quello universale. Sia dunque $F(x_1,\ldots,x_n) = \forall y G(y,x_1,\ldots,x_n)$. Supponiamo che $\mathscr{M} \models$

$F[a_1,\ldots,a_n]$, allora per ogni $a \in M$ vale $\mathcal{M} \models G[a,a_1,\ldots,a_n]$, e quindi per ipotesi induttiva $\mathcal{N} \models G[\varphi(a),\varphi(a_1),\ldots,\varphi(a_n)]$. Dunque poiché se $b \in N$ esiste (per suriettività di φ) $a \in M$ tale che $b = \varphi(a)$, possiamo affermare che per ogni $b \in N$ vale $\mathcal{N} \models G[b,\varphi(a_1),\ldots,\varphi(a_n)]$ e cioè che $\mathcal{N} \models F[\varphi(a_1),\ldots,\varphi(a_n)]$. Viceversa, se $\mathcal{N} \models F[\varphi(a_1),\ldots,\varphi(a_n)]$, allora per ogni $b \in N$ vale $\mathcal{N} \models G[b,\varphi(a_1),\ldots,\varphi(a_n)]$, e quindi per ogni $a \in M$ vale $\mathcal{N} \models G[\varphi(a),\varphi(a_1),\ldots,\varphi(a_n)]$, che per ipotesi induttiva implica che $\mathcal{M} \models G[a,a_1,\ldots,a_n]$ per ogni $a \in M$, e cioè che $\mathcal{M} \models F[a_1,\ldots,a_n]$. $\square$

Osservazione 77. *Si noti che la dimostrazione della Proposizione 18 riposa sull'ipotesi che φ sia suriettiva, e pertanto l'enunciato diverrebbe falso supponendo solamente che sia φ un omomorfismo.*

Vi è però un'altra relazione tra due strutture per lo stesso linguaggio che si è naturalmente portati a definire: due strutture sono elementarmente equivalenti quando hanno lo stesso comportamento rispetto a tutte le formule *chiuse* del linguaggio.

Definizione 34. *Quando due strutture $\mathcal{M}$ ed $\mathcal{N}$ per il linguaggio $\mathscr{L}$ soddisfano le stesse formule chiuse (cioè quando per ogni formula chiusa F di $\mathscr{L}$ vale che $\mathcal{M} \models F \iff \mathcal{N} \models F$) si dice che $\mathcal{M}$ ed $\mathcal{N}$ sono* elementarmente equivalenti *e si scrive $\mathcal{M} \equiv \mathcal{N}$.*

Osservazione 78. *Applicando la Proposizione 18 alle formule chiuse del linguaggio, si ottiene che quando $\mathcal{M} \cong \mathcal{N}$ vale anche $\mathcal{M} \equiv \mathcal{N}$.*

Si noti però che il viceversa non vale: infatti mentre $\equiv$ stabilisce l'equivalenza di due strutture esclusivamente relativamente alle proprietà esprimibili al primo ordine, l'equivalenza stabilità da $\cong$ è più forte. Si veda a questo proposito anche le Osservazioni 102 e 103.

Osservazione 79. *Si può dimostrare[20] che vale anche il viceversa della Proposizione 18. Più precisamente, date $\mathcal{M}$ ed $\mathcal{N}$ due $\mathscr{L}$-strutture e data $\varphi : M \to N$ una funzione, φ è un isomorfismo tra $\mathcal{M}$ ed $\mathcal{N}$ se e soltanto se φ è suriettiva e per ogni formula $F[a_1,\ldots,a_n]$ di $\mathscr{L}$ a parametri in $\mathcal{M}$, vale che $\mathcal{M} \models F[a_1,\ldots,a_n] \iff \mathcal{N} \models F[\varphi(a_1),\ldots,\varphi(a_n)]$.*

5.4.2 La nozione di sottostruttura

Una sottostruttura di una struttura $\mathcal{N}$ per il linguaggio $\mathscr{L}$ è una $\mathscr{L}$-struttura il cui supporto è un sottoinsieme del supporto di $\mathcal{N}$ e che "si comporta come" $\mathcal{N}$ rispetto alle formule atomiche di $\mathscr{L}$ a parametri nel proprio supporto:

Definizione 35. *Sia $\mathcal{N}$ una $\mathscr{L}$-struttura.*
Una sottostruttura $\mathcal{M}$ di $\mathcal{N}$ (si scrive $\mathcal{M} \subset \mathcal{N}$) è una $\mathscr{L}$-struttura tale che:

- $M \subseteq N$;
- *per ogni simbolo di funzione f di arietà $n \geqslant 1$ di $\mathscr{L}$, $f_{\mathcal{M}}(a_1,\ldots,a_n) = f_{\mathcal{N}}(a_1,\ldots,a_n)$ per ogni $a_1,\ldots,a_n \in M$, e per ogni simbolo di costante c di $\mathscr{L}$, $c_{\mathcal{M}} = c_{\mathcal{N}}$;*

---

[20] Il lettore è invitato a farlo in esercizio.

- *per ogni simbolo di predicato R di arietà $n \geqslant 1$ di $\mathscr{L}$ vale $R_{\mathscr{M}} = R_{\mathscr{N}} \cap M^n$, e per ogni lettera proposizionale X vale che $\mathscr{M} \models X \iff \mathscr{N} \models X$.*

Ad esempio, per $\mathscr{L} = \{=, \leqslant\}$, $\mathbb{N}$ è una sottostruttura di $\mathbb{Z}$ che è una sottostruttura di $\mathbb{Q}$, dove s'intende che i naturali, gli interi relativi ed i razionali sono muniti della consueta relazione di ordine.

Osservazione 80. *Dati due linguaggi $\mathscr{L}$ ed $\mathscr{L}'$ tali che $\mathscr{L} \subseteq \mathscr{L}'$ e due $\mathscr{L}'$-strutture $\mathscr{M}'$ ed $\mathscr{N}'$: se in $\mathscr{L}'$ vale $\mathscr{M}' \subset \mathscr{N}'$ allora in $\mathscr{L}$ vale $\mathscr{M}'|_{\mathscr{L}} \subset \mathscr{N}'|_{\mathscr{L}}$, dove $\mathscr{M}'|_{\mathscr{L}}$ (risp. $\mathscr{N}'|_{\mathscr{L}}$) è la $\mathscr{L}$-struttura ottenuta "dimenticando" i valori attribuiti da $\mathscr{M}'$ (risp. $\mathscr{N}'$) ai simboli presenti in $\mathscr{L}'$ e non in $\mathscr{L}$.*

Osservazione 81. *Sia $\mathscr{N}$ una $\mathscr{L}$-struttura e sia $M \subseteq N$, $M \neq \emptyset$.*

Esiste una (unica) sottostruttura $\mathscr{M}$ di $\mathscr{N}$ con insieme di base M sse per ogni simbolo di funzione $f \in \mathscr{L}$ di arietà $k \geqslant 1$ e per ogni $a_1, \ldots, a_k \in M$, $f_{\mathscr{N}}(a_1, \ldots, a_k) \in M$, ed inoltre per ogni simbolo di costante c di $\mathscr{L}$ si ha $c_{\mathscr{N}} \in M$.

Proposizione 19. *Siano $\mathscr{M}$ ed $\mathscr{N}$ strutture per il linguaggio $\mathscr{L}$ tali che $M \subseteq N$.*

(i) $\mathscr{M} \subset \mathscr{N}$ sse ogni formula atomica chiusa a parametri in $\mathscr{M}$ ha lo stesso valore in $\mathscr{M}$ ed $\mathscr{N}$.

(ii) $\mathscr{M} \subset \mathscr{N}$ sse ogni formula senza quantificatori chiusa a parametri in $\mathscr{M}$ ha lo stesso valore in $\mathscr{M}$ ed $\mathscr{N}$.

Dimostrazione. Supponiamo che sia $\mathscr{M} \subset \mathscr{N}$.

Per induzione sull'altezza del termine $t[a_1, \ldots, a_n]$ a parametri in $\mathscr{M}$ si dimostra che $t_{\mathscr{M}}[a_1, \ldots, a_n] = t_{\mathscr{N}}[a_1, \ldots, a_n]$ (naturalmente in tal caso il valore del termine sui parametri $a_1, \ldots, a_n$ è un elemento del supporto $M \subseteq N$ di $\mathscr{M}$). Per $R(t_1[a_1, \ldots, a_n], \ldots, t_k[a_1, \ldots, a_n])$ formula chiusa a parametri in $\mathscr{M}$ segue allora che

$$((t_1)_{\mathscr{M}}[a_1, \ldots, a_n], \ldots, (t_k)_{\mathscr{M}}[a_1, \ldots, a_n]) \in R_{\mathscr{M}} \iff$$

$$((t_1)_{\mathscr{N}}[a_1, \ldots, a_n], \ldots, (t_k)_{\mathscr{N}}[a_1, \ldots, a_n]) \in R_{\mathscr{N}} \cap M^k.$$

Il passaggio alle formule senza quantificatori qualsiasi è immediato (per induzione sull'altezza della formula).

Viceversa, sia $f \in \mathscr{L}$ di arietà $k \geqslant 1$ un simbolo di funzione e siano $a_1, \ldots, a_k \in M$ (risp. sia c un simbolo di costante). Si ha ovviamente $f_{\mathscr{M}}(a_1, \ldots, a_k) \in M$ (risp. $c_{\mathscr{M}} \in M$). Sia dunque $b \in M$ tale che $b = f_{\mathscr{M}}(a_1, \ldots, a_k)$ (risp. $b = c_{\mathscr{M}}$): avremo che $\mathscr{M} \models b = f(a_1, \ldots, a_k)$ (risp. $\mathscr{M} \models b = c$), e dunque per ipotesi $\mathscr{N} \models b = f(a_1, \ldots, a_k)$ (risp. $\mathscr{N} \models b = c$), da cui segue che $f_{\mathscr{N}}(a_1, \ldots, a_k) = f_{\mathscr{M}}(a_1, \ldots, a_k) \in M$ (risp. $c_{\mathscr{N}} = c_{\mathscr{M}} \in M$). Sia ora $R \in \mathscr{L}$ di arietà $k \geqslant 0$ un simbolo di predicato e siano $a_1, \ldots, a_k \in M$. Per ipotesi, $\mathscr{M} \models R[a_1, \ldots, a_k] \iff \mathscr{N} \models R[a_1, \ldots, a_k]$.   □

Proposizione 20. *Siano $\mathscr{M}$ ed $\mathscr{N}$ due strutture per il linguaggio $\mathscr{L}$ tali che $\mathscr{M} \subset \mathscr{N}$.*

Le formule universali (risp. esistenziali) si preservano da $\mathscr{N}$ ad $\mathscr{M}$ (risp. da $\mathscr{M}$ ad $\mathscr{N}$), cioè: per ogni formula $F[x_1, \ldots, x_n, a_1, \ldots, a_k]$ senza quantificatori *di $\mathscr{L}$ a parametri in $\mathscr{M}$, se $\mathscr{N} \models \forall x_1 \ldots \forall x_n F[x_1, \ldots, x_n, a_1, \ldots, a_k]$ (risp. $\mathscr{M} \models \exists x_1 \ldots \exists x_n F[x_1, \ldots, x_n, a_1, \ldots, a_k]$), allora $\mathscr{M} \models \forall x_1 \ldots \forall x_n F[x_1, \ldots, x_n, a_1, \ldots, a_k]$ (risp. $\mathscr{N} \models \exists x_1 \ldots \exists x_n F[x_1, \ldots, x_n, a_1, \ldots, a_k]$).*

Dimostrazione. Conseguenza immediata della Proposizione 19: i dettagli vengono lasciati in esercizio.   □

Osservazione 82. *Sia $(I, <)$ un insieme totalmente ordinato e sia $(\mathscr{M}_i)_{i \in I}$ una famiglia di strutture per il linguaggio $\mathscr{L}^{21}$ tale che per ogni $i, j \in I$ con $i < j$ valga $\mathscr{M}_i \subset \mathscr{M}_j$. Prendendo come supporto l'unione dei supporti delle strutture $\mathscr{M}_i$, ponendo cioè $M = \bigcup_{i \in I} M_i$, si può facilmente definire (in modo unico) una $\mathscr{L}$-struttura $\mathscr{M}$ tale che per ogni $i \in I$ valga $\mathscr{M}_i \subset \mathscr{M}$: ad esempio, fissato un simbolo di predicato R di arietà $n \geqslant 1$ di $\mathscr{L}$ e fissati $a_1, \ldots, a_n \in M$, certamente esiste $i \in I$ tale che $a_1, \ldots, a_n \in M_i$, e si pone allora $\mathscr{M} \models R[a_1, \ldots, a_n] \iff \mathscr{M}_i \models R[a_1, \ldots, a_n]$; tale definizione non dipende dall'indice $i \in I$ scelto, in quanto se $a_1, \ldots, a_n \in M_j$, allora vale $\mathscr{M}_i \subset \mathscr{M}_j$ oppure $\mathscr{M}_j \subset \mathscr{M}_i$ e nei due casi $\mathscr{M}_j \models R[a_1, \ldots, a_n] \iff \mathscr{M}_i \models R[a_1, \ldots, a_n]$; si procede in modo analogo per definire il valore in $\mathscr{M}$ dei simboli di costante e di funzione di $\mathscr{L}$. Denoteremo con $\bigcup_{i \in I} \mathscr{M}_i$ la $\mathscr{L}$-struttura $\mathscr{M}$ appena definita.*

5.4.3 Sottostrutture elementari e diagrammi

La nozione di sottostruttura elementare è un rafforzamento di quella di sottostruttura: quando $\mathscr{M}$ è una sottostruttura elementare di $\mathscr{N}$ rispetto al linguaggio $\mathscr{L}$, le due strutture $\mathscr{M}$ ed $\mathscr{N}$ non soddisfano solo le stesse formule senza quantificatori chiuse a parametri in $\mathscr{M}$ (Proposizione 19), ma più generalmente *tutte* le formule di $\mathscr{L}$ chiuse a parametri in $\mathscr{M}$.

Definizione 36. *Sia $\mathscr{L}$ un linguaggio ed $\mathscr{N}$ una $\mathscr{L}$-struttura. Una* sottostruttura elementare $\mathscr{M}$ *di $\mathscr{N}$ (si scrive $\mathscr{M} \prec \mathscr{N}$, e si dice anche che $\mathscr{N}$ è un'*estensione elementare *di $\mathscr{M}$) è una $\mathscr{L}$-struttura tale che $M \subseteq N$ e per ogni formula $F(x_1, \ldots, x_n)$ di $\mathscr{L}$ e per ogni $a_1, \ldots, a_n \in M$ valga $\mathscr{M} \models F[a_1, \ldots, a_n] \iff \mathscr{N} \models F[a_1, \ldots, a_n]$.*

Osservazione 83. *La nozione di sottostruttura elementare è molto forte: in particolare, da $\mathscr{M} \prec \mathscr{N}$ segue che $\mathscr{M} \equiv \mathscr{N}$. Basta per convincersene considerare nella Definizione 36 il caso particolare in cui $F(x_1, \ldots, x_n)$ non ha variabili libere (cioè $n = 0$). L'esempio che segue mostra (anche) che il viceversa non vale: esistono strutture elementarmente equivalenti senza che alcuna delle due sia sottostruttura elementare dell'altra.*

Esempio 1. (i) *Consideriamo ad esempio la teoria dei gruppi; questa si può facilmente formulare nel linguaggio $\mathscr{L} = \{\cdot, 1, =\}$ (dove 1 è un simbolo di costante e ·*

---

[21] Esista cioè una funzione di dominio I che ad $i \in I$ associa la $\mathscr{L}$-struttura $\mathscr{M}_i$.

un simbolo di funzione binaria):

- $\forall x \forall y \forall z (x \cdot y) \cdot z = x \cdot (y \cdot z);$
- $\forall x (x \cdot 1 = x \land 1 \cdot x = x);$
- $\forall x \exists y (x \cdot y = 1 \land y \cdot x = 1).$

La struttura $(\mathbb{Z}, +, 0)$ *per* $\{\cdot, 1, =\}$ *con la consueta operazione di somma soddisfa gli assiomi della teoria dei gruppi, così come la struttura* $(\mathbb{Q}, +, 0)$*, e si vede facilmente che* $(\mathbb{Z}, +, 0) \subset (\mathbb{Q}, +, 0)$*. Ma non è vero che* $(\mathbb{Z}, +, 0) \prec (\mathbb{Q}, +, 0)$*: ad esempio la formula (chiusa)* $\forall x \exists y (y \cdot y = x)$ *è soddisfatta da* $(\mathbb{Q}, +, 0)$ *ma non da* $(\mathbb{Z}, +, 0)$*.*

(ii) *Sempre nel linguaggio* $\{\cdot, 1, =\}$ *dei gruppi, il gruppo* $(2\mathbb{Z}, +, 0)$ *degli interi pari è un sottogruppo di* $(\mathbb{Z}, +, 0)$*, e vale* $(2\mathbb{Z}, +, 0) \subset (\mathbb{Z}, +, 0)$*. Ma* $(2\mathbb{Z}, +, 0)$ *non soddisfa la formula (chiusa a parametri in* $(2\mathbb{Z}, +, 0)$*)* $\exists x (x \cdot x = 2)$*, mentre questa è soddisfatta da* $(\mathbb{Z}, +, 0)$*. Pertanto non è vero che* $(2\mathbb{Z}, +, 0) \prec (\mathbb{Z}, +, 0)$*, anche se si può verificare che le due strutture* $(2\mathbb{Z}, +, 0)$ *e* $(\mathbb{Z}, +, 0)$ *sono addirittura tra loro isomorfe, e quindi in particolare elementarmente equivalenti (Osservazione 78). Questo esempio mostra l'esistenza di due strutture* $\mathscr{M}_1$ *ed* $\mathscr{M}_2$ *per un linguaggio* $\mathscr{L}$ *tali che* $\mathscr{M}_1 \subset \mathscr{M}_2$*,* $\mathscr{M}_1 \equiv \mathscr{M}_2$*, ma non vale* $\mathscr{M}_1 \prec \mathscr{M}_2$*.*

(iii) *Rispetto ad un linguaggio in cui sia possibile esprimere la teoria dei campi ed in cui l'operazione moltiplicativa sia rappresentata dal simbolo di funzione binaria* $\cdot$*, il campo dei razionali non è una sottostruttura elementare del campo dei reali: la formula (chiusa a parametri nei razionali)* $\exists x (x \cdot x = 2)$ *è soddisfatta dalla struttura dei reali ma non da quella dei razionali. Un esempio simile mostra che per questo stesso linguaggio, il campo dei reali non è una sottostruttura elementare del campo dei complessi: la formula (chiusa a parametri nei reali)* $\exists x (x \cdot x = -1)$ *è soddisfatta dai complessi ma non dai reali.*

Vale per le sottostrutture elementari l'analogo dell'Osservazione 80:

Osservazione 84. *Dati due linguaggi* $\mathscr{L}$ *ed* $\mathscr{L}'$ *tali che* $\mathscr{L} \subseteq \mathscr{L}'$ *e due* $\mathscr{L}'$*-strutture* $\mathscr{M}'$ *ed* $\mathscr{N}'$*: se in* $\mathscr{L}'$ *vale* $\mathscr{M}' \prec \mathscr{N}'$ *allora in* $\mathscr{L}$ *vale* $\mathscr{M}'|_{\mathscr{L}} \prec \mathscr{N}'|_{\mathscr{L}}$*, dove* $\mathscr{M}'|_{\mathscr{L}}$ *(risp.* $\mathscr{N}'|_{\mathscr{L}}$*) è la* $\mathscr{L}$*-struttura ottenuta "dimenticando" i valori attribuiti da* $\mathscr{M}'$ *(risp.* $\mathscr{N}'$*) ai simboli presenti in* $\mathscr{L}'$ *e non in* $\mathscr{L}$*.*

Osservazione 85. *Fissato un linguaggio* $\mathscr{L}$*, e tre* $\mathscr{L}$*-strutture* $\mathscr{M}_1, \mathscr{M}_2, \mathscr{M}_3$*:*

- *se* $\mathscr{M}_1 \prec \mathscr{M}_2$ *e* $\mathscr{M}_2 \prec \mathscr{M}_3$*, allora* $\mathscr{M}_1 \prec \mathscr{M}_3$ *(la relazione di sottostruttura elementare è transitiva);*
- *se* $\mathscr{M}_1 \prec \mathscr{M}_3$*,* $M_1 \subseteq M_2$ *e* $\mathscr{M}_2 \prec \mathscr{M}_3$*, allora* $\mathscr{M}_1 \prec \mathscr{M}_2$*: data la formula* $F(x_1, \ldots, x_n)$ *e* $a_1, \ldots, a_n \in M_1$ *vale* $\mathscr{M}_1 \models F[a_1, \ldots, a_n]$ *sse* $\mathscr{M}_3 \models F[a_1, \ldots, a_n]$ *sse* $\mathscr{M}_2 \models F[a_1, \ldots, a_n]$ *(in quest'ultima equivalenza usiamo il fatto che* $M_1 \subseteq M_2$ *e quindi* $a_1, \ldots, a_n \in M_2$*).*

Abbiamo visto nell'Esempio 1, che esistono strutture $\mathscr{M}$ ed $\mathscr{N}$ per un linguaggio $\mathscr{L}$, tali che $\mathscr{N} \subset \mathscr{M}$, eppure per qualche formula $F[a_1, \ldots, a_n]$ a parametri in $\mathscr{N}$, vale $\mathscr{M} \models \exists x F[x, a_1, \ldots, a_n]$ ma $\mathscr{N} \not\models \exists x F[x, a_1, \ldots, a_n]$ (e quindi non vale $\mathscr{N} \prec \mathscr{M}$), in quanto se per $a \in M$ vale $\mathscr{M} \models F[a, a_1, \ldots, a_n]$, allora $a \notin N$. Il teorema di Tarski-Vaught afferma che se $\mathscr{M}$ è una $\mathscr{L}$-struttura e se $N \subseteq M$, allora l'unica possibilità perché non si possa fare di N il supporto di una $\mathscr{L}$-struttura $\mathscr{N}$ tale che $\mathscr{N} \prec \mathscr{M}$, è proprio che ci sia una formula con queste caratteristiche. In altri termini, il teorema di Tarski-Vaught fornisce una condizione sufficiente (e necessaria) perché risulti $\mathscr{N} \prec \mathscr{M}$ che fa riferimento alla sola soddisfacibilità in $\mathscr{M}$.

Teorema 30 (Teorema di Tarski-Vaught). *Sia $\mathscr{M}$ una $\mathscr{L}$-struttura e sia $N \subseteq M$. Se per ogni formula $F(x, x_1, \ldots, x_n)$ di $\mathscr{L}$ e per ogni $a_1, \ldots, a_n \in N$ dal fatto che $\mathscr{M} \models \exists x F[x, a_1, \ldots, a_n]$ discende l'esistenza di $a_0 \in N$ tale che $\mathscr{M} \models F[a_0, a_1, \ldots, a_n]$, allora N è l'insieme di base di una (unica) $\mathscr{L}$-struttura $\mathscr{N}$ tale che $\mathscr{N} \prec \mathscr{M}$.*

Dimostrazione. Cominciamo con l'osservare che N è l'insieme di base di una $\mathscr{L}$-struttura $\mathscr{N}$ tale che $\mathscr{N} \subset \mathscr{M}$: sappiamo che per questo è sufficiente che sia $N \neq \emptyset$ e che N sia chiuso rispetto all'interpretazione dei simboli di costante e di funzione (Osservazione 81). Da $M \neq \emptyset$ segue che $\mathscr{M} \models \exists x (x = x)$, e quindi per ipotesi esiste $a_0 \in N$ tale che $\mathscr{M} \models a_0 = a_0$, e dunque $N \neq \emptyset$. Inoltre per ogni simbolo di funzione f di $\mathscr{L}$ di arietà $n \geqslant 1$ e per ogni $a_1, \ldots, a_n \in N$ (risp. per ogni simbolo di costante c di $\mathscr{L}$) vale $\mathscr{M} \models \exists x (x = f(a_1, \ldots, a_n))$ (risp. $\mathscr{M} \models \exists x (x = c)$), e quindi per ipotesi $f_{\mathscr{M}}(a_1, \ldots, a_n) \in N$ (risp. $c_{\mathscr{M}} \in N$). Sia dunque $\mathscr{N}$ la $\mathscr{L}$-struttura avente N come supporto e tale che $\mathscr{N} \subset \mathscr{M}$.

Per dimostrare che $\mathscr{N} \prec \mathscr{M}$, si applica la Definizione 36, e si dimostra, per induzione sull'altezza della formula $G(x_1, \ldots, x_n)$ di $\mathscr{L}$, che $\mathscr{N} \models G[a_1, \ldots, a_n] \iff \mathscr{M} \models G[a_1, \ldots, a_n]$ per ogni $a_1, \ldots, a_n \in N$.

Da $\mathscr{N} \subset \mathscr{M}$ segue l'equivalenza nel caso in cui $G(x_1, \ldots, x_n)$ è una formula atomica. Il caso dei connettivi è immediato, e per dualità dovendo noi dimostrare un'equivalenza possiamo limitarci al caso di uno dei due quantificatori. Supponiamo ad esempio che $G(x_1, \ldots, x_n) = \exists x F(x, x_1, \ldots, x_n)$: da $\mathscr{N} \models \exists x F[x, a_1, \ldots, a_n]$ applicando l'ipotesi induttiva si ottiene immediatamente (poiché $N \subseteq M$) che $\mathscr{M} \models \exists x F[x, a_1, \ldots, a_n]$. Viceversa se $\mathscr{M} \models \exists x F[x, a_1, \ldots, a_n]$, per l'ipotesi del teorema, esiste $a_0 \in N$ tale che $\mathscr{M} \models F[a_0, a_1, \ldots, a_n]$; da cui per ipotesi induttiva segue che $\mathscr{N} \models F[a_0, a_1, \ldots, a_n]$ e dunque $\mathscr{N} \models \exists x F[x, a_1, \ldots, a_n]$.   ⊔

Introduciamo il diagramma ed il diagramma completo di una struttura $\mathscr{M}$ per un linguaggio $\mathscr{L}$: tali nozioni verranno usate nel cosiddetto "metodo dei diagrammi", basato sulle Osservazioni 87 e 89, che permette di costruire estensioni ed estensioni elementari di $\mathscr{M}$. Nel caso delle estensioni elementari per esempio, sappiamo dalla Definizione 36 che per avere un'estensione elementare di $\mathscr{M}$ bisogna costruire una $\mathscr{L}$-struttura $\mathscr{N}$ che soddisfi le formule chiuse di $\mathscr{L}$ a parametri in $\mathscr{M}$ soddisfatte da $\mathscr{M}$. L'idea di partenza è che questa condizione si può esprimere mediante un insieme di formule chiuse di un'estensione $\mathscr{L}_M$ di $\mathscr{L}$ in cui ad ogni elemento a di M corrisponde un simbolo di costante $\underline{a}$: in $\mathscr{L}_M$ si potranno scrivere tutte le formule di $\mathscr{L}$ a parametri in $\mathscr{M}$ soddisfatte da $\mathscr{M}$, ed una $\mathscr{L}_M$-struttura $\mathscr{N}$ che soddisfi tale insieme di formule sarà un'estensione elementare di $\mathscr{M}$. L'unica (ininfluente nella sostanza) imprecisione è che la restrizione della struttura $\mathscr{N}$ al linguaggio $\mathscr{L}$ è sí un'estensione elementare di $\mathscr{M}$, ma solo a meno di isomorfismo.

Definizione 37. *Sia $\mathscr{M}$ una $\mathscr{L}$-struttura. Denotiamo con $\mathscr{L}_M$ l'estensione di $\mathscr{L}$ ottenuta aggiungendo ad $\mathscr{L}$ un nuovo simbolo di costante $\underline{a}$ per ogni elemento a del* *supporto M di $\mathscr{M}$. Si possono allora considerare i due insiemi seguenti di formule chiuse di $\mathscr{L}_M$:*

- $D(\mathscr{M}) = \{F(\underline{a_1}/x_1,\ldots,\underline{a_n}/x_n) : F(x_1,\ldots,x_n)$ è una formula di $\mathscr{L}, a_1,\ldots,a_n \in M$ e $\mathscr{M} \models F[a_1,\ldots,a_n]\}$ detto diagramma completo di $\mathscr{M}$;
- $\Delta(\mathscr{M}) = \{F(\underline{a_1}/x_1,\ldots,\underline{a_n}/x_n) : F(x_1,\ldots,x_n)$ è una formula senza quantificatori di $\mathscr{L}, a_1,\ldots,a_n \in M$ e $\mathscr{M} \models F[a_1,\ldots,a_n]\}$ detto diagramma semplice di $\mathscr{M}$.

Osservazione 86. *Per ogni $\mathscr{L}$-struttura $\mathscr{M}$, denoteremo nel seguito $\mathscr{M}^\star$ la $\mathscr{L}_M$-struttura ottenuta a partire da $\mathscr{M}$ ponendo $(\underline{a})_{\mathscr{M}^\star} = a$ per ogni elemento a del supporto M di $\mathscr{M}$.*

Lemma 10. *Sia $\mathscr{M}$ una $\mathscr{L}$-struttura ed $\mathscr{N}$ una $\mathscr{L}_M$-struttura. Se in $\mathscr{L}_M$ si ha $\mathscr{M}^\star \subset \mathscr{N}$ e $\mathscr{N} \models D(\mathscr{M})$, allora $\mathscr{M}^\star \prec \mathscr{N}$.*

Dimostrazione. Useremo il Teorema 30. Sia $F(x,x_1,\ldots,x_n)$ una formula di $\mathscr{L}_M$, siano $a_1,\ldots,a_n \in M$, e supponiamo che $\mathscr{N} \models \exists x F[x,a_1,\ldots,a_n]$. Dimostriamo che in questo caso $\exists x F(x,\underline{a_1}/x_1,\ldots,\underline{a_n}/x_n) \in D(\mathscr{M})$. Esiste senz'altro una formula $G(x,x_1,\ldots,x_n,y_1,\ldots,y_m)$ di $\mathscr{L}$ e $b_1,\ldots,b_m \in M$ tali che $\exists x F(x,\underline{a_1}/x_1,\ldots,\underline{a_n}/x_n) = \exists x G(x,\underline{a_1}/x_1,\ldots,\underline{a_n}/x_n,\underline{b_1}/y_1,\ldots,\underline{b_m}/y_m)$. Se fosse $\exists x G(x,\underline{a_1}/x_1,\ldots,\underline{a_n}/x_n,\underline{b_1}/y_1,\ldots,\underline{b_m}/y_m) \notin D(\mathscr{M})$, allora avremmo $\mathscr{M} \not\models \exists x G[x,a_1,\ldots,a_n,b_1,\ldots,b_m]$, cioè $\mathscr{M} \models \forall x \neg G[x,a_1,\ldots,a_n,b_1,\ldots,b_m]$ e $\forall x \neg G(x,\underline{a_1}/x_1,\ldots,\underline{a_n}/x_n,\underline{b_1}/y_1,\ldots,\underline{b_m}/y_m) \in D(\mathscr{M})$. Ne seguirebbe (per l'ipotesi $\mathscr{N} \models D(\mathscr{M})$) che $\mathscr{N} \models \forall x \neg G(x,\underline{a_1}/x_1,\ldots,\underline{a_n}/x_n,\underline{b_1}/y_1,\ldots,\underline{b_m}/y_m)$. D'altra parte, poiché in $\mathscr{L}_M$ si ha $\mathscr{M}^\star \subset \mathscr{N}$, risulta in particolare $a_i = (\underline{a_i})_{\mathscr{M}^\star} = (\underline{a_i})_{\mathscr{N}}$, e dunque ne deriverebbe che $\mathscr{N} \models \forall x \neg G[x,a_1,\ldots,a_n,b_1/y_1,\ldots,b_m/y_m]$ cioè $\mathscr{N} \models \forall x \neg F[x,a_1,\ldots,a_n]$ mentre stiamo supponendo che $\mathscr{N} \models \exists x F[x,a_1,\ldots,a_n]$. E dunque effettivamente $\exists x G(x,\underline{a_1}/x_1,\ldots,\underline{a_n}/x_n,\underline{b_1}/y_1,\ldots,\underline{b_m}/y_m) \in D(\mathscr{M})$.

Ne discende che in $\mathscr{L}$ vale $\mathscr{M} \models \exists x G[x,a_1,\ldots,a_n,b_1,\ldots,b_m]$, quindi esiste $a \in M$ tale che $\mathscr{M} \models G[a,a_1,\ldots,a_n,b_1,\ldots,b_m]$, e dunque $G(\underline{a}/x,\underline{a_1}/x_1,\ldots,\underline{a_n}/x_n,\underline{b_1}/y_1,\ldots,\underline{b_m}/y_m) \in D(\mathscr{M})$, da cui segue (usando ancora entrambe le ipotesi del lemma) che $\mathscr{N} \models G[a,a_1,\ldots,a_n,b_1,\ldots,b_m]$, e dunque in definitiva esiste $a \in M$ tale che $\mathscr{N} \models F[a,a_1,\ldots,a_n]$.

Possiamo allora applicare il Teorema 30: esiste un'unica struttura $\mathscr{U}$ per $\mathscr{L}_M$ di supporto M e tale che $\mathscr{U} \prec \mathscr{N}$. Ma allora necessariamente $\mathscr{U}$ coincide con $\mathscr{M}^\star$ poiché per l'Osservazione 81 esiste in $\mathscr{L}_M$ un'unica sottostruttura di $\mathscr{N}$ che abbia supporto $M \subseteq N$. □

Osservazione 87. *Sia $\mathscr{N}$ una $\mathscr{L}_M$-struttura che soddisfa $D(\mathscr{M})$, chiamiamo come al solito $\mathscr{N}|_{\mathscr{L}}$ la restrizione di $\mathscr{N}$ ad $\mathscr{L}$ (ottenuta "dimenticando" il valore delle costanti $\underline{a}$ di $\mathscr{L}_M$). Allora:*

1. *nel linguaggio $\mathscr{L}$, esiste una sottostruttura elementare di $\mathscr{N}|_{\mathscr{L}}$ isomorfa ad $\mathscr{M}$;*
2. *nel linguaggio $\mathscr{L}_M$, esiste un'estensione elementare di $\mathscr{M}^\star$ isomorfa ad $\mathscr{N}$.*

Dimostriamo precisamente le due affermazioni precedenti. Se chiamiamo φ la funzione da M nel supporto N di $\mathscr{N}$ che associa ad $a \in M$ il valore $(\underline{a})_{\mathscr{N}}$ della costante

$\underline{a}$ di $\mathscr{L}_M$, allora per ogni formula $F(x_1,\ldots,x_n)$ di $\mathscr{L}$ e per ogni $a_1,\ldots a_n \in M$ vale l'equivalenza:

$$\mathscr{M} \models F[a_1,\ldots a_n] \iff \mathscr{N}|_{\mathscr{L}} \models F[\varphi(a_1),\ldots \varphi(a_n)].$$

Tale equivalenza discende immediatamente dalle definizioni che precedono e dal fatto che una formula del tipo $F(\underline{a_1}/x_1,\ldots,\underline{a_n}/x_n)$ è soddisfatta da entrambe le $\mathscr{L}_M$-strutture $\mathscr{N}$ ed $\mathscr{M}^\star$ oppure da nessuna delle due: infatti esattamente una tra $F(\underline{a_1}/x_1,\ldots,\underline{a_n}/x_n)$ e $\neg F(\underline{a_1}/x_1,\ldots,\underline{a_n}/x_n)$ è una formula di $D(\mathscr{M})$, e sappiamo che $\mathscr{N} \models D(\mathscr{M})$ (e ovviamente $\mathscr{M}^\star \models D(\mathscr{M})$).

Dall'equivalenza di cui sopra segue l'affermazione 1:

- *l'immagine di φ è il supporto di una $\mathscr{L}$-struttura $\mathscr{U}$ tale che $\mathscr{U} \cong \mathscr{M}$ (per l'Osservazione 79);*
- *$\mathscr{U} \prec \mathscr{N}|_{\mathscr{L}}$ (per il Teorema 30): se $\mathscr{N}|_{\mathscr{L}} \models \exists x F[x,\varphi(a_1),\ldots \varphi(a_n)]$ con $a_1,\ldots a_n \in M$, allora per l'equivalenza sarà $\mathscr{M} \models \exists x F[x,a_1,\ldots a_n]$, quindi per qualche $a \in M$ vale $\mathscr{M} \models F[a,a_1,\ldots a_n]$, e dunque (sempre per l'equivalenza) $\mathscr{N}|_{\mathscr{L}} \models F[\varphi(a),\varphi(a_1),\ldots \varphi(a_n)]$.*

Per convincerci della validità dell'affermazione 2, mostriamo come costruire una $\mathscr{L}_M$-struttura $\mathscr{N}_1$, tale che $\mathscr{N} \cong \mathscr{N}_1$ e $\mathscr{M}^\star \prec \mathscr{N}_1$. Sia M_1 un insieme tale che $M_1 \cap M = \emptyset$ e $\varphi_1 : M_1 \to N\backslash\varphi(M)$ una funzione biettiva, dove $\varphi(M)$ è l'immagine della funzione φ. Poniamo $N_1 = M \cup M_1$, e definiamo la funzione $\psi : N_1 \to N$ che associa ad $a \in N_1$ l'elemento $\varphi(a)$ (risp. $\varphi_1(a)$) se $a \in M$ (risp. $a \in M_1$): ψ è ovviamente una corrispondenza biunivoca. La $\mathscr{L}_M$-struttura $\mathscr{N}_1$ è allora ottenuta "trasferendo" la struttura $\mathscr{N}$ sull'insieme N_1 mediante ψ (che diventa dunque un isomorfismo da $\mathscr{N}_1$ ad $\mathscr{N}$):

- *per ogni simbolo c di costante di $\mathscr{L}_M$ si pone $c_{\mathscr{N}_1} = \psi^{-1}(c_{\mathscr{N}})$;*
- *per ogni $b_1,\ldots,b_k \in N_1$ e per ogni simbolo di funzione f di arietà $k \geqslant 1$ di $\mathscr{L}_M$ si pone $f_{\mathscr{N}_1}(b_1,\ldots,b_k) = \psi^{-1}(f_{\mathscr{N}}(\psi(b_1),\ldots,\psi(b_k)))$;*
- *per ogni $b_1,\ldots,b_k \in N_1$ e per ogni simbolo di predicato R di arietà $k \geqslant 0$ di $\mathscr{L}_M$, si pone $(b_1,\ldots,b_k) \in R_{\mathscr{N}_1} \iff (\psi(b_1),\ldots,\psi(b_k)) \in R_{\mathscr{N}}$.*

Dunque in $\mathscr{L}_M$ si ha:

- *$\mathscr{N} \cong \mathscr{N}_1$ (per definizione di $\mathscr{N}_1$);*
- *$\mathscr{M}^\star \subset \mathscr{N}_1$: infatti, per definizione di $\mathscr{N}_1$ vale $c_{\mathscr{N}_1} = c_{\mathscr{M}}$ per ogni simbolo di costante c di $\mathscr{L}$, e $f_{\mathscr{N}_1}(a_1,\ldots,a_n) = f_{\mathscr{M}}(a_1,\ldots,a_n)$ per ogni simbolo di funzione f di arietà $n \geqslant 1$ di $\mathscr{L}_M$ (cioè di $\mathscr{L}$) e per ogni $a_1,\ldots,a_n \in M$. Inoltre, data $R(x_1,\ldots,x_k)$ formula atomica (diversa dalle costanti logiche) di $\mathscr{L}_M$, esiste $S(x_1,\ldots,x_k,y_1,\ldots,y_h)$ formula atomica (diversa dalle costanti logiche) di $\mathscr{L}$ ed $a_1,\ldots,a_h \in M$ tali che $R(x_1,\ldots,x_k) = S(x_1,\ldots,x_k,\underline{a_1}/y_1,\ldots,\underline{a_h}/y_h)$. Per ogni $b_1,\ldots,b_k \in M$, valgono allora le equivalenze seguenti:*
$(b_1,\ldots,b_k) \in R_{\mathscr{M}^\star} \iff (b_1,\ldots,b_k,a_1,\ldots,a_h) \in S_{\mathscr{M}} \iff (\varphi(b_1),\ldots,\varphi(b_k),\varphi(a_1),\ldots,\varphi(a_h)) \in S_{\mathscr{N}} \iff (\varphi(b_1),\ldots,\varphi(b_k)) \in R_{\mathscr{N}} \iff (\psi(b_1),\ldots,\psi(b_k)) \in R_{\mathscr{N}} \iff (b_1,\ldots,b_k) \in R_{\mathscr{N}_1}$.
Ne segue, per la Definizione 35, che $\mathscr{M}^\star \subset \mathscr{N}_1$.

Poiché $\mathcal{N} \cong \mathcal{N}_1$ e $\mathcal{N} \models D(\mathcal{M})$ sarà $\mathcal{N}_1 \models D(\mathcal{M})$. In definitiva $\mathcal{M}^\star \subset \mathcal{N}_1$ e $\mathcal{N}_1 \models D(\mathcal{M})$; quindi per il Lemma 10 vale $\mathcal{M}^\star \prec \mathcal{N}_1$.

Osservazione 88. *Con le notazioni dell'Osservazione 86, se $\mathcal{M}$ e $\mathcal{N}$ sono due strutture per il linguaggio $\mathscr{L}$ tali che $\mathcal{M} \subset \mathcal{N}$, allora nel linguaggio $\mathscr{L}_M$ vale $\mathcal{M}^\star \subset \mathcal{N}^\star|_{\mathscr{L}_M}$, dove $\mathcal{M}^\star$ (risp. $\mathcal{N}^\star$) è la $\mathscr{L}_M$-struttura (risp. $\mathscr{L}_N$-struttura) ottenuta a partire da $\mathcal{M}$ (risp. $\mathcal{N}$) ponendo $(\underline{a})_{\mathcal{M}^\star} = a$ (risp. $(\underline{a})_{\mathcal{N}^\star} = a$) per ogni $a \in M$ (risp. per ogni $a \in N$). Si noti in particolare che per ogni $a \in M$ avremo $\underline{a}_{\mathcal{M}^\star} = \underline{a}_{\mathcal{N}^\star} = a$.*

Sostituendo il diagramma completo $D(\mathcal{M})$ con il diagramma semplice $\Delta(\mathcal{M})$ nell'Osservazione 87, si ottiene "mutatis mutandis", l'osservazione seguente:

Osservazione 89. *Sia $\mathcal{N}$ una $\mathscr{L}_M$-struttura che soddisfa $\Delta(\mathcal{M})$, chiamiamo come al solito $\mathcal{N}|_{\mathscr{L}}$ la restrizione di $\mathcal{N}$ ad $\mathscr{L}$ (ottenuta "dimenticando" il valore delle costanti $\underline{a}$ di $\mathscr{L}_M$). Allora:*

1. *nel linguaggio $\mathscr{L}$, esiste una sottostruttura di $\mathcal{N}|_{\mathscr{L}}$ isomorfa ad $\mathcal{M}$;*
2. *nel linguaggio $\mathscr{L}_M$, esiste un'estensione di $\mathcal{M}^\star$ isomorfa ad $\mathcal{N}$.*

Teorema 31 (Teorema dell'unione di catene di Tarski). *Sia $\mathcal{M} = \bigcup_{i \in I} \mathcal{M}_i$ la struttura per il linguaggio $\mathscr{L}$ introdotta nell'Osservazione 82. Se per ogni $i, j \in I$ tali che $i < j$ vale $\mathcal{M}_i \prec \mathcal{M}_j$, allora per ogni $k \in I$ vale $\mathcal{M}_k \prec \bigcup_{i \in I} \mathcal{M}_i$.*

Dimostrazione. Si dimostra, per induzione sull'altezza della formula $F(x_1, \ldots, x_n)$ di $\mathscr{L}$, che per ogni $i \in I$ e per ogni $a_1, \ldots, a_n \in M_i$ si ha l'equivalenza[22]:

$$\mathcal{M} \models F[a_1, \ldots, a_n] \iff \mathcal{M}_i \models F[a_1, \ldots, a_n].$$

Sappiamo (per essere $\mathcal{M}_i \subset \mathcal{M}$ per la definizione di $\mathcal{M}$ fornita dall'Osservazione 82) che l'equivalenza vale per le formule atomiche. Il caso dei connettivi è immediato, e nel caso dei quantificatori sappiamo che basta considerare uno solo dei due casi $(\forall, \exists)$. Supponiamo dunque, ad esempio, che sia $F(x_1, \ldots, x_n) = \exists x G(x, x_1, \ldots, x_n)$:

- se $\mathcal{M}_i \models F[a_1, \ldots, a_n]$, allora esiste $a_0 \in M_i \subseteq M$ tale che $\mathcal{M}_i \models G[a_0, a_1, \ldots, a_n]$, e quindi per ipotesi induttiva $\mathcal{M} \models G[a_0, a_1, \ldots, a_n]$, da cui $\mathcal{M} \models F[a_1, \ldots, a_n]$;
- se $\mathcal{M} \models F[a_1, \ldots, a_n]$, allora esiste $a_0 \in M$ tale che $\mathcal{M} \models G[a_0, a_1, \ldots, a_n]$. Per definizione del supporto M di $\mathcal{M}$, esiste certamente $j > i$ tale che $a_0 \in M_j$: avremo allora $a_0, a_1, \ldots, a_n \in M_j$, e dal fatto che $\mathcal{M} \models G[a_0, a_1, \ldots, a_n]$ segue per ipotesi induttiva che $\mathcal{M}_j \models G[a_0, a_1, \ldots, a_n]$ e dunque che $\mathcal{M}_j \models F[a_1, \ldots, a_n]$. Ma allora dall'ipotesi $\mathcal{M}_i \prec \mathcal{M}_j$ segue $\mathcal{M}_i \models F[a_1, \ldots, a_n]$.   □

5.5 I teoremi di preservazione

In questo paragrafo mostriamo, usando il metodo dei diagrammi, come la preservazione di una teoria per sottostrutture, per estensioni o per unione di catene (Defini-

---

[22] Si può anche semplificare (leggermente) questa dimostrazione usando il Teorema 30 di Tarski-Vaught, invece della Definizione 36 di sottostruttura elementare.

zione 39) sia una proprietà caratteristica della complessità logica della teoria stessa (Teoremi 32 e 33).

Definizione 38. *Una formula* universale *(risp.* esistenziale*) è una formula prenessa*[23] *nella quale non occorre il quantificatore esistenziale (risp. universale).*

Una formula ∀∃ *è una formula prenessa della forma*

$$\forall x_1 \ldots \forall x_n \exists y_1 \ldots \exists y_m G$$

dove G è una formula senza quantificatori.

Una teoria si dice universale *(risp.* esistenziale, ∀∃*) quando è costituita esclusivamente da formule universali (risp. esistenziali, ∀∃).*

Definizione 39. *Sia T una teoria nel linguaggio $\mathscr{L}$ del primo ordine oppure una formula chiusa.*

(i) *T è preservata per sottostrutture quando date due $\mathscr{L}$-strutture $\mathscr{M}$ ed $\mathscr{N}$ tali che $\mathscr{N} \subset \mathscr{M}$, da $\mathscr{M} \models T$ segue che $\mathscr{N} \models T$.*

(ii) *T è preservata per estensioni quando date due $\mathscr{L}$-strutture $\mathscr{M}$ ed $\mathscr{N}$ tali che $\mathscr{M} \subset \mathscr{N}$, da $\mathscr{M} \models T$ segue che $\mathscr{N} \models T$.*

(iii) *T è preservata per unioni di catene quando dato un insieme totalmente ordinato $(I, <)$ ed una famiglia $(\mathscr{M}_i)_{i \in I}$ di $\mathscr{L}$-strutture tale che per ogni $i, j \in I$ con $i < j$ valga $\mathscr{M}_i \subset \mathscr{M}_j$, dal fatto che $\mathscr{M}_i \models T$ per ogni $i \in I$ segue che $\bigcup_{i \in I} \mathscr{M}_i \models T$.*

Teorema 32. *Sia T (risp. F) una teoria (risp. una formula chiusa) nel linguaggio $\mathscr{L}$ del primo ordine.*

(i) *Esiste una teoria T' (risp. una formula chiusa F') universale in $\mathscr{L}$ equivalente a T (risp. F) se e soltanto se T (risp. F) è preservata per sottostrutture.*

(ii) *Esiste una teoria T' (risp. una formula chiusa F') esistenziale in $\mathscr{L}$ equivalente a T (risp. F) se e soltanto se T (risp. F) è preservata per estensioni.*

Dimostrazione. Dimostriamo solo il Punto (i). La dimostrazione del Punto (ii) è molto simile e viene lasciata al lettore[24].

Osserviamo che per compattezza basterà dimostrare l'enunciato nel caso di una teoria: se infatti F è equivalente ad F' universale, allora la teoria $\{F\}$ è equivalente alla teoria universale $\{F'\}$, e dunque F è preservata per sottostrutture. Viceversa, se F è preservata per sottostrutture, allora la teoria $\{F\}$ è equivalente ad una teoria T' universale, e quindi in particolare vale $T' \models F$, che per compattezza implica che per qualche T_0' sottoinsieme finito di T' vale $T_0' \models F$. Possiamo allora considerare la formula G' ottenuta facendo la congiunzione delle formule di T_0': poiché G' è una congiunzione di formule universali, esiste una formula universale F' equivalente a G', ed equivalente ad F.

Rimane dunque da dimostrare il Punto (i) nel caso di una teoria T. Se T è equivalente alla teoria universale T', allora sappiamo per la Proposizione 20 che T' (e dunque T) è preservata per sottostrutture.

---

[23] Si veda la Proposizione 11 per la definizione.

[24] Nel caso di una formula chiusa, (ii) si può dedurre da (i). E nel caso di una teoria?

Viceversa, supponiamo che T sia preservata per sottostrutture e poniamo

$$T' = \{F : \ F \text{ è una formula universale chiusa di } \mathscr{L} \text{ tale che } T \models F\}.$$

Vogliamo dimostrare che T è equivalente a T': che ogni modello di T sia anche modello di T' è evidente per definizione di T'. Mostreremo che per ogni $\mathscr{L}$-struttura $\mathscr{M}$, da $\mathscr{M} \models T'$ segue che $\mathscr{M} \models T$. Osserviamo che per questo è sufficiente dimostrare che, fissata una $\mathscr{L}$-struttura $\mathscr{M}$ tale che $\mathscr{M} \models T'$, la teoria $\Delta(\mathscr{M}) \cup T$ in $\mathscr{L}_M$ è soddisfacibile: se infatti chiamiamo $\mathscr{N}$ una $\mathscr{L}_M$-struttura tale che $\mathscr{N} \models \Delta(\mathscr{M}) \cup T$, allora per l'Osservazione 89 sappiamo che esiste una $\mathscr{L}$-struttura $\mathscr{M}_1$ tale che $\mathscr{M}_1 \cong \mathscr{M}$ e $\mathscr{M}_1 \subset \mathscr{N}|_{\mathscr{L}}$; e dal fatto che $\mathscr{N} \models T$ segue che $\mathscr{N}|_{\mathscr{L}} \models T$, il che implica (essendo T preservata per sottostrutture) che $\mathscr{M}_1 \models T$ e dunque in definitiva $\mathscr{M} \models T$.

Rimane dunque da dimostrare la soddisfacibilità della teoria $\Delta(\mathscr{M}) \cup T$ in $\mathscr{L}_M$, dove $\mathscr{M}$ è una $\mathscr{L}$-struttura che soddisfa T'. Per fare ciò useremo il teorema di compattezza: se $\Delta(\mathscr{M}) \cup T$ non fosse soddisfacibile, allora non lo sarebbe neanche la teoria $T \cup \{H_1(\underline{a_1}/x_1, \ldots, \underline{a_n}/x_n), \ldots, H_p(\underline{a_1}/x_1, \ldots, \underline{a_n}/x_n)\}$ in $\mathscr{L}_M$, dove $a_i \in M$ per $i \in \{1, \ldots, n\}$ mentre per $j \in \{1, \ldots, p\}$ la formula $H_j(x_1, \ldots, x_n)$ è una opportuna formula senza quantificatori di $\mathscr{L}$ tale che $H_j(\underline{a_1}/x_1, \ldots, \underline{a_n}/x_n) \in \Delta(\mathscr{M})$ (e dunque $\mathscr{M} \models H_j[a_1, \ldots, a_n]$). In altri termini, in $\mathscr{L}_M$ avremmo $T \models \neg(H_1(\underline{a_1}/x_1, \ldots, \underline{a_n}/x_n) \wedge \ldots \wedge H_p(\underline{a_1}/x_1, \ldots, \underline{a_n}/x_n))$, da cui seguirebbe che $T \models \forall x_1 \ldots \forall x_n \neg(H_1(x_1, \ldots, x_n) \wedge \ldots \wedge H_p(x_1, \ldots, x_n))$[25]: in tal caso la formula $\forall x_1 \ldots \forall x_n \neg(H_1(x_1, \ldots, x_n) \wedge \ldots \wedge H_p(x_1, \ldots, x_n))$ sarebbe una formula di T' e dunque (poiché $\mathscr{M} \models T'$) dovrebbe risultare $\mathscr{M} \models \forall x_1 \ldots \forall x_n \neg(H_1(x_1, \ldots, x_n) \wedge \ldots \wedge H_p(x_1, \ldots, x_n))$, mentre sappiamo che $\mathscr{M} \models H_j[a_1, \ldots, a_n]$ per ogni $j \in \{1, \ldots, p\}$. La teoria $\Delta(\mathscr{M}) \cup T$ in $\mathscr{L}_M$ è quindi soddisfacibile ed il teorema rimane dimostrato.   □

Teorema 33. *Sia T una teoria nel linguaggio $\mathscr{L}$ del primo ordine.*

Esiste T' teoria $\forall\exists$ in $\mathscr{L}$ equivalente a T se e soltanto se T è preservata per unioni di catene.

Dimostrazione. Per dimostrare che se esiste T' teoria $\forall\exists$ in $\mathscr{L}$ equivalente a T, allora T è preservata per unioni di catene, basterà dimostrare che una qualunque formula $\forall\exists$ è preservata per unione di catene. Sia dunque $F = \forall x_1 \ldots \forall x_n \exists y_1 \ldots \exists y_m G(x_1, \ldots, x_n, y_1, \ldots, y_m)$, con $G(x_1, \ldots, x_n, y_1, \ldots, y_m)$ formula di $\mathscr{L}$ senza quantificatori. Sia $(I, <)$ un insieme totalmente ordinato, sia $(\mathscr{M}_i)_{i \in I}$ una famiglia di $\mathscr{L}$-strutture tale che per ogni $i, j \in I$ con $i < j$ valga $\mathscr{M}_i \subset \mathscr{M}_j$ e per ogni $i \in I$ valga $\mathscr{M}_i \models F$; sia infine $\mathscr{M} = \bigcup_{i \in I} \mathscr{M}_i$ la struttura per $\mathscr{L}$ introdotta dall'Osservazione 82. Per mostrare che $\mathscr{M} \models F$, fissiamo $a_1, \ldots, a_n \in M$ e dimostriamo che $\mathscr{M} \models \exists y_1 \ldots \exists y_m G[a_1, \ldots, a_n, y_1, \ldots, y_m]$. Poiché per ogni $i, j \in I$ con $i < j$ vale $\mathscr{M}_i \subset \mathscr{M}_j$, esiste $i \in I$ tale che $a_1, \ldots, a_n \in M_i$; e dal fatto che per ipotesi $\mathscr{M}_i \models F$ segue l'esistenza di $b_1, \ldots, b_m \in M_i$ tali che $\mathscr{M}_i \models G[a_1, \ldots, a_n, b_1, \ldots, b_m]$.

---

[25] Stiamo usando la proprietà generale seguente: data una teoria T in un linguaggio $\mathscr{L}$, una formula $F(x_1, \ldots x_k)$ di $\mathscr{L}$ e dei simboli di costante $c_1, \ldots, c_k$ di $\mathscr{L}$ che *non occorrono in* T, allora da $T \models F(c_1, \ldots, c_k)$ segue che $T \models \forall x_1 \ldots \forall x_k F(x_1, \ldots x_k)$.

Ma allora essendo la formula $G[a_1,\ldots,a_n,b_1,\ldots,b_m]$ senza quantificatori ed a parametri in $\mathscr{M}_i$, da $\mathscr{M}_i \subset \mathscr{M}$ segue che $\mathscr{M} \models G[a_1,\ldots,a_n,b_1,\ldots,b_m]$, e di conseguenza $\mathscr{M} \models \exists y_1 \ldots \exists y_m G[a_1,\ldots,a_n,y_1,\ldots,y_m]$.

Viceversa, analogamente a quanto fatto nella dimostrazione del Teorema 32, supponiamo che T sia preservata per unione di catene e poniamo

$$T' = \{F : \ F \text{ è una formula } \forall\exists \text{ chiusa di } \mathscr{L} \text{ tale che } T \models F\}.$$

Vogliamo dimostrare che T è equivalente a T': che ogni modello di T sia anche modello di T' è evidente per definizione di T'. Mostreremo che per ogni $\mathscr{L}$-struttura $\mathscr{M}$, da $\mathscr{M} \models T'$ segue che $\mathscr{M} \models T$.

Date due $\mathscr{L}$-strutture $\mathscr{M}$ ed $\mathscr{N}$ tali che $\mathscr{M} \subset \mathscr{N}$, scriveremo nel seguito della dimostrazione $\mathscr{M} \prec_1 \mathscr{N}$ quando per ogni formula universale $F(x_1,\ldots,x_n)$ di $\mathscr{L}$ e per ogni $a_1,\ldots,a_n \in M$ da $\mathscr{M} \models F[a_1,\ldots,a_n]$ segue che $\mathscr{N} \models F[a_1,\ldots,a_n]$. Pertanto (per la Proposizione 20) quando $\mathscr{M} \prec_1 \mathscr{N}$, le due $\mathscr{L}$-strutture $\mathscr{M}$ ed $\mathscr{N}$ soddisfano le stesse formule universali e le stesse formule esistenziali di $\mathscr{L}$ a parametri in $\mathscr{M}$: per ogni formula universale (risp. esistenziale) $F(x_1,\ldots,x_n)$ di $\mathscr{L}$ e per ogni $a_1,\ldots,a_n \in M$ vale l'equivalenza $\mathscr{M} \models F[a_1,\ldots,a_n] \iff \mathscr{N} \models F[a_1,\ldots,a_n]$[26].

Lemma 11. *Se $\mathscr{M}_0 \prec_1 \mathscr{M}_1$, allora esiste una $\mathscr{L}$-struttura $\mathscr{M}_2$ tale che $\mathscr{M}_0 \prec \mathscr{M}_2$ e $\mathscr{M}_1 \subset \mathscr{M}_2$.*

Dimostrazione. Useremo il metodo dei diagrammi, facendo discendere l'enunciato del lemma dalla soddisfacibilità della teoria $D(\mathscr{M}_0) \cup \Delta(\mathscr{M}_1)$ nel linguaggio $\mathscr{L}_{\mathscr{M}_1}$. Se infatti la teoria $D(\mathscr{M}_0) \cup \Delta(\mathscr{M}_1)$ è soddisfatta dalla $\mathscr{L}_{\mathscr{M}_1}$-struttura $\mathscr{N}$, allora per l'Osservazione 89 (ed usando le notazioni dell'Osservazione 89) esiste una $\mathscr{L}_{\mathscr{M}_1}$-struttura $\mathscr{M}'$ tale che $\mathscr{M}_1^\star \subset \mathscr{M}'$ e $\mathscr{N} \cong \mathscr{M}'$. Mostriamo che la struttura $\mathscr{M}'|_{\mathscr{L}}$ è una $\mathscr{L}$-struttura che soddisfa la conclusione del lemma. Dal fatto che in $\mathscr{L}_{\mathscr{M}_1}$ vale $\mathscr{M}_1^\star \subset \mathscr{M}'$, segue (usando l'Osservazione 80) che in $\mathscr{L}$ vale $\mathscr{M}_1 \subset \mathscr{M}'|_{\mathscr{L}}$.

D'altra parte, da $\mathscr{N} \cong \mathscr{M}'$ segue $\mathscr{M}'|_{\mathscr{L}_{M_0}} \models D(\mathscr{M}_0)$; e dall'ipotesi $\mathscr{M}_0 \subset \mathscr{M}_1$ (in $\mathscr{L}$) segue per l'Osservazione 88 (ed usando l'Osservazione 80) che in $\mathscr{L}_{M_0}$ sarà $\mathscr{M}_0^\star \subset \mathscr{M}_1^\star|_{\mathscr{L}_{M_0}} \subset \mathscr{M}'|_{\mathscr{L}_{M_0}}$. Dunque in $\mathscr{L}_{M_0}$ abbiamo $\mathscr{M}'|_{\mathscr{L}_{M_0}} \models D(\mathscr{M}_0)$ e $\mathscr{M}_0^\star \subset \mathscr{M}'|_{\mathscr{L}_{M_0}}$, e quindi per il Lemma 10 sarà $\mathscr{M}_0^\star \prec \mathscr{M}'|_{\mathscr{L}_{M_0}}$, da cui segue infine (usando l'Osservazione 84) che in $\mathscr{L}$ vale $\mathscr{M}_0 \prec \mathscr{M}'|_{\mathscr{L}}$.

Per concludere, si tratta dunque di dimostrare che la teoria $D(\mathscr{M}_0) \cup \Delta(\mathscr{M}_1)$ in $\mathscr{L}_{\mathscr{M}_1}$ è soddisfacibile, ed utilizzeremo per questo il teorema di compattezza: se non lo fosse, esisterebbe un insieme finito di formule $F_1,\ldots,F_k$ di $\Delta(\mathscr{M}_1)$ tali che $D(\mathscr{M}_0) \models \neg F_1 \vee \ldots \vee \neg F_k$, e cioè $D(\mathscr{M}_0) \models \neg(F_1 \wedge \ldots \wedge F_k)$, ed essendo $\Delta(\mathscr{M}_1)$ un insieme chiuso per congiunzione possiamo affermare che esisterebbe una formula senza quantificatori $H(x_1,\ldots,x_n,y_1,\ldots,y_m)$ di $\mathscr{L}$ e degli elementi $a_1,\ldots,a_n,b_1,\ldots,b_m \in M_1$ dei quali possiamo supporre che $a_1,\ldots,a_n \in M_0$ e $b_1,\ldots,b_m \in M_1 \setminus M_0$ tali che $D(\mathscr{M}_0) \models \neg H(\underline{a_1}/x_1,\ldots,\underline{a_n}/x_n,\underline{b_1}/y_1,\ldots,\underline{b_m}/y_m)$ e $H(\underline{a_1}/x_1,\ldots,\underline{a_n}/x_n,\underline{b_1}/y_1,\ldots,\underline{b_m}/y_m) \in \Delta(\mathscr{M}_1)$. Poiché $\underline{b_1},\ldots,\underline{b_m}$ non appaiono

---

[26] Questa equivalenza giustifica anche la notazione scelta: $\mathscr{M}$ è una sottostruttura elementare di $\mathscr{N}$ "relativamente alle formule con un solo blocco di quantificatori".

in $D(\mathcal{M}_0)$, ne segue che $D(\mathcal{M}_0) \models \forall y_1 \ldots \forall y_m \neg H(\underline{a_1}/x_1, \ldots, \underline{a_n}/x_n, y_1, \ldots, y_m)^{27}$, e di conseguenza $\mathcal{M}_0 \models \forall y_1 \ldots \forall y_m \neg H[a_1, \ldots, a_n, y_1, \ldots, y_m]$. Ma questo contraddice l'ipotesi $\mathcal{M}_0 \prec_1 \mathcal{M}_1$ in quanto $a_1, \ldots, a_n \in M_0$, la formula $\forall y_1 \ldots \forall y_m \neg H(x_1, \ldots, x_n, y_1, \ldots, y_m)$ è una formula universale di $\mathscr{L}$, eppure $\forall y_1 \ldots \forall y_m \neg H[a_1, \ldots, a_n, y_1, \ldots, y_m]$ è soddisfatta da $\mathcal{M}_0$ ma non da $\mathcal{M}_1$, in quanto $\mathcal{M}_1 \models H[a_1, \ldots, a_n, b_1, \ldots, b_m]$ (visto che $H(\underline{a_1}/x_1, \ldots, \underline{a_n}/x_n, \underline{b_1}/y_1, \ldots, \underline{b_m}/y_m) \in \Delta(\mathcal{M}_1)$). La teoria $D(\mathcal{M}_0) \cup \Delta(\mathcal{M}_1)$ in $\mathscr{L}_{\mathcal{M}_1}$ è dunque soddisfacibile ed il lemma dimostrato. $\square$

Lemma 12. *Data una qualsiasi $\mathscr{L}$-struttura $\mathcal{N}$ tale che $\mathcal{N} \models T'$, esiste una $\mathscr{L}$-struttura $\mathcal{M}$ tale che $\mathcal{N} \prec_1 \mathcal{M}$ e $\mathcal{M} \models T$.*

Dimostrazione. Useremo una leggera variante del metodo dei diagrammi, considerando la teoria in $\mathscr{L}_N$ seguente:

$$\Delta_1(\mathcal{N}) = \{H(\underline{a_1}/x_1, \ldots, \underline{a_n}/x_n) : \ H(x_1, \ldots, x_n) \text{ è una congiunzione di formule}$$
unversali di $\mathscr{L}, a_1, \ldots, a_n \in N$ e $\mathcal{N} \models H[a_1, \ldots, a_n]\}$.

Mostreremo che la teoria $T \cup \Delta_1(\mathcal{N})$ in $\mathscr{L}_N$ è soddisfacibile, e questo ci permetterà di concludere: se infatti la $\mathscr{L}_N$-struttura $\mathcal{N}_1$ soddisfa $T \cup \Delta_1(\mathcal{N})$, allora in particolare $\mathcal{N}_1 \models \Delta(\mathcal{N})$ e quindi per l'Osservazione 89, esiste una $\mathscr{L}_N$-struttura $\mathcal{N}_2$ tale che $\mathcal{N}_1 \cong \mathcal{N}_2$ e $\mathcal{N}^\star \subset \mathcal{N}_2$. La $\mathscr{L}$-struttura $\mathcal{M}$ cercata sarà la restrizione di $\mathcal{N}_2$ ad $\mathscr{L}$: infatti per tale struttura avremo (usando l'Osservazione 80) $\mathcal{N} \subset \mathcal{M}$, $\mathcal{M} \models T$ (perché $\mathcal{N}_1 \cong \mathcal{N}_2$, $\mathcal{N}_1 \models T$ e T è una teoria in $\mathscr{L}$ e dunque $\mathcal{M} = \mathcal{N}_2|_{\mathscr{L}} \models T$). Inoltre, da $\mathcal{N}_2 \models \Delta_1(\mathcal{N})$ in $\mathscr{L}_N$, segue che per ogni formula universale $F(x_1, \ldots, x_n)$ di $\mathscr{L}$ e per ogni $a_1, \ldots, a_n \in N$, se $\mathcal{N} \models F[a_1, \ldots, a_n]$ allora $\mathcal{N}_2 \models F(\underline{a_1}/x_1, \ldots, \underline{a_n}/x_n)$, e poiché $\mathcal{N}^\star \subset \mathcal{N}_2$ vale $(\underline{a_i})_{\mathcal{N}_2} = a_i$ (per $i \in \{1, \ldots, n\}$); quindi $\mathcal{N}_2 \models F[a_1, \ldots, a_n]$ e allora $\mathcal{M} \models F[a_1, \ldots, a_n]$. Da quanto precede e da $\mathcal{N} \subset \mathcal{M}$ segue che $\mathcal{N} \prec_1 \mathcal{M}$.

Rimane dunque da dimostrare la soddisfacibilità della teoria $T \cup \Delta_1(\mathcal{N})$ in $\mathscr{L}_N$, per dimostrare la quale useremo nuovamente il teorema di compattezza: se non lo fosse, come nel caso della dimostrazione del Lemma 11, esisterebbe un insieme finito di formule $F_1, \ldots, F_k$ di $\Delta_1(\mathcal{N})$ tali che $T \models \neg F_1 \vee \ldots \vee \neg F_k$, e cioè $T \models \neg(F_1 \wedge \ldots \wedge F_k)$; si osservi ora che per definizione $\Delta_1(\mathcal{N})$ è chiuso per congiunzione[28], e quindi possiamo affermare che nel caso di non soddisfacibilità di $T \cup \Delta_1(\mathcal{N})$ esisterebbe una congiunzione di formule universali $H(x_1, \ldots, x_n)$ di $\mathscr{L}$ ed $a_1, \ldots, a_n \in N$ tali che $H(\underline{a_1}/x_1, \ldots, \underline{a_n}/x_n) \in \Delta_1(\mathcal{N})$ e $T \models \neg H(\underline{a_1}/x_1, \ldots, \underline{a_n}/x_n)$. Poiché $\underline{a_1}, \ldots, \underline{a_n}$ non appaiono nella teoria T in $\mathscr{L}$, ne discende che $T \models \forall x_1 \ldots \forall x_n \neg H(x_1, \ldots, x_n)^{29}$. Per concludere, si noti che essendo $H(x_1, \ldots, x_n)$ una congiunzione di formule universali di $\mathscr{L}$, esiste una formula universale $H'(x_1, \ldots, x_n)$ di $\mathscr{L}$ tale che si può dimostrare in LK l'equivalenza tra $H(x_1, \ldots, x_n)$ e $H'(x_1, \ldots, x_n)$. Dunque $\neg H(x_1, \ldots, x_n)$ è equivalente alla formula esistenziale $\neg H'(x_1, \ldots, x_n)$, ed infine $\forall x_1 \ldots \forall x_n \neg H(x_1, \ldots, x_n)$

---

[27] Vedi nota 25.

[28] Contrariamente all'insieme $\Delta(\mathcal{M}_1)$ della dimostrazione del Lemma 11 che è "naturalmente" chiuso per congiunzione, l'insieme $\Delta_1(\mathcal{N})$ è stato definito appositamente per poter sfruttare questa proprietà.

[29] Vedi nota 25.

è quindi equivalente ad una formula chiusa $\forall\exists$ di $\mathscr{L}$ che denotiamo con F; da $T \models F$ segue allora che $F \in T'$, e poiché per ipotesi del lemma $\mathscr{N} \models T'$ avremo in particolare che $\mathscr{N} \models F$ cioè $\mathscr{N} \models \forall x_1 \ldots \forall x_n \neg H(x_1, \ldots, x_n)$. Ma questo contraddice il fatto che $H(\underline{a_1}/x_1, \ldots, \underline{a_n}/x_n) \in \Delta_1(\mathscr{N})$ (che implica $\mathscr{N} \models H[a_1, \ldots, a_n]$). La teoria $T \cup \Delta_1(\mathscr{N})$ in $\mathscr{L}_N$ è dunque soddisfacibile ed il lemma dimostrato. $\qquad\square$

Mostriamo ora come dai due lemmi precedenti discenda il risultato cercato, dimostrando come per ogni $\mathscr{L}$-struttura $\mathscr{M}$, da $\mathscr{M} \models T'$ segua $\mathscr{M} \models T$: fissiamo dunque una $\mathscr{L}$-struttura $\mathscr{M}_0$ tale che $\mathscr{M}_0 \models T'$. Per il Lemma 12 esiste una $\mathscr{L}$-struttura $\mathscr{M}_1$ tale che $\mathscr{M}_0 \prec_1 \mathscr{M}_1$ e $\mathscr{M}_1 \models T$; applicando allora ad $\mathscr{M}_0 \prec_1 \mathscr{M}_1$ il Lemma 11 otteniamo una $\mathscr{L}$-struttura $\mathscr{M}_2$ tale che $\mathscr{M}_0 \prec \mathscr{M}_2$ e $\mathscr{M}_1 \subset \mathscr{M}_2$: in particolare $\mathscr{M}_2 \models T'$ (perché $\mathscr{M}_0 \prec \mathscr{M}_2$ e quindi $\mathscr{M}_0 \equiv \mathscr{M}_2$).

Iterando questa costruzione, otteniamo una famiglia $(\mathscr{M}_i)_{i \in \mathbb{N}}$ di $\mathscr{L}$-strutture tale che per ogni $i \in \mathbb{N}$ valgano le proprietà seguenti: $\mathscr{M}_i \subset \mathscr{M}_{i+1}$, $\mathscr{M}_{2i} \prec \mathscr{M}_{2i+2}$, $\mathscr{M}_{2i} \models T'$ e $\mathscr{M}_{2i+1} \models T$. Si osservi ora che la $\mathscr{L}$-struttura $\bigcup_{i \in 2\mathbb{N}} \mathscr{M}_i$ ottenuta a partire dalla famiglia $(\mathscr{M}_i)_{i \in 2\mathbb{N}}$ di strutture per $\mathscr{L}$ tale che per ogni $i \in 2\mathbb{N}$ (cioè per ogni intero positivo pari) valga $\mathscr{M}_i \subset \mathscr{M}_{i+2}$ coincide con la $\mathscr{L}$-struttura $\bigcup_{i \in 2\mathbb{N}+1} \mathscr{M}_i$ ottenuta a partire dalla famiglia $(\mathscr{M}_i)_{i \in 2\mathbb{N}+1}$ di $\mathscr{L}$-strutture tale che per ogni $i \in 2\mathbb{N}+1$ (cioè per ogni intero positivo dispari) valga $\mathscr{M}_i \subset \mathscr{M}_{i+2}$. Ed entrambe queste strutture coincidono con la $\mathscr{L}$-struttura $\bigcup_{i \in \mathbb{N}} \mathscr{M}_i$ ottenuta a partire dalla famiglia $(\mathscr{M}_i)_{i \in \mathbb{N}}$ di $\mathscr{L}$-strutture tale che per ogni $i \in \mathbb{N}$ valga $\mathscr{M}_i \subset \mathscr{M}_{i+1}$: chiamiamo $\mathscr{N}$ questa $\mathscr{L}$-struttura. Applicando l'ipotesi di preservazione di T per unione di catene alla famiglia $(\mathscr{M}_i)_{i \in 2\mathbb{N}+1}$ otteniamo che $\mathscr{N} \models T$. D'altra parte, aplicando il Teorema 31 di Tarski alla famiglia $(\mathscr{M}_i)_{i \in 2\mathbb{N}}$, otteniamo che $\mathscr{M}_0 \prec \mathscr{N}$. Dunque avremo in particolare che $\mathscr{M}_0 \equiv \mathscr{N}$ e allora da $\mathscr{N} \models T$ segue che $\mathscr{M}_0 \models T$, che è quanto si voleva dimostrare. $\qquad\square$

Osservazione 90. *Nella dimostrazione del Teorema 33, abbiamo usato la preservazione della teoria T solo per unione di catene di famiglie di strutture $(\mathscr{M}_i)_{i \in I}$, con I numerabile. Pertanto possiamo rafforzare l'enunciato del Teorema 33: le teorie equivalenti a teorie $\forall\exists$ sono tutte e sole quelle preservate per unioni di catene numerabili di strutture.*

Osservazione 91. *La teoria degli ordini totali (o lineari) è una teoria universale: nel linguaggio $\mathscr{L} = \{=, <\}$ si può esprimere mediante i seguenti assiomi[30]*

- $\forall x (\neg x < x)$;
- $\forall x \forall y \forall z ((x < y \wedge y < z) \rightarrow x < z)$;
- $\forall x \forall y (x < y \vee y < x \vee x = y)$.

Abbiamo già osservato (Esempio 1) che la teoria dei gruppi si può formulare nel linguaggio $\mathscr{L} = \{\cdot, 1, =\}$ (dove 1 è un simbolo di costante e $\cdot$ un simbolo di funzione binaria): questa formulazione è chiaramente una teoria $\forall\exists$. Ma la teoria dei gruppi si può anche formulare come una teoria universale a patto di aggiungere al

---

[30] Si noti che l'antisimmetria della relazione $(\forall x \forall y (x < y \rightarrow \neg(y < x)))$ è conseguenza della transitività e dell'antiriflessività.

linguaggio un simbolo di funzione di arietà 1 *che si denota* $^{-1}$: *in* $\{\cdot, 1, ^{-1}, =\}$ *gli assiomi della teoria dei gruppi saranno*

- $\forall x \forall y \forall z (x \cdot y) \cdot z = x \cdot (y \cdot z)$;
- $\forall x (x \cdot 1 = x \wedge 1 \cdot x = x)$;
- $\forall x (x \cdot x^{-1} = 1 \wedge x^{-1} \cdot x = 1)$.

È allora interessante osservare che in accordo col Teorema 32 la teoria dei gruppi non si preserva per sottostrutture nel linguaggio $\{\cdot, 1, =\}$: *ad esempio* $\mathbb{Z}$ *dove* 0 *è l'interpretazione della costante* 1 *e la somma è l'interpretazione del simbolo di funzione* · *è una struttura per* $\{\cdot, 1, =\}$ *che soddisfa gli assiomi dell'Esempio 1 (è quindi un gruppo), ed* $\mathbb{N}$ *dove* 0 *è l'interpretazione della costante* 1 *e la somma è l'interpretazione del simbolo di funzione* · *è anch'esso una struttura per* $\{\cdot, 1, =\}$ *che è una sottostruttura di* $\mathbb{Z}$ *pur non essendo un sottogruppo di* $\mathbb{Z}$ *(non soddisfa gli assiomi dell'Esempio 1). Mentre invece (sempre conformemente al Teorema 32) la teoria dei gruppi si preserva per sottostrutture nel linguaggio* $\{\cdot, 1, ^{-1}, =\}$: *infatti* $\mathbb{Z}$ *dove* 0 *è l'interpretazione della costante* 1, *la somma è l'interpretazione del simbolo di funzione* · *e la funzione che ad un intero relativo associa il suo opposto è l'interpretazione del simbolo* $^{-1}$ *è una struttura per* $\{\cdot, 1, ^{-1}, =\}$ *che soddisfa i tre assiomi qui sopra elencati; e non è possibile definire l'interpretazione del simbolo* $^{-1}$ *in* $\mathbb{N}$ *in modo tale che risulti una sottostruttura di* $\mathbb{Z}$ *(non essendo un sottogruppo di* $\mathbb{Z}$).

Osservazione 92. *Esempi di teorie* $\forall \exists$ *sono (oltre alla teoria dei gruppi come già osservato) la teoria dei campi, la teoria degli ordini lineari densi senza estremi (si veda il Teorema 37). Mentre invece la teoria degli ordini lineari densi con un primo ed un ultimo elemento* **non** *è equivalente ad alcuna teoria* $\forall \exists$. *Per mostrarlo, basterà (grazie al Teorema 33) mostrare che esiste un'assiomatizzazione di questa teoria che non è preservata per unioni di catene: esiste cioè una teoria* T *in* $\mathscr{L} = \{=, <\}$ *che assiomatizza la teoria degli ordini lineari densi con un primo ed un ultimo elemento, ed esiste un insieme* $(I, <)$ *totalmente ordinato tale che per ogni* $i \in I$ *esiste una* $\mathscr{L}$-*struttura* $\mathscr{M}_i$ *che soddisfa* T, *ma l'unione* $\bigcup_{i \in I} \mathscr{M}_i$ *non soddisfa* T. *Fissiamo* $\mathscr{L} = \{=, <\}$ *e* T *costituita dai seguenti assiomi:*

- $\forall x (\neg x < x)$;
- $\forall x \forall y \forall z ((x < y \wedge y < z) \rightarrow x < z)$;
- $\forall x \forall y (x < y \vee y < x \vee x = y)$;
- $\neg \forall x \exists y \; x < y$;
- $\neg \forall x \exists y \; y < x$;
- $\forall x \forall y ((x < y) \rightarrow \exists z (x < z \wedge z < y))$.

Consideriamo ora l'insieme $I = \mathbb{N}$ *ordinato come di consueto, e per ogni* $i \in \mathbb{N}$ *la* $\mathscr{L}$-*struttura* $\mathscr{M}_i$ *costituita dall'intervallo chiuso* $[-i, i]$ *dell'asse reale, dove il valore del simbolo* < *è la consueta relazione di ordine sull'intervallo* $[-i, i]$: *chiaramente* $\mathscr{M}_i \models T$ *per ogni intero* i *di* $\mathbb{N}$. *D'altra parte* $\bigcup_{i \in I} \mathscr{M}_i$ *è l'insieme* $\mathbb{R}$ *munito della consueta relazione d'ordine, che è sì una* $\mathscr{L}$-*struttura, ma che certamente non soddisfa* T *non avendo* $\mathbb{R}$ *né un primo né un ultimo elemento.*

Questa osservazione mette bene in evidenza l'interesse del Teorema 33: caratterizzando in modo puramente model-teoretico la complessità logica di una teoria,

possiamo mostrare che una certa proprietà non potrà mai avere complessità logica
∀∃ mostrando che un'assiomatizzazione scelta a piacere di questa proprietà non è
preservata per unione di catene: nel caso in ispecie, il Teorema 33 permette di affer-
mare in particolare che non c'è alcun modo di formulare gli assiomi sull'esistenza
del primo e dell'ultimo elemento (che nella formulazione scelta sono formule del
tipo ∃∀) in modo che siano equivalenti a formule del tipo ∀∃.

Osservazione 93. (i) *Abbiamo già osservato (Osservazione 72), che la teoria vuota*
è equivalente a qualunque insieme di formule chiuse derivabili logicamente, ed è
quindi in particolare equivalente ad una teoria universale, esistenziale e ∀∃. Coe-
rentemente con i Teoremi 32 e 33, secondo la Definizione 39 la teoria vuota è pre-
servata per sottostrutture, per estensioni, e per unioni di catene.
    (ii) *Una teoria T in un linguaggio $\mathscr{L}$ che non sia soddisfacibile è equivalente*
*alla teoria {**F**}, che secondo la Definizione 38 è una teoria universale, esistenziale*
*e ∀∃. Coerentemente con i Teoremi 32 e 33, secondo la Definizione 39 la teoria {**F**}*
è preservata per sottostrutture, per estensioni, e per unioni di catene.

5.6 Generalizzazioni del teorema di Löwenheim-Skolem

Dato un linguaggio $\mathscr{L}$ ed una struttura $\mathscr{M}$ per $\mathscr{L}$, possiamo considerare la "teoria della struttura $\mathscr{M}$": $Th(\mathscr{M}) = \{F/F \text{ formula chiusa di } \mathscr{L} \text{ e } \mathscr{M} \models F\}$. Si tratta di una teoria del tutto artificiale, che non risponde all'intuizione che abbiamo di una teoria (cioè di un insieme di "assiomi", se possibile finito, o comunque molto semplice, a partire dal quale con le regole della logica dedurre conseguenze interessanti), ma che risponde ai requisiti della Definizione 23 di teoria. Nel caso di un linguaggio $\mathscr{L}$ numerabile, possiamo pertanto applicare a $Th(\mathscr{M})$ il Teorema 29: esiste una $\mathscr{L}$-struttura finita o numerabile $\mathscr{N}$ tale che $\mathscr{N} \models Th(\mathscr{M})$, e cioè $\mathscr{N} \equiv \mathscr{M}$ (visto che $\mathscr{N}$ soddisferà tutte e sole le formule chiuse di $\mathscr{L}$ soddisfatte da $\mathscr{M}$).

Mostriamo ora che si può generalizzare questa versione del teorema di Löwenheim-Skolem: si può rafforzare la conclusione da $\mathscr{N} \equiv \mathscr{M}$ in $\mathscr{N} \prec \mathscr{M}$, ma soprattutto si può estendere il risultato ad un linguaggio di cardinalità qualsiasi (usando l'assioma di scelta).

Teorema 34 (Teorema di Löwenheim-Skolem discendente, con AS). *Dato un linguaggio $\mathscr{L}$ ed una $\mathscr{L}$-struttura $\mathscr{M}$ di cardinalità almeno pari a quella di $\mathscr{L}$, esiste una $\mathscr{L}$-struttura $\mathscr{N}$ tale che $\mathscr{N} \prec \mathscr{M}$ e di cardinalità pari a quella di $\mathscr{L}$.*

Dimostrazione. La dimostrazione consiste nel definire un opportuno sottoinsieme N del supporto M di $\mathscr{M}$, che abbia la cardinalità del linguaggio e sia l'insieme di base di una sottostruttura elementare di $\mathscr{M}$. Un'idea rudimentale sarebbe quella di partire dall'insieme delle interpretazioni in $\mathscr{M}$ dei simboli di costante di $\mathscr{L}$ (oppure da un elemento qualsiasi di M in assenza di costanti), e di "chiudere" rispetto all'interpretazione dei termini in $\mathscr{M}$: definire cioè per induzione una successione di insiemi, prendendo come N_0 l'insieme delle interpretazioni in $\mathscr{M}$ dei simboli di costante di $\mathscr{L}$ e $N_{i+1} = \{t_{\mathscr{M}}[a_1,\ldots,a_k] : a_j \in N_i \text{ e } t(x_1,\ldots,x_n) \text{ è un termine di } \mathscr{L}\}$.

Infine definire $N = \cup_{i \in \mathbb{N}} N_i$. Per un tale insieme N però, nulla garantirebbe che dati $a_1, \ldots, a_k \in N$ e data $F[x, a_1, \ldots, a_k]$ formula di $\mathscr{L}$ a parametri in $\mathscr{M}$, se $\mathscr{M} \models \exists x F[x, a_1, \ldots, a_k]$ allora esista un elemento a di M *che sia anche elemento di N* tale che $\mathscr{M} \models F[a, a_1, \ldots, a_k]$; mentre questo è necessario (e sufficiente) perché possa N essere l'insieme di base di una sottostruttura elementare di $\mathscr{M}$. Bisogna pertanto definire N tenendo conto della necessità di avere dei "testimoni" per le quantificazioni esistenziali.

Per ogni formula $F[x, a_1, \ldots, a_n]$ con una variabile libera x ed a parametri in $\mathscr{M}$[31], definiamo l'insieme A_F come segue:

- $A_F = \{a \in M / \mathscr{M} \models F[a, a_1, \ldots, a_n]\}$ se $\mathscr{M} \models \exists x F[x, a_1, \ldots, a_n]$;
- A_F è un qualsiasi sottoinsieme *non vuoto* di M altrimenti.

Posto $\mathscr{F}_1 = \{F[x, a_1, \ldots, a_n] : F[x, a_1, \ldots, a_n]$ formula di $\mathscr{L}$ a parametri in $\mathscr{M}$ con una variabile libera $x\}$, possiamo considerare $\{A_F\}_{F \in \mathscr{F}_1}$, famiglia di insiemi indiciata da $\mathscr{F}_1$ (cioè funzione di dominio $\mathscr{F}_1$ che ad $F \in \mathscr{F}_1$ associa A_F). *Per l'assioma di scelta*, avendo noi definito A_F in modo tale che per ogni $F \in \mathscr{F}_1$ risulti $A_F \neq \emptyset$, possiamo affermare che esiste una funzione $f : \mathscr{F}_1 \to \cup_{F \in \mathscr{F}_1} A_F$ che associa ad ogni formula di $\mathscr{F}_1$ un elemento $b_F \in A_F$.

Definiamo, per induzione, una successione di insiemi

$$N_0 \subseteq \ldots \subseteq N_k \subseteq \ldots \subseteq M.$$

Precisamente, poniamo:

- $N_0 = \{b_F / F(x)$ è una formula di $\mathscr{L}$ con una variabile libera $x\}$[32];
- $N_{k+1} = \{b_F / F[x, a_1, \ldots, a_n]$ è una formula di $\mathscr{L}$ a parametri in $\mathscr{M}$ con una variabile libera x, dove $a_1, \ldots, a_n \in N_k\}$.

Osserviamo che per ogni k, $N_k \neq \emptyset$ e $N_k \subseteq M$: infatti esiste sempre almeno una formula di $\mathscr{L}$ con una variabile libera x (ad esempio $x = x$) e quindi $N_0 \neq \emptyset$ e più generalmente per ogni k, $N_k \neq \emptyset$. Il fatto che per ogni k sia $N_k \subseteq M$ è conseguenza immediata della definizione degli insiemi A_F.

Per ogni intero k, $N_k \subseteq N_{k+1}$. Infatti, sia $b \in N_k$. La formula $x = b$ è una formula di $\mathscr{L}$ a parametri in $\mathscr{M}$ con una variabile libera x. Dunque $\mathscr{M} \models \exists x (x = b)$, e necessariamente $b = b_F$: infatti prendendo come formula $F[x, a_1, \ldots, a_n]$ la formula $x = b$, abbiamo $A_F = \{b\}$, e $b_F = b$ è l'unico elemento di M che conviene. Di conseguenza $b \in N_{k+1}$.

---

[31] Sappiamo per la Definizione 20 che $F[x, a_1, \ldots, a_n]$ è una coppia: s'intende qui semplicemente che la prima componente della coppia è la formula $F(x, x_1, \ldots, x_n)$ di $\mathscr{L}$, nella quale conformemente alle nostre convenzioni le variabili che occorrono libere sono tutte elementi dell'insieme $\{x, x_1, \ldots, x_n\}$: in particolare dunque, x potrebbe occorrere libera in $F(x, x_1, \ldots, x_n)$, ma non occorre necessariamente.

[32] Si osservi che da questa definizione discende che il valore in $\mathscr{M}$ di qualunque simbolo di costante è elemento di N_0: considerare per convincersene la formula $x = c$ per ogni simbolo di costante c.

Inoltre, per ogni intero k, $card(N_k) = card(\mathscr{L})^{33}$. Questo è vero per N_0: $card(N_0)$ è per definizione al più pari alla cardinalità dell'insieme delle formule *di* $\mathscr{L}$ ad una variabile libera, cioè $card(N_0) \leqslant card(\mathscr{L})$. Aggiungendo eventualmente ad N_0 degli elementi di M (che non appaiono in N_0) otteniamo un nuovo insieme, che ribattezziamo N_0, tale che $card(N_0) = card(\mathscr{L})^{34}$.

Se $card(N_k) = card(\mathscr{L})$, allora certamente $card(\mathscr{L}) \leqslant card(N_{k+1})$. D'altra parte, in N_{k+1} non vi può essere un numero di elementi superiore al numero di successioni finite di elementi di N_k, e precisamente se i è il cardinale di N_k e di $\mathscr{L}$, non vi saranno più di $i \cdot i^h$ formule con h parametri in N_k: in N_{k+1} non vi saranno più di $\Sigma_{h \in \mathbb{N}} \, i^h$ elementi, e poiché i è per ipotesi induttiva un cardinale infinito tale cardinale sarà pari ad i. Dunque $card(N_{k+1}) \leqslant card(N_k) = card(\mathscr{L})$ e quindi in definitiva $card(N_{k+1}) = card(\mathscr{L})$.

L'insieme $N = \bigcup_{k \in \mathbb{N}} N_k$ ha la cardinalità voluta: si ha infatti $card(\mathscr{L}) \leqslant card(\bigcup_{k \in \mathbb{N}} N_k) = card(N) \leqslant sup\{sup\{card(N_k) : k \in \mathbb{N}\}, card(\mathbb{N})\} = card(\mathscr{L})$.

Rimane da dimostrare che è possibile definire una $\mathscr{L}$-struttura $\mathscr{N}$ avente come insieme di base N e tale che $\mathscr{N} \prec \mathscr{M}$. Per il Teorema 30 di Tarski-Vaught, basta dimostrare che per ogni formula $F(x, x_1, \ldots, x_n)$ di $\mathscr{L}$ e per ogni $a_1, \ldots, a_n \in N$, dal fatto che $\mathscr{M} \models \exists x F[x, a_1, \ldots, a_n]$ discende l'esistenza di $a_0 \in N$ tale che $\mathscr{M} \models F[a_0, a_1, \ldots, a_n]$.

Questo è conseguenza della definizione di N: sia $i \in \mathbb{N}$ tale che $a_1, \ldots, a_n \in N_i$, dal fatto che $\mathscr{M} \models \exists x F[x, a_1, \ldots, a_n]$ segue per costruzione di N_{i+1} che per $b_F \in N_{i+1}$ vale $\mathscr{M} \models F[b_F, a_1, \ldots, a_n]$. $\qquad\qquad \square$

Osservazione 94. *Un enunciato alternativo del teorema di Löwenheim-Skolem è il seguente: "Sia $\mathscr{M}$ una struttura per il linguaggio $\mathscr{L}$. Esiste una $\mathscr{L}$-struttura $\mathscr{N}$, tale che $\mathscr{N} \prec \mathscr{M}$ e $card(\mathscr{N}) \leqslant card(\mathscr{L})$."*

Osservazione 95. *Poiché da $\mathscr{N} \prec \mathscr{M}$ segue che $\mathscr{N} \equiv \mathscr{M}$, il teorema di Löwenheim-Skolem discendente afferma in particolare che se $\mathscr{M}$ è una $\mathscr{L}$-struttura tale che $card(\mathscr{M}) \geqslant card(\mathscr{L})$, allora esiste una $\mathscr{L}$-struttura $\mathscr{N}$ tale che $card(\mathscr{N}) = card(\mathscr{L})$, e per ogni formula chiusa F di $\mathscr{L}$, vale l'equivalenza $\mathscr{M} \models F \Longleftrightarrow \mathscr{N} \models F$.*

Sappiamo già per compattezza che una teoria T soddisfacibile da una struttura infinita è soddisfacibile da strutture di cardinalità *almeno* pari a k, per ogni cardinale infinito k fissato. Il teorema di Löwenheim-Skolem ascendente che segue (unito al teorema di Löwenheim-Skolem discendente appena dimostrato) permette di trasformare questo "almeno" in "esattamente": è il contenuto del Corollario 3.

Teorema 35 (Teorema di Löwenheim-Skolem ascendente). *Sia $\mathscr{M}$ una $\mathscr{L}$-struttura infinita e sia $k \geqslant sup\{card(\mathscr{M}), card(\mathscr{L})\}$. Esiste una $\mathscr{L}$-struttura $\mathscr{N}$ tale che $\mathscr{M} \prec \mathscr{N}$ e $card(\mathscr{N}) = k$.*

---

[33] Denotiamo con $card(A)$ il cardinale dell'insieme A. Dimostreremo quest'uguaglianza per induzione su k, usando alcune proprietà dei cardinali per la cui dimostrazione si rimanda al Volume 2.

[34] Questo è l'unico punto in cui si utilizza l'ipotesi che la cardinalità di $\mathscr{M}$ non è inferiore a quella di $\mathscr{L}$.

Dimostrazione. Consideriamo un nuovo insieme di costanti di cardinalità k (disgiunto da $\mathscr{L}_M$): $\mathscr{C} = \{c_h : h < k\}$. Poniamo $\mathscr{L}' = \mathscr{L}_M \cup \mathscr{C}$ e consideriamo la teoria T' in $\mathscr{L}'$ seguente

$$T' = D(\mathscr{M}) \cup \{\neg(c_i = c_j) : 0 \leqslant i \neq j < k\}.$$

Poiché per ipotesi $\mathscr{M}$ è infinito, possiamo applicare il teorema di compattezza alla teoria T' in $\mathscr{L}'$: la $\mathscr{L}'$-struttura $\mathscr{M}'$ che soddisfa T' avrà cardinalità pari almeno a k e dall'ipotesi $k \geqslant sup\{card(\mathscr{M}), card(\mathscr{L})\}$ segue che $k = card(\mathscr{L}')$. Sono pertanto soddisfatte le ipotesi del Teorema 34 ed esiste dunque una $\mathscr{L}'$-struttura $\mathscr{N}'$ tale che $\mathscr{N}' \prec \mathscr{M}'$ e $card(\mathscr{N}') = k$. In particolare, restringendo $\mathscr{N}'$ al linguaggio $\mathscr{L}_M \subseteq \mathscr{L}'$, otteniamo $\mathscr{N}'|_{\mathscr{L}_M} \models D(\mathscr{M})$: per l'Osservazione 87 esiste una struttura $\mathscr{N}_1$ per $\mathscr{L}_M$ tale che $\mathscr{M}^\star \prec \mathscr{N}_1$ e $\mathscr{N}_1 \cong \mathscr{N}'|_{\mathscr{L}_M}$ (dunque $card(\mathscr{N}_1) = k$). Dal fatto che in $\mathscr{L}_M$ vale $\mathscr{M}^\star \prec \mathscr{N}_1$ segue che in $\mathscr{L}$ vale $\mathscr{M} \prec \mathscr{N}_1|_{\mathscr{L}}$ (Osservazione 84). $\square$

Corollario 3. *Sia T una teoria nel linguaggio $\mathscr{L}$ soddisfacibile da una struttura infinita, e sia $k \geqslant card(\mathscr{L})$.*

Esiste una $\mathscr{L}$-struttura di cardinalità k che soddisfa T.

Dimostrazione. Sia $\mathscr{M}$ la struttura infinita per $\mathscr{L}$ che soddisfa T:

- se $card(\mathscr{M}) \geqslant k$: allora estendendo (se necessario) il linguaggio $\mathscr{L}$ si ottiene facilmente un linguaggio $\mathscr{L}' \supseteq \mathscr{L}$ tale che $card(\mathscr{L}') = k$ e si estende facilmente la $\mathscr{L}$-struttura $\mathscr{M}$ in una $\mathscr{L}'$-struttura $\mathscr{M}'$. Per il Teorema 34 di Löwenheim-Skolem discendente esiste una $\mathscr{L}'$-struttura $\mathscr{N}'$ di cardinalità k tale che $\mathscr{N}' \prec \mathscr{M}'$: ne discende immediatamente che la restrizione di $\mathscr{N}'$ ad $\mathscr{L}$ è una $\mathscr{L}$-struttura di cardinalità k che soddisfa T;
- se $card(\mathscr{M}) \leqslant k$: allora $k \geqslant sup\{card(\mathscr{M}), card(\mathscr{L})\}$ e per il Teorema 35 di Löwenheim-Skolem ascendente esiste una $\mathscr{L}$-struttura $\mathscr{N}$ di cardinalità k tale che $\mathscr{M} \prec \mathscr{N}$ (e quindi in particolare $\mathscr{N} \models T$).

$\square$

5.7 Completezza di una teoria

Lavorando all'interno di una particolare teoria, si è naturalmente portati a chiedersi, data un'affermazione, se essa o la sua negazione sia dimostrabile. Nell'ambito delle teorie del primo ordine, la questione diventa se data una teoria T ed una formula chiusa F, vale $T \models F$ oppure $T \models \neg F$. In generale però, non è affatto detto che una di queste due possibilità si verifichi, non è detto cioè che se F non è derivabile da T allora $\neg F$ sia derivabile da T: quando questo accade, T è completa. Si noti che il termine "completezza", quando riferito ad una teoria, ha un significato diverso rispetto a quello usato nel Capitolo 3 in riferimento ai teoremi di "completezza".

Definizione 40. *Una teoria T nel linguaggio $\mathscr{L}$ del primo ordine si dice* completa *quando per ogni formula chiusa F di $\mathscr{L}$ vale $T \models F$ oppure $T \models \neg F$.*

Osservazione 96. (i) *Una teoria massimale (nel senso usato nel Lemma 7 per dimostrare il teorema di compattezza) è ovviamente completa. Seguendo l'intuizione che una teoria massimale altro non è che una struttura, possiamo riformulare quanto precede: la teoria $Th(\mathcal{M}) = \{F/F$ formula chiusa di $\mathcal{L}$ e $\mathcal{M} \models F\}$, cioè la teoria della $\mathcal{L}$-struttura $\mathcal{M}$ (è massimale ed) è completa.*

(ii) *Secondo la Definizione 40, una teoria che non sia soddisfacibile è completa. È evidente tuttavia, che la nozione di completezza è interessante per le teorie soddisfacibili.*

Osservazione 97. *Una teoria T in $\mathcal{L}$ è completa se e soltanto se tutte le strutture che la soddisfano sono tra loro elementarmente equivalenti.*

Infatti, data T completa, $\mathcal{M}$ ed $\mathcal{N}$ due $\mathcal{L}$-strutture che soddisfano T ed F è una formula chiusa di $\mathcal{L}$, se $T \models F$ allora ovviamente $\mathcal{M} \models F$ ed $\mathcal{N} \models F$, mentre se $T \not\models F$ allora per completezza $T \models \neg F$ e dunque $\mathcal{M} \models \neg F$ ed $\mathcal{N} \models \neg F$. Viceversa, se F è una formula chiusa di $\mathcal{L}$, dal fatto che $T \not\models F$ discende l'esistenza di una $\mathcal{L}$-struttura $\mathcal{M}$ che soddisfa T e tale che $\mathcal{M} \models \neg F$; se $\mathcal{N}$ è una qualunque $\mathcal{L}$-struttura che soddisfa T, per ipotesi $\mathcal{N} \equiv \mathcal{M}$, e dunque $\mathcal{N} \models \neg F$, quindi qualunque $\mathcal{L}$-struttura che soddisfa T soddisfa anche $\neg F$, cioè $T \models \neg F$.

Osservazione 98. *La maggioranza delle teorie è incompleta. Consideriamo due esempi notevoli (ma il lettore non avrà difficoltà a trovarne tanti altri):*

- *la teoria dei gruppi è incompleta: non decide[35] la formula chiusa che esprime la commutatività, in quanto esistono gruppi commutativi e gruppi non commutativi;*
- *la teoria dei campi è incompleta: non decide la formula chiusa che esprime la proprietà di avere una caratteristica p fissata, in quanto esistono campi aventi come caratteristica qualunque numero primo.*

Meno ovvio è trovare delle teorie interessanti che siano complete. Citiamone alcune tra le più celebri:

- la teoria dei campi con p elementi ($p \geqslant 2$ fissato) è completa: ne esiste uno solo ($\mathbb{Z}/p\mathbb{Z}$);
- la teoria dei campi algebricamente chiusi di caratteristica p è completa (la dimostrazione non è banale);
- la teoria dei campi algebricamente chiusi di caratteristica 0 è completa (la dimostrazione non è banale).

Una conseguenza immediata della completezza della teoria dei campi algebricamente chiusi di caratteristica 0 è che una qualsiasi formula chiusa *del primo ordine* vera in un campo algebricamente chiuso di caratteristica 0 (ad esempio il campo dei complessi) è vera in *tutti* i campi algebricamente chiusi di caratteristica 0.

---

[35] Si dice a volte che T *decide* F quando $T \models F$ oppure $T \models \neg F$: esiste un algoritmo che permette, per le formule che godono di questa proprietà, di rispondere alla domanda "la formula F è derivabile da T?". Per maggiori dettagli sull'argomento, rinviamo il lettore al Volume 2.

Osservazione 99. *Ci si può chiedere quale relazione intercorra tra la completezza e la decidibilità di una teoria. Intuitivamente, una teoria T in $\mathscr{L}$ è decidibile quando esiste un algoritmo che permette per ogni formula chiusa di $\mathscr{L}$ di rispondere alla domanda: $T \models F$?*

L'intuizione suggerisce che una teoria completa è decidibile, poiché data una qualsiasi formula chiusa F di $\mathscr{L}$ esisterà una derivazione di F da T oppure una derivazione di ¬F da T, ed essendo le derivazioni oggetti finiti, riusciremo sempre, elencando tutte le derivazioni di lunghezza 1, 2, . . . a rispondere (in tempo finito) alla domanda. Nel Volume 2 daremo una forma matematica a questa argomentazione informale. Possiamo però subito osservare che il viceversa non vale. Non tutte le teorie decidibili sono complete, come dimostra il caso del calcolo proposizionale: esiste un algoritmo che permette di sapere se una qualunque formula proposizionale A sia derivabile o meno, ma il calcolo proposizionale non è completo[36].

Osservazione 100. *Se $\mathscr{M}$ è una $\mathscr{L}$-struttura infinita, allora per ogni cardinale $k \geqslant card(\mathscr{L})$ esiste una $\mathscr{L}$-struttura $\mathscr{N}_k$ di cardinalità k ed elementarmente equivalente ad $\mathscr{M}$.*

Infatti, applicando il Corollario 3 alla teoria $Th(\mathscr{M})$ della struttura $\mathscr{M}$ introdotta all'inizio del Paragrafo 5.6 otteniamo, per ogni $k \geqslant card(\mathscr{L})$, l'esistenza di $\mathscr{N}_k$ di $\mathscr{L}$ di cardinalità k che soddisfa $Th(\mathscr{M})$, cioè tale che $\mathscr{N}_k \equiv \mathscr{M}$.

Una teoria T che sia soddisfatta da un'unica struttura (a meno di isomorfismi) è sempre completa, ma sappiamo che questo accade raramente: non appena T è soddisfatta da una struttura infinita, siamo certi che esistono strutture non isomorfe che soddisfano T (Osservazione 100 o più semplicemente per il teorema di compattezza). Quando T ha solo modelli infiniti, è possibile "alleggerire" l'ipotesi e ottenere la stessa conclusione (Teorema 36): perché T sia completa, basta che esista un cardinale k rispetto al quale tutte le strutture che soddisfano T siano isomorfe, cioè che T sia k-categorica.

Definizione 41 (k-categoricità). *Sia k un cardinale. Una teoria T nel linguaggio $\mathscr{L}$ si dice k-categorica quando:*

1. *Esiste una $\mathscr{L}$-struttura di cardinalità k che soddisfa T.*
2. *Due qualsiasi $\mathscr{L}$-strutture di cardinalità k che soddisfano T sono tra loro isomorfe.*

Osservazione 101. *Una teoria k-categorica è sempre soddisfacibile (contrariamente, come già osservato, ad una teoria completa).*

Teorema 36 (Teorema del test di Vaught). *Sia T una teoria in $\mathscr{L}$ soddisfatta solo da $\mathscr{L}$-strutture infinite, e k-categorica per un certo cardinale $k \geqslant card(\mathscr{L})$. La teoria T è allora completa.*

---

[36] Come algoritmo si può considerare sia quello delle tavole di verità che quello fornito dall'analisi canonica senza tagli del Capitolo 3. Per l'incompletezza, considerare una lettera proposizionale X qualsiasi: né essa né la sua negazione sono derivabili.

Dimostrazione. Sappiamo che una teoria è completa quando tutti i suoi modelli sono elementarmente equivalenti.

Per assurdo siano $\mathcal{M}$ ed $\mathcal{N}$ due $\mathcal{L}$-strutture che soddisfano T e tali che per qualche formula chiusa F di $\mathcal{L}$, valga $\mathcal{M} \models F$ e $\mathcal{N} \models \neg F$.

Per ipotesi, $\mathcal{M}$ ed $\mathcal{N}$ sono infiniti e $k \geqslant card(\mathcal{L})$. Pertanto possiamo applicare il Corollario 3 tanto a $T \cup \{F\}$ quanto a $T \cup \{\neg F\}$: esiste una $\mathcal{L}$-struttura $\mathcal{M}'$ (risp. $\mathcal{N}'$) che soddisfa $T \cup \{F\}$ (risp. $T \cup \{\neg F\}$) di cardinalità k. Per k-categoricità, deve valere $\mathcal{M}' \cong \mathcal{N}'$, il che è in contraddizione col fatto che $\mathcal{M}' \models F$ e $\mathcal{N}' \models \neg F$ (usando l'Osservazione 78).   □

Osservazione 102. *Possiamo ora dare un esempio di un linguaggio $\mathcal{L}$ e di due $\mathcal{L}$-strutture $\mathcal{M}$ ed $\mathcal{N}$ tali che $\mathcal{M} \equiv \mathcal{N}$ ma $\mathcal{M} \ncong \mathcal{N}$.*

Basta trovare una teoria T che soddisfi le ipotesi del Teorema 36 di Vaught e che abbia modelli di cardinalità diversa. Possiamo prendere ad esempio come T la teoria "degli insiemi infiniti", cioè nel linguaggio $\mathcal{L}$ con il solo simbolo dell'uguaglianza, l'insieme T di formule chiuse seguente:

$$\{\exists x_1 \ldots \exists x_k \bigwedge_{1 \leqslant i < j \leqslant k} \neg(x_i = x_j) : k \geqslant 2\}.$$

La teoria T ammette solo modelli infiniti, e d'altra parte essendo l'uguaglianza il solo simbolo presente in $\mathcal{L}$, una funzione tra due $\mathcal{L}$-strutture è un omomorfismo sse preserva il valore del simbolo di uguaglianza: due strutture per il linguaggio saranno dunque isomorfe sse esisterà tra i supporti delle due strutture una corrispondenza biunivoca. Di conseguenza, la teoria T è k-categorica in qualunque cardinale infinito (gli isomorfismi sono le biezioni). Questa teoria è dunque completa (per il Teorema 36 di Vaught), ma esistono strutture che soddisfano T e non sono tra loro isomorfe: basta prendere due insiemi infiniti di cardinalità diversa[37].

Un altro esempio è quello della teoria OLDSE (Ordini Lineari Densi Senza Estremi) che mostreremo tra breve essere $\aleph_0$-categorica[38] ed avere solo modelli infiniti, il che implica per il Teorema 36 di Vaught che OLDSE è completa. È facile però vedere che OLDSE possiede modelli di cardinalità diversa e dunque non isomorfi.

Osservazione 103. *Abbiamo scritto nella dimostrazione del teorema di compattezza del Paragrafo 5.1 che una teoria massimale è (intuitivamente) una struttura. Questo è senz'altro vero se assumiamo che una struttura è un punto di vista su di un linguaggio del primo ordine. Se però consideriamo la Definizione 19 di struttura, l'Osservazione 102 precedente mostra che esistono strutture non isomorfe (cioè diverse) che sono però lo stesso punto di vista. Dobbiamo pertanto concludere che*

---

[37] Si noti che avere una cardinalità infinita fissata è una proprietà non esprimibile al primo ordine, come già osservato nella Proposizione 14. Non c'è dunque da sorprendersi che proprio questa proprietà, preservata dagli isomorfismi, sia tra quelle che permettono di distinguere la relazione di equivalenza elementare da quella di isomorfismo.

[38] Come vedremo nel Volume 2, $\aleph_0$ è il primo cardinale infinito: dire che una teoria è $\aleph_0$-categorica equivale a dire che tutti i modelli numerabili della teoria sono tra loro isomorfi.

la nozione di struttura introdotta dalla Definizione 19 non coincide esattamente con quella di punto di vista (la prima è più fine della seconda).

Osservazione 104. *La relazione di equivalenza elementare dipende dal linguaggio. Si consideri nuovamente la teoria T "degli insiemi infiniti" dell'Osservazione 102. Abbiamo già mostrato come tale teoria sia completa nel linguaggio $\mathscr{L}$ avente come unico simbolo di predicato l'uguaglianza. Se estendiamo $\mathscr{L}$ ad $\mathscr{L}' = \mathscr{L} \cup \{<\}$, la stessa teoria T nel linguaggio $\mathscr{L}'$ non sarà completa. Infatti, sia la struttura $\mathbb{N}$ dei naturali che la struttura $\mathbb{R}$ dei reali, ottenute dando al simbolo di predicato $<$ il suo consueto valore, sono strutture per il linguaggio $\mathscr{L}'$. Ma la formula chiusa di $\mathscr{L}'$ seguente è soddisfatta da $\mathbb{R}$ ma non da $\mathbb{N}$: $\forall x \exists y \ (y < x)$. Eppure, come strutture per il linguaggio $\mathscr{L}$ sappiamo che $\mathbb{N}$ e $\mathbb{R}$ sono elementarmente equivalenti.*

Osservazione 105. *Rispetto alla k-categoricità (per k cardinale infinito), ci si può chiedere quali siano le possibilità per una data teoria. Un celebre teorema di Michael Morley (1965) afferma che una teoria in un linguaggio numerabile che sia k-categorica per qualche cardinale $k > \aleph_0$ è necessariamente k-categorica per ogni cardinale $k > \aleph_0$. Pertanto, se T è una teoria in un linguaggio numerabile, allora esistono esattamente quattro possibilità:*

- *T non è k-categorica per alcun cardinale infinito k;*
- *T è k-categorica per ogni cardinale infinito k;*
- *T è $\aleph_0$-categorica e non è k-categorica per alcun cardinale $k > \aleph_0$;*
- *T non è $\aleph_0$-categorica ed è k-categorica per ogni cardinale $k > \aleph_0$.*

Una parte significativa della ricerca in teoria dei modelli dagli anni '50 del secolo scorso si è occupata di "classificare" i modelli di una data teoria. In particolare negli anni '70 e seguenti, Saharon Shelah estese il fondamentale risultato di Morley ai linguaggi più che numerabili, sviluppando la cosiddetta "teoria della stabilità" che venne poi generalizzata (sempre da Shelah) nella "teoria della classificazione".

Concentriamoci ora su di un esempio concreto di teoria, per la quale mostreremo (Teorema 37) la completezza (e quindi la decidibilità secondo l'Osservazione 99) usando il test di Vaught. Si tratta della teoria degli ordini lineari densi senza estremi (OLDSE), che consiste delle seguenti formule chiuse del linguaggio $\mathscr{L} = \{=, <\}$:

- $\forall x (\neg x < x)$;
- $\forall x \forall y \forall z ((x < y \wedge y < z) \rightarrow x < z)$;
- $\forall x \forall y (x < y \vee y < x \vee x = y)$;
- $\forall x \exists y (x < y)$;
- $\forall x \exists y (y < x)$;
- $\forall x \forall y ((x < y) \rightarrow \exists z (x < z \wedge z < y))$.

Le prime tre formule servono ad esprimere il fatto che $<$ è una relazione d'ordine totale. La terza e la quarta esprimono che non vi sono estremi, l'ultima che l'ordine è denso.

Esempi di $\mathscr{L}$-strutture che soddisfano T sono i razionali (risp. i reali) con la consueta relazione d'ordine $(\mathbb{Q}, <)$ (risp. $(\mathbb{R}, <)$), ma anche l'intervallo aperto dell'asse reale con la consueta relazione d'ordine $(]0, 1[, <)$. Il lettore non avrà difficoltà a convincersi che qualsiasi struttura che soddisfi OLDSE è infinita.

Teorema 37. *La teoria OLDSE è $\aleph_0$-categorica.*

Dimostrazione. Faremo vedere che tutte le $\mathscr{L}$-strutture numerabili che soddisfano OLDSE sono isomorfe alla struttura *DIAD* dei razionali diadici strettamente compresi tra 0 ed 1.

Il supporto di *DIAD* è l'insieme $\{k \cdot 2^{-n} : 1 \leqslant k < 2^n, n \geqslant 1\}$. Tale insieme (ovviamente numerabile) può essere enumerato secondo un ordine "naturale": $\{1/2, 1/4, 3/4, 1/8, 3/8, 5/8, 7/8, \ldots\}$. Si osservi che per $n \geqslant 1$ fissato, gli interi k tali che $k \cdot 2^{-(n+1)}$ non è elemento dell'insieme $\{1/2, 1/4, 3/4, 1/8, 3/8, 5/8, 7/8, \ldots, 2^{-n}, \ldots, (2^n - 1) \cdot 2^{-n}\}$ sono tutti e soli i numeri dispari maggiori o uguali ad 1 e strettamente minori di 2^{n+1} (infatti per $k = 2h$ pari, si ha $k \cdot 2^{-(n+1)} = h \cdot 2^{-n}$), cioè i razionali della forma $(2k + 1) \cdot 2^{-(n+1)}$ per $0 \leqslant k \leqslant 2^n - 1$. Si osservi inoltre che per $0 < k < 2^n - 1$, il numero razionale $(2k + 1) \cdot 2^{-(n+1)}$ soddisfa le disuguaglianze: $k \cdot 2^{-n} < (2k + 1) \cdot 2^{-(n+1)} = k \cdot 2^{-n} + 2^{-(n+1)} < (k + 1) \cdot 2^{-n}$, ed inoltre $(2k + 1) \cdot 2^{-(n+1)}$ è il primo numero (nell'enumerazione "naturale" del supporto di *DIAD*) a soddisfare tali disuguaglianze.

L'insieme $\{k \cdot 2^{-n} : 1 \leqslant k < 2^n, n \geqslant 1\}$, munito della relazione $<$ abituale, è una $\mathscr{L}$-struttura, con $\mathscr{L} = \{=, <\}$, che soddisfa la teoria OLDSE[39]: chiamiamo *DIAD* questa struttura.

Sia ora $\mathscr{M}$ una qualsiasi struttura numerabile che soddisfa OLDSE, e fissiamo una enumerazione dell'insieme di base M di $\mathscr{M}$: $M = \{a_0, a_1, \ldots, a_n, \ldots\}$. Useremo questa enumerazione di M per costuirne un'altra (che indicheremo con $\{b_0, b_1, \ldots, b_n, \ldots\}$) che corrisponde alla enumerazione "naturale" dell'insieme di base di *DIAD* precedentemente menzionata: in altri termini definiremo una funzione φ dall'insieme di base di *DIAD* in M che sia un isomorfismo tra *DIAD* ed $\mathscr{M}$. L'idea è la seguente:

- associare ad $1/2$ l'elemento a_0 di M;
- associare ad $1/4$ il primo degli a_i (nell'enumerazione fissata inizialmente) tale che $a_i < a_0$;
- associare a $3/4$ il primo degli a_i (nell'enumerazione fissata inizialmente) tale che $a_i > a_0$;
- abbiamo a questo punto ottenuto una corrispondenza biunivoca tra $\{1/2, 1/4, 3/4\}$ e $\{b_0, b_1, b_2\}$, dove i b_i sono stati appena definiti ($b_0 = a_0, b_1 = \ldots$) e sono le immagini di φ: $\varphi(1/2) = b_0, \varphi(1/4) = b_1, \varphi(3/4) = b_2$. Si può allora riprendere la costruzione, sempre seguendo l'ordine "naturale" di *DIAD*, e precisamente:
- si associa ad $1/8 = (2 \cdot 0 + 1) \cdot 2^{-3}$ il primo degli a_i (sempre nell'enumerazione fissata) tale che $a_i < b_1 = \varphi(1/4) = \varphi(2^{-2})$;
- si associa a $7/8 = (2^3 - 1) \cdot 2^{-3}$ il primo degli a_i (sempre nell'enumerazione fissata) tale che $a_i > b_2 = \varphi(3/4) = \varphi((2^2 - 1) \cdot 2^{-2})$;
- si associa a $3/8 = (2 \cdot 1 + 1) \cdot 2^{-3}$ il primo degli a_i (sempre nell'enumerazione fissata) tale che $\varphi(1 \cdot 2^{-2}) < a_i < \varphi(2 \cdot 2^{-2})$;
- si associa a $5/8 = (2 \cdot 2 + 1) \cdot 2^{-3}$ il primo degli a_i (sempre nell'enumerazione fissata) tale che $\varphi(2 \cdot 2^{-2}) < a_i < \varphi(3 \cdot 2^{-2})$.

---

[39] Esercizio: dimostrare con precisione questa affermazione.

- abbiamo a questo punto ottenuto una corrispondenza biunivoca tra $\{1/2, 1/4,$ $3/4, 1/8, 3/8, 5/8, 7/8\}$ ed un nuovo insieme $\{b_0, b_1, b_2, b_3, b_4, b_5, b_6\}$, estendendo la nostra funzione φ.

Si tratta ora di generalizzare la costruzione, cioè di definire la funzione φ per induzione sull'intero $n \geqslant 1$: supponiamo di aver costruito come detto la funzione φ fino allo "stadio n", cioè di conoscere $\varphi(k \cdot 2^{-n})$, per $0 \leqslant k < 2^n$, e definiamo la funzione φ allo "stadio $n + 1$", come segue:

- $\varphi(2^{-(n+1)}) = $ il primo elemento a_i di M (sempre nell'enumerazione fissata $\{a_i\}_{i \in \mathbb{N}}$) tale che $a_i < \varphi(2^{-n})$[40];
- $\varphi((2^{n+1} - 1) \cdot 2^{-(n+1)}) = $ il primo elemento a_i di M (sempre nell'enumerazione fissata $\{a_i\}_{i \in \mathbb{N}}$) tale che $a_i > \varphi((2^n - 1) \cdot 2^{-n})$[41];
- per $0 < k < 2^n - 1$, poniamo $\varphi((2k + 1) \cdot 2^{-(n+1)}) = $ il primo elemento a_i di M (sempre nell'enumerazione fissata $\{a_i\}_{i \in \mathbb{N}}$) tale che $\varphi(k \cdot 2^{-n}) < a_i < \varphi((k+1) \cdot 2^{-n})$[42].

Possiamo allora affermare di aver definito una funzione φ dal supporto di *DIAD* in M. Vogliamo dimostrare che φ è un isomorfismo di *DIAD* in $\mathcal{M}$.

Non essendovi simboli di costante né di funzione nel linguaggio di OLDSE, per dimostrare che φ è un omomorfismo è sufficiente dimostrare che per ogni d, d' elementi del supporto di *DIAD*, valgono le due equivalenze: $d = d' \iff \varphi(d) = \varphi(d')$ e $d < d' \iff \varphi(d) < \varphi(d')$, il che è evidente per costruzione di φ.

Per concludere, rimane dunque da dimostrare la suriettività di φ, cioè rimane da dimostrare che tutti gli elementi di M sono stati raggiunti dalla nostra costruzione. Supponiamo per assurdo che esista $a \in M$ che non sia stato raggiunto da φ; esisterà allora un primo intero $j \in \mathbb{N}$ tale che a_j non sia immagine tramite φ di alcun elemento del supporto di *DIAD* (stiamo sempre facendo riferimento alla enumerazione $\{a_i\}_{i \in \mathbb{N}}$ di M fissata inizialmente). Se $j = 0$, abbiamo una contraddizione poiché $\varphi(1/2) = a_0$. Altrimenti, essendo l'insieme $\{a_0, \ldots, a_{j-1}\}$ finito, esiste certamente un intero n tale che per tutti gli interi $i < j$ l'elemento a_i di M sia immagine di $k \cdot 2^{-n}$ per qualche $1 \leqslant k \leqslant 2^n - 1$, mentre a_j non è immagine di $k \cdot 2^{-n}$ per alcun $1 \leqslant k \leqslant 2^n - 1$. Ma allora, per costruzione di φ, abbiamo tre possibilità, che portano tutte ad una contraddizione:

1. $a_j < \varphi(2^{-n})$: in tal caso $a_j = \varphi(2^{-(n+1)})$;
2. $a_j > \varphi((2^n - 1) \cdot 2^{-n})$: in tal caso $a_j = \varphi((2^{n+1} - 1) \cdot 2^{-(n+1)})$;
3. per qualche $0 < k < 2^n$, $\varphi(k \cdot 2^{-n}) < a_j < \varphi((k + 1) \cdot 2^{-n})$: in tal caso $a_j = \varphi((2k + 1) \cdot 2^{-(n+1)})$. $\square$

---

[40] cioè prendiamo il primo a_i che incontriamo che sia minore del più piccolo elemento presente "allo stadio n".

[41] cioè prendiamo il primo a_i che incontriamo che sia maggiore del più grande elemento presente "allo stadio n".

[42] sfruttando la densità dell'ordine, possiamo posizionare i "nuovi elementi" al posto che compete loro nell'enumerazione di M che stiamo costruendo, basandoci sull'enumerazione "naturale" del supporto di *DIAD* e sull'enumerazione iniziale di M.

Riferimenti bibliografici

1. Abrusci, V.M.: Logica. Lezioni di primo livello. CEDAM, 2012.
2. Cori, R., Lascar, D.: Logique Mathématique, vol. 1. Axiomes. Masson, 1993. Versione inglese pubblicata nel 2000 da Cambridge University Press.
3. Cori, R., Lascar, D.: Logique Mathématique, vol. 2. Axiomes. Masson, 1993. Versione inglese pubblicata nel 2000 da Cambridge University Press.
4. Girard, J.-Y.: Proof theory and logical complexity, vol. 1. Studies in proof theory. Bibliopolis, Napoli, 1987.

V.M. Abrusci, L. Tortora de Falco: *Logica. Volume 1 – Dimostrazioni e modelli al primo ordine*, UNITEXT – La Matematica per il 3+2 80, DOI 10.1007/978-88-470-5538-4,
© Springer-Verlag Italia 2014

Indice analitico

V.M. Abrusci, L. Tortora de Falco: *Logica. Volume 1 – Dimostrazioni e modelli al primo ordine*, UNITEXT – La Matematica per il 3+2 80, DOI 10.1007/978-88-470-5538-4,
© Springer-Verlag Italia 2014

Collana Unitext – La Matematica per il 3+2

A cura di:
A. Quarteroni (Editor-in-Chief)
L. Ambrosio
P. Biscari
C. Ciliberto
M. Ledoux
W.J. Runggaldier

Editor in Springer:
F. Bonadei
francesca.bonadei@springer.com

Volumi pubblicati. A partire dal 2004, i volumi della serie sono contrassegnati da un numero di identificazione. I volumi indicati in grigio si riferiscono a edizioni precedenti.

A. Bernasconi, B. Codenotti
Introduzione alla complessità computazionale
1998, X+260 pp, ISBN 88-470-0020-3

A. Bernasconi, B. Codenotti, G. Resta
Metodi matematici in complessità computazionale
1999, X+364 pp, ISBN 88-470-0060-2

E. Salinelli, F. Tomarelli
Modelli dinamici discreti
2002, XII+354 pp, ISBN 88-470-0187-0

S. Bosch
Algebra
2003, VIII+380 pp, ISBN 88-470-0221-4

S. Graffi, M. Degli Esposti
Fisica matematica discreta
2003, X+248 pp, ISBN 88-470-0212-5

S. Margarita, E. Salinelli
MultiMath – Matematica Multimediale per l'Università
2004, XX+270 pp, ISBN 88-470-0228-1

A. Quarteroni, R. Sacco, F.Saleri
Matematica numerica (2a Ed.)
2000, XIV+448 pp, ISBN 88-470-0077-7
2002, 2004 ristampa riveduta e corretta
(1a edizione 1998, ISBN 88-470-0010-6)

13. A. Quarteroni, F. Saleri
    Introduzione al Calcolo Scientifico (2a Ed.)
    2004, X+262 pp, ISBN 88-470-0256-7
    (1a edizione 2002, ISBN 88-470-0149-8)

14. S. Salsa
    Equazioni a derivate parziali - Metodi, modelli e applicazioni
    2004, XII+426 pp, ISBN 88-470-0259-1

15. G. Riccardi
    Calcolo differenziale ed integrale
    2004, XII+314 pp, ISBN 88-470-0285-0

16. M. Impedovo
    Matematica generale con il calcolatore
    2005, X+526 pp, ISBN 88-470-0258-3

17. L. Formaggia, F. Saleri, A. Veneziani
    Applicazioni ed esercizi di modellistica numerica
    per problemi differenziali
    2005, VIII+396 pp, ISBN 88-470-0257-5

18. S. Salsa, G. Verzini
    Equazioni a derivate parziali – Complementi ed esercizi
    2005, VIII+406 pp, ISBN 88-470-0260-5
    2007, ristampa con modifiche

19. C. Canuto, A. Tabacco
    Analisi Matematica I (2a Ed.)
    2005, XII+448 pp, ISBN 88-470-0337-7
    (1a edizione, 2003, XII+376 pp, ISBN 88-470-0220-6)

20. F. Biagini, M. Campanino
    Elementi di Probabilità e Statistica
    2006, XII+236 pp, ISBN 88-470-0330-X

21. S. Leonesi, C. Toffalori
    Numeri e Crittografia
    2006, VIII+178 pp, ISBN 88-470-0331-8

22. A. Quarteroni, F. Saleri
    Introduzione al Calcolo Scientifico (3a Ed.)
    2006, X+306 pp, ISBN 88-470-0480-2

23. S. Leonesi, C. Toffalori
    Un invito all'Algebra
    2006, XVII+432 pp, ISBN 88-470-0313-X

24. W.M. Baldoni, C. Ciliberto, G.M. Piacentini Cattaneo
    Aritmetica, Crittografia e Codici
    2006, XVI+518 pp, ISBN 88-470-0455-1

25. A. Quarteroni
    Modellistica numerica per problemi differenziali (3a Ed.)
    2006, XIV+452 pp, ISBN 88-470-0493-4
    (1a edizione 2000, ISBN 88-470-0108-0)
    (2a edizione 2003, ISBN 88-470-0203-6)

26. M. Abate, F. Tovena
    Curve e superfici
    2006, XIV+394 pp, ISBN 88-470-0535-3

27. L. Giuzzi
    Codici correttori
    2006, XVI+402 pp, ISBN 88-470-0539-6

28. L. Robbiano
    Algebra lineare
    2007, XVI+210 pp, ISBN 88-470-0446-2

29. E. Rosazza Gianin, C. Sgarra
    Esercizi di finanza matematica
    2007, X+184 pp, ISBN 978-88-470-0610-2

30. A. Machì
    Gruppi – Una introduzione a idee e metodi della Teoria dei Gruppi
    2007, XII+350 pp, ISBN 978-88-470-0622-5
    2010, ristampa con modifiche

31 Y. Biollay, A. Chaabouni, J. Stubbe
Matematica si parte!
A cura di A. Quarteroni
2007, XII+196 pp, ISBN 978-88-470-0675-1

32. M. Manetti
Topologia
2008, XII+298 pp, ISBN 978-88-470-0756-7

33. A. Pascucci
Calcolo stocastico per la finanza
2008, XVI+518 pp, ISBN 978-88-470-0600-3

34. A. Quarteroni, R. Sacco, F. Saleri
Matematica numerica (3a Ed.)
2008, XVI+510 pp, ISBN 978-88-470-0782-6

35. P. Cannarsa, T. D'Aprile
Introduzione alla teoria della misura e all'analisi funzionale
2008, XII+268 pp, ISBN 978-88-470-0701-7

36. A. Quarteroni, F. Saleri
Calcolo scientifico (4a Ed.)
2008, XIV+358 pp, ISBN 978-88-470-0837-3

37. C. Canuto, A. Tabacco
Analisi Matematica I (3a Ed.)
2008, XIV+452 pp, ISBN 978-88-470-0871-3

38. S. Gabelli
Teoria delle Equazioni e Teoria di Galois
2008, XVI+410 pp, ISBN 978-88-470-0618-8

39. A. Quarteroni
Modellistica numerica per problemi differenziali (4a Ed.)
2008, XVI+560 pp, ISBN 978-88-470-0841-0

40. C. Canuto, A. Tabacco
Analisi Matematica II
2008, XVI+536 pp, ISBN 978-88-470-0873-1
2010, ristampa con modifiche

41. E. Salinelli, F. Tomarelli
Modelli Dinamici Discreti (2a Ed.)
2009, XIV+382 pp, ISBN 978-88-470-1075-8

42. S. Salsa, F.M.G. Vegni, A. Zaretti, P. Zunino
    Invito alle equazioni a derivate parziali
    2009, XIV+440 pp, ISBN 978-88-470-1179-3

43. S. Dulli, S. Furini, E. Peron
    Data mining
    2009, XIV+178 pp, ISBN 978-88-470-1162-5

44. A. Pascucci, W.J. Runggaldier
    Finanza Matematica
    2009, X+264 pp, ISBN 978-88-470-1441-1

45. S. Salsa
    Equazioni a derivate parziali – Metodi, modelli e applicazioni (2a Ed.)
    2010, XVI+614 pp, ISBN 978-88-470-1645-3

46. C. D'Angelo, A. Quarteroni
    Matematica Numerica – Esercizi, Laboratori e Progetti
    2010, VIII+374 pp, ISBN 978-88-470-1639-2

47. V. Moretti
    Teoria Spettrale e Meccanica Quantistica – Operatori in spazi di Hilbert
    2010, XVI+704 pp, ISBN 978-88-470-1610-1

48. C. Parenti, A. Parmeggiani
    Algebra lineare ed equazioni differenziali ordinarie
    2010, VIII+208 pp, ISBN 978-88-470-1787-0

49. B. Korte, J. Vygen
    Ottimizzazione Combinatoria. Teoria e Algoritmi
    2010, XVI+662 pp, ISBN 978-88-470-1522-7

50. D. Mundici
    Logica: Metodo Breve
    2011, XII+126 pp, ISBN 978-88-470-1883-9

51. E. Fortuna, R. Frigerio, R. Pardini
    Geometria proiettiva. Problemi risolti e richiami di teoria
    2011, VIII+274 pp, ISBN 978-88-470-1746-7

52. C. Presilla
    Elementi di Analisi Complessa. Funzioni di una variabile
    2011, XII+324 pp, ISBN 978-88-470-1829-7

53. L. Grippo, M. Sciandrone
Metodi di ottimizzazione non vincolata
2011, XIV+614 pp, ISBN 978-88-470-1793-1

54. M. Abate, F. Tovena
Geometria Differenziale
2011, XIV+466 pp, ISBN 978-88-470-1919-5

55. M. Abate, F. Tovena
Curves and Surfaces
2011, XIV+390 pp, ISBN 978-88-470-1940-9

56. A. Ambrosetti
Appunti sulle equazioni differenziali ordinarie
2011, X+114 pp, ISBN 978-88-470-2393-2

57. L. Formaggia, F. Saleri, A. Veneziani
Solving Numerical PDEs: Problems, Applications, Exercises
2011, X+434 pp, ISBN 978-88-470-2411-3

58. A. Machì
Groups. An Introduction to Ideas and Methods of the Theory of Groups
2011, XIV+372 pp, ISBN 978-88-470-2420-5

59. A. Pascucci, W.J. Runggaldier
Financial Mathematics. Theory and Problems for Multi-period Models
2011, X+288 pp, ISBN 978-88-470-2537-0

60. D. Mundici
Logic: a Brief Course
2012, XII+124 pp, ISBN 978-88-470-2360-4

61. A. Machì
Algebra for Symbolic Computation
2012, VIII+174 pp, ISBN 978-88-470-2396-3

62. A. Quarteroni, F. Saleri, P. Gervasio
Calcolo Scientifico (5a ed.)
2012, XVIII+450 pp, ISBN 978-88-470-2744-2

63. A. Quarteroni
Modellistica Numerica per Problemi Differenziali (5a ed.)
2012, XVIII+628 pp, ISBN 978-88-470-2747-3

64. V. Moretti
Spectral Theory and Quantum Mechanics
With an Introduction to the Algebraic Formulation
2013, XVI+728 pp, ISBN 978-88-470-2834-0

65. S. Salsa, F.M.G. Vegni, A. Zaretti, P. Zunino
A Primer on PDEs. Models, Methods, Simulations
2013, XIV+482 pp, ISBN 978-88-470-2861-6

66. V.I. Arnold
Real Algebraic Geometry
2013, X+110 pp, ISBN 978-3-642–36242-2

67. F. Caravenna, P. Dai Pra
Probabilità. Un'introduzione attraverso modelli e applicazioni
2013, X+396 pp, ISBN 978-88-470-2594-3

68. A. de Luca, F. D'Alessandro
Teoria degli Automi Finiti
2013, XII+316 pp, ISBN 978-88-470-5473-8

69. P. Biscari, T. Ruggeri, G. Saccomandi, M. Vianello
Meccanica Razionale
2013, XII+352 pp, ISBN 978-88-470-5696-3

70. E. Rosazza Gianin, C. Sgarra
Mathematical Finance: Theory Review and Exercises. From Binomial
Model to Risk Measures
2013, X+278pp, ISBN 978-3-319-01356-5

71. E. Salinelli, F. Tomarelli
Modelli Dinamici Discreti (3a Ed.)
2014, XVI+394pp, ISBN 978-88-470-5503-2

72. C. Presilla
Elementi di Analisi Complessa. Funzioni di una variabile (2a Ed.)
2014, XII+360pp, ISBN 978-88-470-5500-1

73. S. Ahmad, A. Ambrosetti
A Textbook on Ordinary Differential Equations
2014, XIV+324pp, ISBN 978-3-319-02128-7

74. A. Bermúdez, D. Gómez, P. Salgado
Mathematical Models and Numerical Simulation in Electromagnetism
2014, XVIII+430pp, ISBN 978-3-319-02948-1

75. A. Quarteroni
Matematica Numerica. Esercizi, Laboratori e Progetti (2a Ed.)
2013, XVIII+406pp, ISBN 978-88-470-5540-7

76. E. Salinelli, F. Tomarelli
Discrete Dynamical Models
2014, XVI+386pp, ISBN 978-3-319-02290-1

77. A. Quarteroni, R. Sacco, F. Saleri, P. Gervasio
Matematica Numerica (4a Ed.)
2014, XVIII+532pp, ISBN 978-88-470-5643-5

78. M. Manetti
Topologia (2a Ed.)
2014, XII+334pp, ISBN 978-88-470-5661-9

79. M. Iannelli, A. Pugliese
An Introduction to Mathematical Population Dynamics. Along the trail
of Volterra and Lotka
2014, XIV+338pp, ISBN 978-3-319-03025-8

80. V.M. Abrusci, L. Tortora de Falco
Logica. Volume 1
2014, X+182pp, ISBN 978-88-470-5537-7

La versione online dei libri pubblicati nella serie è disponibile
su SpringerLink. Per ulteriori informazioni, visitare il sito:
http://www.springer.com/series/5418